机械振动分析

毛崎波　吴锦武　李　奕　编著

机 械 工 业 出 版 社

本书内容包括：单自由度系统和多自由度系统的自由振动和强迫振动，一般激励下的单自由度系统响应，连续系统的振动和振动控制。本书强调从 MATLAB 编程的角度来分析和学习机械振动问题。书中针对具体机械振动问题，给出 MATLAB 程序，并对程序进行详细解释，在学习机械振动的过程中，融入了 MATLAB 软件的应用。本书例题均给出 MATLAB 源程序，并且分别通过 MATLAB 介绍解析解、数值解的求解过程。

本书从机械振动学的基础知识入手，内容浅显易懂，并提供了丰富的动画资源和 MATLAB 源程序。本书可作为机械振动课程的研究生教材，也可作为本科生教材的补充以及相关领域工程技术人员的学习参考用书。

图书在版编目（CIP）数据

机械振动分析/毛崎波，吴锦武，李奕编著. —北京：机械工业出版社，2023.6

ISBN 978-7-111-72878-8

Ⅰ.①机… Ⅱ.①毛… ②吴… ③李… Ⅲ.①机械振动-振动分析-教材 Ⅳ.①TH113.1

中国国家版本馆 CIP 数据核字（2023）第 052529 号

机械工业出版社（北京市百万庄大街 22 号 邮政编码 100037）
策划编辑：段晓雅　　　　责任编辑：段晓雅　章承林
责任校对：贾海霞　何　洋　　封面设计：王　旭
责任印制：张　博
中教科（保定）印刷股份有限公司印刷
2023 年 7 月第 1 版第 1 次印刷
184mm×260mm · 14.75 印张 · 360 千字
标准书号：ISBN 978-7-111-72878-8
定价：49.00 元

电话服务　　　　　　　　网络服务
客服电话：010-88361066　机　工　官　网：www.cmpbook.com
　　　　　010-88379833　机　工　官　博：weibo.com/cmp1952
　　　　　010-68326294　金　书　网：www.golden-book.com
封底无防伪标均为盗版　机工教育服务网：www.cmpedu.com

前言

机械振动问题是汽车、航空航天等领域中的常见问题。机械振动学是航空、车辆、能源动力等专业的重要专业基础课，是一门应用性很强的学科，然而它的一些基本概念和方法对大学二年级（或者三年级）本科生而言不容易掌握，并且需要学生具备高等数学、大学物理、理论力学、材料力学等先修课程的知识。在编者多年的教学和指导研究生过程中，经常有学生反映：了解机械振动学的原理容易，但是在解习题或者解决实际问题时经常感到难以下手。这说明很多学生并没有真正掌握机械振动的理论。

另外，近年来在一般地方院校录取的研究生中，应用型本科学生和其他专业调剂生占了很大比例，调剂生中有不少学生在本科阶段并未学习过机械振动相关课程，而不少应用型本科学生为了考研，忽略了与考研无关的专业课程学习，导致其学习机械振动学课程所需的相关知识薄弱。机械振动领域的硕士研究生经常反映需要花费大量时间重新学习机械振动相关知识，特别是对于如何通过编程解决问题。尽管大部分硕士研究生学习过 MATLAB 等数值计算软件，但是很多学生在本科阶段只是把 MATLAB 软件作为一门纯粹的计算机语言进行学习，导致其入门容易、精通困难，应用能力差，难以通过 MATLAB 编程对机械振动问题进行计算。

为解决以上问题，编写了本书。本书从 MATLAB 编程的角度来分析和讲解机械振动问题。针对具体机械振动问题，给出 MATLAB 程序，并对程序进行详细解释，在学习机械振动的过程中，融入了 MATLAB 软件的应用。本书内容包括：单自由度系统的自由振动，单自由度系统的强迫振动，一般激励下的单自由度系统响应，多自由度系统的自由振动，多自由系统的强迫振动，连续系统的振动，振动控制。书中相应内容均给出 MATLAB 编程过程，并且通过 MATLAB 介绍了解析解、数值解的求解过程，把 MATLAB 编程基础融入机械振动问题计算中，为进一步解决振动相关实际工程问题打下基础。

本书从机械振动学的基础知识入手，内容浅显易懂，可作为机械振动课程的研究生教材，也可作为本科生教材的补充以及相关领域工程技术人员的学习参考用书。在阅读本书内容之前，要初步了解机械振动基础知识，并基本了解 MATLAB 软件。

本书由毛崎波、吴锦武和李奕编著，其中第 1~4 章和第 7 章由毛崎波和李奕共同编著，第 5、6 章由毛崎波和吴锦武共同编著，全书统稿整理和 MATLAB 程序的调试由毛崎波、吴锦武和李奕共同完成。

本书中所有的 MATLAB 程序均是在 MATLAB7.2 版本中运行的。

本书得到国家自然科学基金（51975266、11464031）、航空科学基金（2020Z073056001）的资助，在此表示感谢。

由于编者水平有限，书中可能存在不妥之处，敬请读者批评指正。

编　者

目录

第1章

单自由度系统的自由振动

1.1 无阻尼单自由度系统的自由振动

1.1.1 自由振动求解

设有一质量为 m、弹簧刚度为 k 的无阻尼自由振动系统，沿着质量块 m 的振动方向建立坐标系 Ox，其坐标原点 O 为弹簧原长位置，即静平衡位置，如图 1-1a 所示。该系统质量块的受力分析如图 1-1b 所示，通过牛顿第二运动定律可知，该系统的运动微分方程可表示为

$$m\ddot{x}(t)+kx(t)=0 \tag{1-1}$$

式中，$x(t)$ 是质量块 m 在 t 时刻的振动位移（m）；$\ddot{x}(t)$ 是质量块 m 在 t 时刻的加速度（m/s^2）。

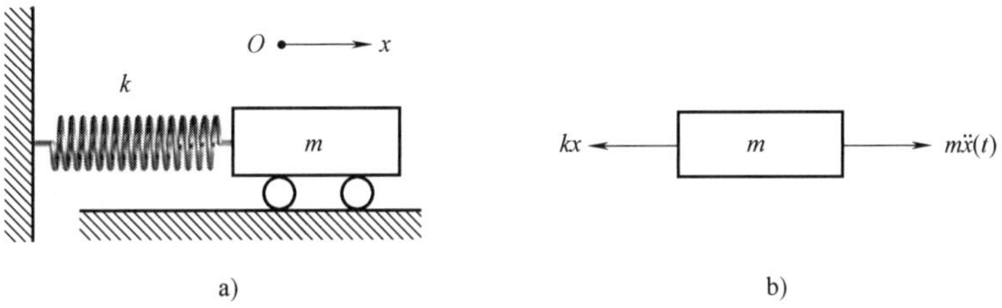

图 1-1 弹簧-质量系统

a）无阻尼单自由度系统 b）质量块受力分析图

式（1-1）的通解可表示为

$$x(t)=A\sin(\omega_n t)+B\cos(\omega_n t) \tag{1-2}$$

式中，ω_n 是系统的固有频率（rad/s）；A、B 是系数。

显然，由式（1-2）可知，系统以频率 ω_n 做简谐振动，所以其加速度 $\ddot{x}(t)=-\omega_n^2x(t)$，把该加速度代入式（1-1），整理可得

$$\omega_n=\sqrt{\frac{k}{m}} \tag{1-3}$$

式（1-2）中未知系数 A 和 B 需要通过系统在 $t=0$ 时的初始条件决定，假设初始条件为

$$x(t=0)=x_0 \tag{1-4a}$$

$$\dot{x}(t=0)=v_0 \tag{1-4b}$$

式中，$\dot{x}(t)$ 是质量块 m 在 t 时刻的速度（m/s）；x_0 是质量块 m 的初始位移（m）；v_0 是质

量块 m 的初始速度（m/s）。

显然，把式（1-4a）代入式（1-2）可得

$$B=x_0 \tag{1-5}$$

把式（1-2）对时间 t 进行求导，可得 $\dot{x}(t)=\omega_n[A\cos(\omega_n t)-B\sin(\omega_n t)]$，并利用式（1-4b）可得

$$v_0=A\omega_n \tag{1-6a}$$

即

$$A=\frac{v_0}{\omega_n} \tag{1-6b}$$

把式（1-5）和式（1-6b）代入式（1-2），可得无阻尼单自由度系统的解为

$$x(t)=\frac{v_0}{\omega_n}\sin(\omega_n t)+x_0\cos(\omega_n t) \tag{1-7}$$

通过三角函数变换，也可以把式（1-7）表示为

$$x(t)=R\sin(\omega_n t+\phi) \tag{1-8}$$

式中，R 是系统响应的幅值（m），$R=\sqrt{A^2+B^2}$；ϕ 是相位角（rad），并且 $\tan\phi=\frac{B}{A}=\frac{x_0\omega_n}{v_0}$。

由上述分析可知，式（1-1）的解也可以表示为

$$x(t)=\sqrt{\left(\frac{v_0}{\omega_n}\right)^2+x_0^2}\sin\left(\omega_n t+\arctan\frac{x_0\omega_n}{v_0}\right) \tag{1-9}$$

1.1.2 MATLAB 求解

对于无阻尼单自由度振动系统，其自由振动解可以通过式（1-7）或者式（1-9）计算得到，尽管可以很容易得到其表达式（或者解析解），但如果要通过计算器或者手算来得到其在任意时刻的响应，非常费时费力。下面将介绍如何通过 MATLAB 编程来计算无阻尼单自由度系统的自由振动响应。

假设在图 1-1 所示的无阻尼单自由度系统中，已知质量块质量 $m=2\text{kg}$，弹簧刚度 $k=8\text{N/m}$，初始位移和初始速度分别为 $x_0=1\text{mm}$，$v_0=1\text{mm/s}$。下面将通过式（1-7）和式（1-9）编写 MATLAB 程序来计算和绘制系统的响应。

首先，运行 MATLAB 软件，在 MATLAB 命令窗口中，依次选择 File→New→M-files，在 MATLAB 编辑器中打开一个新文件，在文件编辑器里可以建立、编辑、存储扩展名为 m 的文件，可以运行、调试（断点、单步、跟踪、查看）程序，其使用方法与其他编程平台的集成环境类似。由于 MATLAB 程序的扩展名为 m，所以常称之为 M 文件。当 M 文件被保存后，可以在命令窗口输入该文件名运行，或者在编辑器中直接按<F5>键运行。输入如图 1-2 所示的 M 文件，并保存为名称为 SDOF_undamping. m 的文件。

为了便于以后章节的学习，将以这个程序为例，通过对该程序的逐行说明，介绍 MATLAB 软件的基本语法、基本规则、编程规则和画图方法。

在图 1-2 所示的程序中，第 1 行以“%”开头。在 MATLAB 软件中，%表示注释，即从%开始一直到行末的内容都是程序注释，注释内容不参与程序运行。在 M 文件中，第一

```
SDOF_undamping.m
1  % 本程序用于计算无阻尼单自由度系统的自由振动
2  clear all, close all;
3  prompt = {'Enter stiffness:','Enter mass:', ...
4      'Enter initial displacement:', 'Enter initial velocity:'};
5  dlg_title = 'Input';
6  num_lines = 1;
7  def = {'8','2','1e-3','1e-3'};
8  answer = inputdlg(prompt,dlg_title,num_lines,def);
9  if isempty(answer) == 1
10     break,
11 else
12     k=str2double(answer{1});
13     m=str2double(answer{2});
14     x_0 = str2double(answer{3});
15     v_0 = str2double(answer{4});
16 end
17 omega_n=sqrt(k/m);
18 t = 0:0.001:10;
19 C = sqrt(x_0^2 + (v_0/omega_n)^2);
20 phi = atan2(x_0*omega_n, v_0);
21 x = C*sin(omega_n*t+phi);
22 x1=x_0*cos(omega_n*t)+v_0/omega_n*sin(omega_n*t);
23 figure(1),
24 plot(t,x,'linewidth',2)
25 hold on
26 plot(t,x1,'k:','linewidth',2)
27 xlabel('{\itt} /s')
28 ylabel('{\itx}({\itt}) /m')
29 legend('式(1-7)计算结果', '式(1-9)计算结果')
30 title(['质量 {\itm} = ', num2str(m), 'kg, 刚度 {\itk} =', ...
31     num2str(k), 'N/m 时系统响应'])
```

图 1-2 SDOF_undamping.m 的源程序

段注释默认为该文件的帮助文档，在命令窗口中输入“help”，有助于读者了解相关程序的功能，例如在命令窗口中输入如下命令，可以得到该程序的基本信息。

```
>> help SDOF_undamping
  本程序用于计算无阻尼单自由度系统的自由振动
```

第 2 行中“clear all”表示清除 MATLAB 工作空间的所有变量，“close all”表示关闭 MATLAB 中所有图形。这是为了保证该程序的运行结果不会与之前可能存在的变量或者图形混淆。为了便于读者学习，在此简单介绍 MATLAB 语句的基本规则：

1）语句可以由分号、逗号或者回车结束。

2）每行可以写多行语句，语句之间用逗号或者分号进行分隔。

3）分号或者逗号必须是英文（半角）符号。

第 3、4 行为一个赋值语句，用于定义输入参数的含义。MATLAB 最基本的语句是赋值语句，其结构为

```
变量名列表=表达式
```

其中等号左边的变量名列表为 MATLAB 语句的返回值，等号右边为表达式，可以是矩

阵运算或函数调用。如果没有等号左侧的变量名列表，则表达式的返回值自动命名为“ans”。需要指出的是，如果用分号结束，则左边的变量结果不会被显示在命令窗口，否则将会在命令窗口显示等号左侧变量的值。

第 5~7 行，对变量 dlg_title、num_lines、def 进行赋值，其中 dlg_title 赋值为字符串，num_lines 赋值为数值，而 def 赋值为单元数组。这些语句中一些需要注意的 MATLAB 编程规则如下。

1）元胞数组中的元素赋值以大括号“{}”作为开始和结束标志。

2）用三个连续小数点表示“续行”，表示下一行是上一行的继续。

3）变量的定义和声明规则如下：

① 使用变量前不用专门的语句定义变量的数据类型。

② 必须以字母开头。

③ 可以由字母、数字和下划线混合组成。

④ 变量长度不大于 31 个。

⑤ 字母区分大小写。

⑥ 变量中不能包含中文或者全角字体。

第 3~8 行，是为了调用 MATLAB 内置函数 inputdlg，该函数的作用是建立一个参数输入窗口，如图 1-3 所示，该窗口用于输入单自由度系统的刚度、质量、初始位移和初始速度。图 1-3 中显示的值为默认值，即 $m=2\mathrm{kg}$，$k=8\mathrm{N/m}$，初始位移 $x_0=1\mathrm{mm}$ 和初始速度 $v_0=1\mathrm{mm/s}$。因为在某些 MATLAB 版本中，中文字符串不能正确显示，所以在输入窗口中统一用英文表示。如果单击“OK”按钮，则把输入参数组成一个元胞数组赋值给变量“answer”；如果单击“Cancel”按钮，则“answer”为一个空数组。

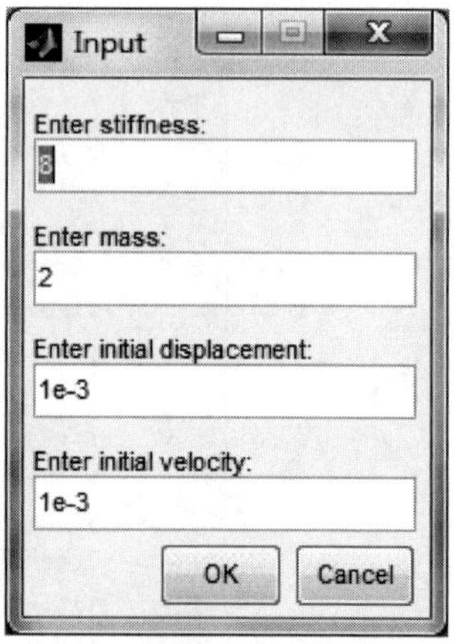

图 1-3　参数输入窗口

第 9~16 行为逻辑运算，其基本格式如下：

```
if 逻辑表达式
[运行命令(如果逻辑表达式为真)]
else
[运行命令(如果逻辑表达式为假)]
end
```

其中第 9 行函数 isempty( ) 是逻辑运算函数，如果括号内变量 answer 是空矩阵（或者空数组），则其值为 1（逻辑真），否则为 0（逻辑假）。符号“= =”为关系运算符号，表示“= =”两侧的表达式或者数值是否相等，如果相等，则为逻辑真，否则为逻辑假。一些常见的逻辑关系符号见表 1-1。

表 1-1　常见的逻辑关系符号

命令	含义
a<b	如果 a 小于 b,则表达式为 1,否则为 0
a<=b	如果 a 小于或等于 b,则表达式为 1,否则为 0

（续）

命令	含义
a>b	如果 a 大于 b，则表达式为 1，否则为 0
a>=b	如果 a 大于等于 b，则表达式为 1，否则为 0
a==b	如果 a 等于 b，则表达式为 1，否则为 0
a~=b	如果 a 不等于 b，则表达式为 1，否则为 0
A&B	如果 A 和 B 同时为逻辑真，则表达式为 1，否则为 0
A|B	如果 A 或者 B 为逻辑真，则表达式为 1，否则为 0
~A	如果 A 为逻辑假，则表达式为 1，否则为 0

例如在 MATLAB 命令窗口输入：

```
>> 3==1
ans =
    0
```

结果 ans 表示表达式“3==1”为逻辑假（0）。

第 10 行函数“break”，表示在对话窗口出现时单击了“Cancel”按钮，变量 answer 为一个空数组，从而结束该程序的运行。

第 12~15 行中，把输入窗口中的值赋值给变量 k、m、x_0、v_0。因为通过输入窗口得到的值为字符数组 answer，所以需要通过 MATLAB 内部函数“str2double”，把字符变量转换成双精度数据。

第 17 行，用于计算系统固有频率，函数 sqrt 表示开平方。

第 18 行，“t=0：0.001：10;”用于建立数组，表示从 0~10s，步长 0.001s。

第 19~21 行，表示通过式（1-8）计算系统响应。其中函数 atan2 用于计算 4 象限反正切函数。在本程序中，用于计算相位角 $\delta(\tan\delta=B/A)$。

第 22 行，表示通过式（1-9）来计算系统响应。

第 23 行，“figure(1)”表示建立一个序号为 1 的图形窗口。

第 24 行，“plot(t,x,'linewidth',2)”表示以数组 t 为横坐标、数组 x 为纵坐标画曲线图。其中参数' linewidth '用于设置线宽，这里设置线宽为 2。

第 25 行，hold on 表示保持当前图形中的坐标轴及原来图像而不被刷新。

第 26 行，plot(t,x1,'k:','linewidth',2)，在图形窗口中再绘制以数组 t 为横坐标、数组 x1 为纵坐标的曲线图。其中' k：'表示把曲线画为黑色虚线。

plot 函数提供了丰富的线条颜色和线型，plot 函数的常用参数见表 1-2。

第 27、28 行，在图中设置横坐标、纵坐标名称，在本程序中，x 轴为时间 t/s，纵坐标为响应 $x(t)$/m，其中 \it 表示斜体显示。

第 29 行，函数 legend 表示对曲线进行标注，本程序中，实线表示通过式（1-7）得到的结果，而虚线表示通过式（1-9）所得的计算结果，注意到这两条曲线完全重合（图 1-4），表示式（1-7）和式（1-9）的计算结果完全相同。在包含多条曲线的图形中，可以通过 legend 函数区分不同曲线。

表 1-2 plot 函数的常用参数

符号	含义	符号	含义
y	黄色	.	加入实心圆
m	紫红色	○	加入空心圆
c	蓝绿色、青色	×	加入叉号
r	红色	+	加入加号
g	绿色	*	加入星号
b	绿色	-	画实线
w	白色	:	画虚线
k	黑色	-.	画点画线
		--	画双画线

第 30、31 行，title 函数表示在图形中加入标题，主要是为了便于阅读。在 title 函数中为了显示质量和刚度的数值，应用了“num2str” 函数，表示把数值转换为字符，从而可以自动显示输入的质量和刚度的数值。

在默认输入参数时，程序 SDOF_undamping. m 的计算结果如图 1-4 所示，从图中可以发现，式（1-7）和式（1-9）的计算结果完全相同，因为图中的两条曲线完全重合。读者也可以通过改变图 1-3 所示输入窗口的赋值，得到不同质量和刚度下的系统响应。

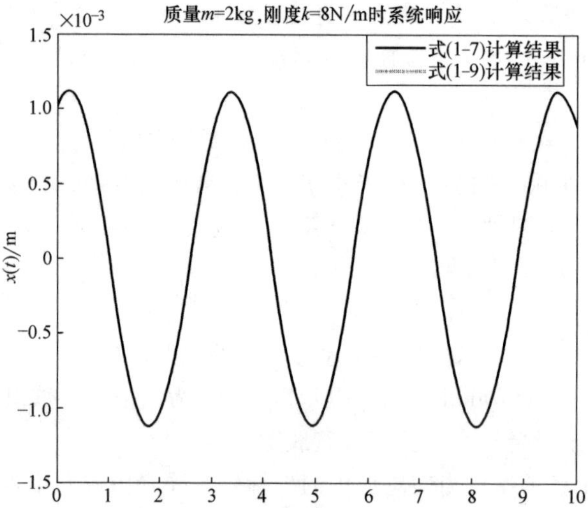

图 1-4 无阻尼单自由度系统的自由振动响应

除了 plot 命令之外，还有不少其他对数坐标的画图命令，一些常用 MATLAB 绘图命令见表 1-3。

表 1-3 常用 MATLAB 绘图命令

绘图命令	含义
semilogx(x,y)	横坐标为对数坐标 logx,纵坐标为 y
semilogy(x,y)	横坐标为 x,纵坐标为对数坐标 logy
loglog(x,y)	横坐标和纵坐标都为对数坐标 logx 和 logy

（续）

绘图命令	含义
grid on	表示在图中显示网格
grid off	表示在图中隐藏网格

例 1-1　生成一个正弦图形 sin(2t)的绝对值，其中 $0\leqslant t\leqslant 10$，并分别通过 plot、semilogx、semilogy 和 loglog 函数进行绘制。

解： 首先通过 linspace 命令把 t 在［0，10］区域内分为 1000 份，再通过 abs 函数取 sin(2t)的绝对值。在 MATLAB 命令窗口输入如下命令：

```
>> t=linspace(0,10,1e3);
>> figure(1),plot(t,abs(sin(2*t)))
>> figure(2),semilogx(t,abs(sin(2*t)))
>> figure(3),semilogy(t,abs(sin(2*t)))
>> figure(4),loglog(t,abs(sin(2*t)))
```

可以得到如图 1-5 所示的结果，从图中可以发现，通过不同的绘图命令，完全相同的结果在图形窗口会表现得千差万别。

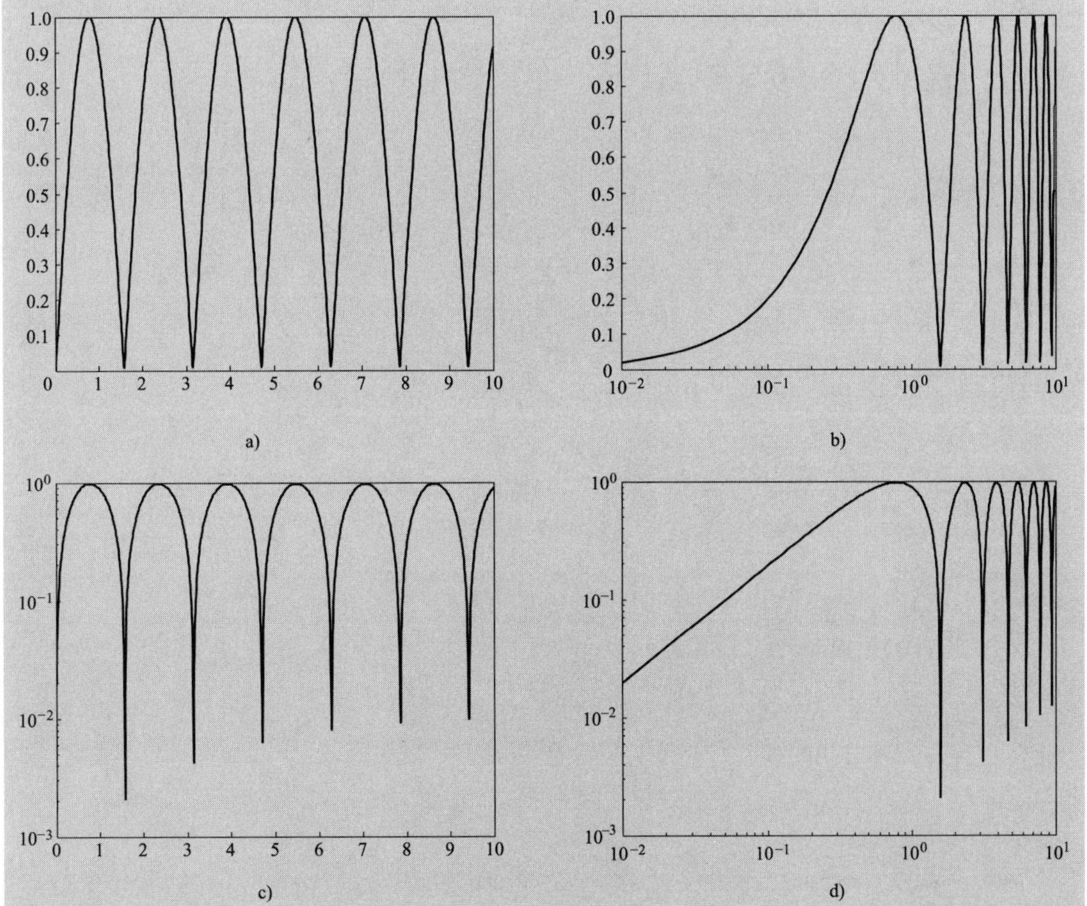

图 1-5　通过不同函数绘制 sin(2t) 绝对值

a）plot 函数　b）semilogx 函数　c）semilogy 函数　d）loglog 函数

在画图后，也可以对坐标轴进行范围设置，常用 MATLAB 图形的坐标轴设置命令见表 1-4。

表 1-4 常用 MATLAB 图形的坐标轴设置命令

坐标轴设置命令	含义
axis([xmin,xmax,ymin,ymax])	表示设置 x 轴范围为[xmin,xmax],y 轴范围为[ymin,ymax]
xlim([xmin,xmax])	表示只设置 x 轴范围为[xmin,xmax]
ylim([ymin,ymax])	表示只设置 y 轴范围为[ymin,ymax]
axis on	表示显示图中的坐标轴
axis off	表示隐藏图中的坐标轴

例 1-2 把例 1-1 中通过 plot 和 semilogx 得到的图形只显示一个周期。

解：注意到 sin(2t) 的周期为 π，如果要把例 1-1 的结果只显示一个周期，可以在例 1-1 的每一图形命令之后再输入如下命令：

```
xlim([0 pi])
```

即可使得图形窗口的横坐标被限制在 0~π 之间，如图 1-6 所示。

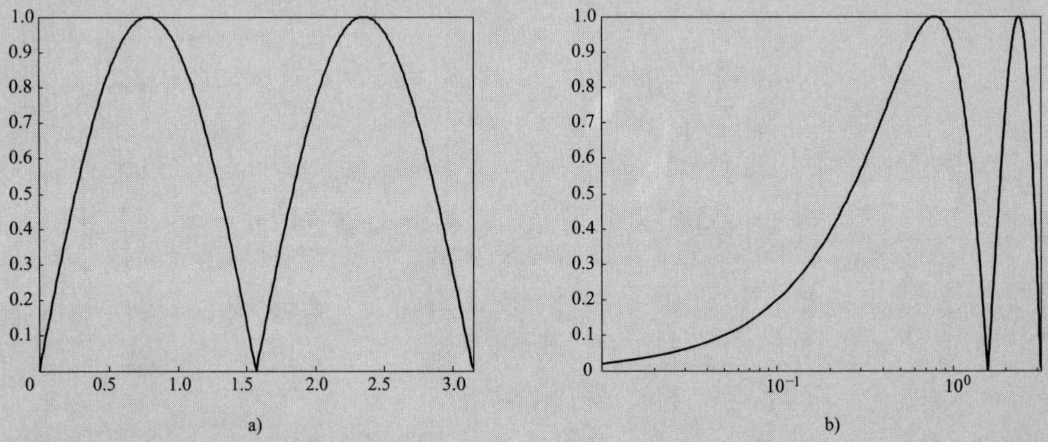

图 1-6 只显示 sin(2t) 绝对值的一个周期

a) plot 函数 b) semilogx 函数

例 1-3 通过动画演示例 1-1 中通过 plot 得到的图形。

解：MATLAB 软件提供了函数 drawnow，用于实时显示图形，所以可以通过 drawnow 函数来制作动画。具体 MATLAB 程序如下：

```
clear all,close all
t=linspace(0,10,1e3);
figure(1)
for m=1:(1e3-2)
    plot(t(m:m+2),abs(sin(2*t(m:m+2))),'k-','linewidth',2),
    hold on
```

```
h=plot(t(m+2),abs(sin(2*t(m+2))),'bo','linewidth',4);
axis([0 10 0 1]),
pause(0.001)
drawnow
delete(h)
end
```

运行上述程序，即可得到 sin(2t) 的绝对值随时间的变化曲线。

1.1.3　单自由度系统参数变化对响应的分析

首先，考虑在单自由度振动系统中，质量变化对响应的影响，在此介绍两种结果显示方法：第一种是把所有结果显示在同一副图形中；第二种方法是通过子图分别显示。

还是以图 1-1 所示的无阻尼单自由度系统为例，已知弹簧刚度 $k=8\text{N/m}$，初始位移和初始速度分别为 $x_0=1\text{mm}$，$v_0=1\text{mm/s}$。质量块质量 m 分别为 1kg、2kg、3kg 和 4kg，下面将通过式（1-7）编写 MATLAB 程序来计算该系统在不同质量时的响应。

在 MATLAB 编辑器中打开一个新文件，输入如下程序，保存为 SDOF_mass. m。为了简便起见，直接在程序右侧对应行中给出相关注释，见表 1-5。

表 1-5　MATLAB 程序 SDOF_mass. m 及其注释

源程序	注释
clear all,close all;	清除工作空间的所有变量,并关闭所有图形
k=8;	对刚度 k 赋值
x_0=1e-3;	对初始位移 x_0 赋值
v_0=1e-3;	对初始速度 v_0 赋值
t=0:0.001:10;	设置计算响应的时间和步长
for m=1:1:4	循环语句,表示质量 m 从 1kg 开始,步长为 1kg,增加到 4kg 结束
omega_n=sqrt(k/m);	计算固有频率[式(1-2)]
x1(:,m)=x_0*cos(omega_n*t)+v_0/omega_n*sin(omega_n*t);	计算响应[式(1-7)] 注意:把响应 x1 保存为矩阵形式,每一列表示一组响应
end	与前面的 for 对应,表示循环结束
figure(1),	建立一个序号为 1 的图形窗口
plot(t,x1(:,1),'k','linewidth',2),	在图形窗口中绘制以数组 t 为横坐标、数组 x1(:,1)为纵坐标的线宽为 2 的曲线图。其中,x1(:,1)表示提取矩阵 x1 中的第一列;'k'表示把曲线画为黑实线
hold on	表示保持当前图形,并接受此后绘制的新曲线,实现叠加绘图

（续）

源程序	注释
plot(t,x1(:,2),'k:','linewidth',2),	继续绘制以数组 t 为横坐标、数组 x1(:,2)为纵坐标的线宽为 2 的黑虚线
plot(t,x1(:,3),'k-.','linewidth',2),	继续绘制以数组 t 为横坐标、数组 x1(:,3)为纵坐标的线宽为 2 的黑色点画线
plot(t,x1(:,4),'k--','linewidth',2),	继续绘制以数组 t 为横坐标、数组 x1(:,4)为纵坐标的线宽为 2 的黑色双画线
xlabel('{\itt}/s')	图中设置横坐标名称为 t/s
ylabel('{\itx}({\itt})/m')	图中设置纵坐标名称为 $x(t)$/m
legend('{\itm}=1kg','{\itm}=2kg','{\itm}=3kg','{\itm}=4kg',... 'Location','NorthOutside','Orientation','horizontal')	对曲线进行标注
figure(2),	建立一个序号为 2 的图形窗口
subplot(2,2,1),	在图形窗口中建立 2×2 个子图，同时选择当前图形为第 1 个子图
plot(t,x1(:,1),'k','linewidth',2),	绘制以数组 t 为横坐标、数组 x1(:,1)为纵坐标的线宽为 2 的黑实线
title('质量{\itm}=1kg'),xlabel('{\itt}'),ylabel('{\itx}({\itt})')	在第 1 个子图中设置横、纵坐标名称和图题
subplot(2,2,2),	选择当前图形为第 2 个子图
plot(t,x1(:,2),'k','linewidth',2),	绘制以数组 t 为横坐标、数组 x1(:,2)为纵坐标的线宽为 2 的黑实线
title('质量{\itm}=2kg'),xlabel('{\itt}/s'),ylabel('{\itx}({\itt})/m')	在第 2 个子图中设置横、纵坐标名称和图题
subplot(2,2,3),	选择当前图形为第 3 个子图
plot(t,x1(:,3),'k','linewidth',2),	绘制以数组 t 为横坐标、数组 x1(:,3)为纵坐标的线宽为 2 的黑实线
title('质量{\itm}=3kg'),xlabel('{\itt}/s'),ylabel('{\itx}({\itt})/m')	在第 3 个子图中设置横、纵坐标名称和图题
subplot(2,2,4),	选择当前图形为第 4 个子图
plot(t,x1(:,4),'k','linewidth',2),	绘制以数组 t 为横坐标、数组 x1(:,2)为纵坐标的线宽为 2 的黑实线
title('质量{\itm}=4kg'),xlabel('{\itt}/s'),ylabel('{\itx}({\itt})/m')	在第 4 个子图中设置横、纵坐标名称和图题

运行该程序，计算结果如图 1-7 所示。在图 1-7a 中，把结果显示在同一幅图形中，主要通过“hold on”命令来实现多条曲线的绘制，并通过 legend 函数来标注不同曲线的含义。而在图 1-7b 中，通过 subplot 函数把图形窗口分为不同子图，分别在子图上绘制相应曲线。subplot 函数的用法如下：

```
subplot (m, n, p)
```

上述命令表示把一个图形窗口分割为 m × n 个子图，m 表示是子图的 m 行数，n 表示子图的 n 列数；p 表示选择当前图形窗口为第 p 个子图。

需要指出的是，图 1-7a、b 表示的是完全相同的曲线，只是绘图风格不同。同时从图中可以发现，随着质量增加，系统自由振动的振动周期增加。

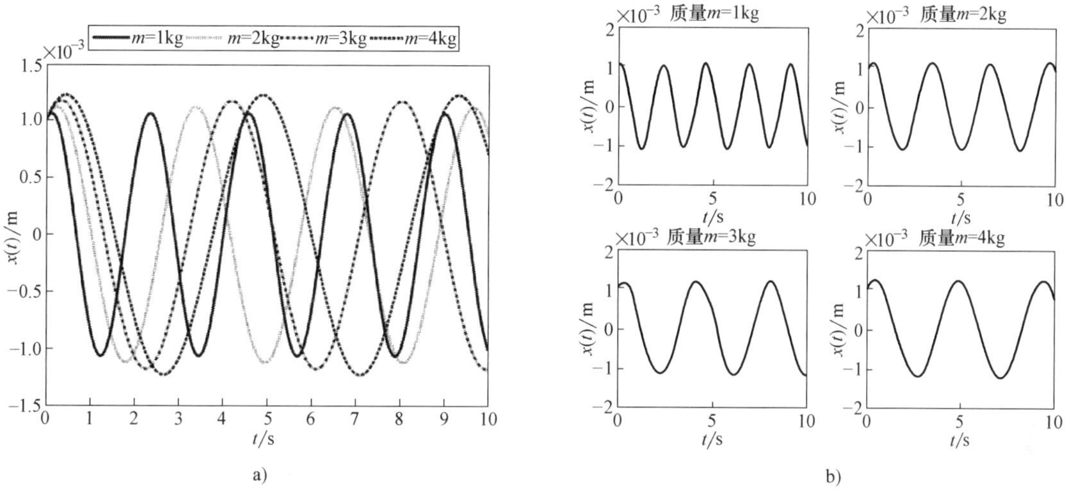

图 1-7 表 1-5 所示程序的计算结果

a）叠加绘图 b）通过子图表示

例 1-4 还是以图 1-1 所示的无阻尼单自由度系统为例，已知其质量 $m=2\text{kg}$，初始位移和初始速度分别为 $x_0=1\text{mm}$，$v_0=1\text{mm/s}$，刚度 k 分别为 6N/m、7N/m、8N/m 和 9N/m，通过式（1-7）编写 MATLAB 程序来计算该系统在不同刚度时的响应。

解： 注意到分析刚度改变对系统响应的影响与表 1-5 所示的 SDOF_mass. m 程序非常类似，只要稍做修改即可实现，所以在此只列出源程序，对源程序的解释省略。

```
clear all,close all;
m=2;k=8;
x_0=1e-3;
v_0=1e-3;
t=0:0.001:10;
as=0;
for k=6 : 1 : 9
as=as+1;
omega_n=sqrt(k/m);
x1=x_0*cos(omega_n*t)+v_0/omega_n*sin(omega_n*t);
figure(1),
if as==1 plot(t,x1,'k','linewidth',2),hold on,end
if as==2 plot(t,x1,'k:','linewidth',2),   end
if as==3 plot(t,x1,'k-.','linewidth',2),   end
if as==4 plot(t,x1,'k--','linewidth',2),   end
end
```

```
xlabel('{\itt}/s'),ylabel('{\itx}({\itt})/m')
legend('{\itk} = 6N/m','{\itk} = 7N/m','{\itk} = 8N/m','{\itk} = 9N/m',...
'Location','NorthOutside','Orientation','horizontal')
```

运行上述程序，可得结果如图 1-8 所示。从图中可以发现，随着刚度增加，系统自由振动响应的幅值保持不变，但是其振动周期减小，即系统的固有频率增加。

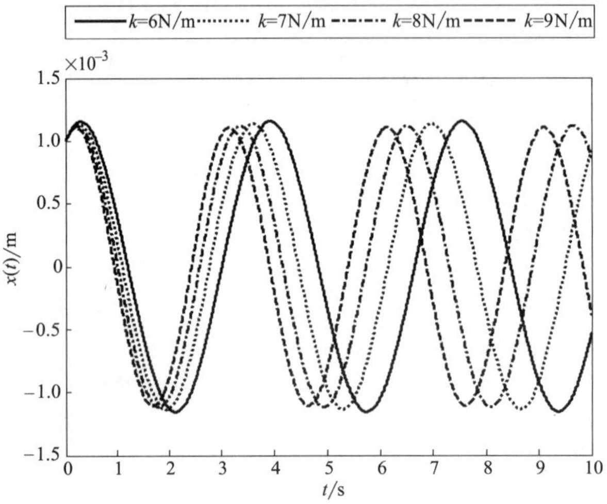

图 1-8　刚度变化时的系统响应

进一步分析初始条件变化对系统响应的影响，假设系统固有频率为 2rad/s，初始条件在 $-0.1<x_0<0.1$，$-0.1<v_0<0.1$ 变化时，计算其响应的幅值变化，由式（1-9）可知，无阻尼单自由度系统振动响应的幅值可表示为

$$A=\sqrt{\left(\frac{v_0}{\omega_n}\right)^2+x_0^2}$$

注意到变量包括初始位移和初始速度，所以幅值 A 应通过三维图来表示，例如 x 轴表示 x_0，y 轴表示 v_0，而 z 轴表示幅值 A。

在 MATLAB 编辑器中打开一个新文件，输入如下程序，保存为 SDOF_Amplitude. m，源程序及其注释见表 1-6。

表 1-6　MATLAB 程序 SDOF_Amplitude. m 及其注释

源程序	注释
clear all,close all	清除工作空间的所有变量,并关闭所有图形
wn = 2;　% natural frequency (rad/s)	设置系统固有频率
MX = 20;	设置初始位移的数量
MY = 20;	设置初始速度的数量
x0 = linspace(-0.2,0.2,MX);	表示初始位移 x0 的变化范围为-0.2 到 0.2,分为 MX = 20 个点,x0 为长度为 MX 的向量
v0 = linspace(-0.1,0.1,MY);	表示初始速度 v0 的变化范围为-0.1 到 0.1,分为 MY = 20 个点,v0 为长度为 MY 的向量

（续）

源程序	注释
for k=1:MX	循环计算 x0
for m=1:MY	循环计算 v0
A(k,m)=sqrt((v0(m)/wn)^2+x0(k)^2);	计算系统幅值 A 的第(k,m)个元素,其中 v0(m)表示向量 v0 的第 m 个元素,而 x0(k)表示向量 x0 的第 k 个元素
X(k,m)=x0(k);	把 x0(k)保存为横坐标矩阵 X 的第(k,m)个元素
Y(k,m)=v0(m);	把 v0(m)保存为纵坐标矩阵 Y 的第(k,m)个元素
end	结束 m=1:MY 循环
end	结束 k=1:MX 循环
figure(1),	建立一个序号为 1 的图形窗口
mesh(X,Y,A),	通过 mesh 命令绘制三维网线图,所绘制网线的交点坐标为[X(k,m),Y(k,m),A(k,m)]
xlabel('{\itx}_0/m'),	设置 x 轴坐标名称为 x_0/m
ylabel('{\itv}_0/(m/s)'),	设置 y 轴坐标名称为 v_0/(m/s)
zlabel('幅值/m'),	设置 z 轴坐标名称为"幅值/m"
colormap([0 0 0])	设置图形颜色为黑色
figure(2)	建立一个序号为 2 的图形窗口
surf(X,Y,A),	通过 surf 命令绘制三维曲面图,曲面中网线的交点坐标为[X(k,m),Y(k,m),A(k,m)]
colormap gray,	设置图形颜色为灰色
shading interp	对图形色彩进行插值处理,使得色彩平滑过渡
xlabel('{\itx}_0/m'),	设置 x 轴坐标名称为 x_0/m
ylabel('{\itv}_0/(m/s)'),	设置 y 轴坐标名称为 v_0/(m/s)
zlabel('幅值/m'),	设置 z 轴坐标名称为"幅值/m"

运行该程序，结果如图 1-9 所示，在该程序中，给出了两种三维图的绘制函数，分别为 mesh 和 surf。图 1-9a、b 所示分别为通过 mesh 函数和 surf 函数绘制的三维图。从图中可以发现，初始位移对系统响应的影响远大于初始速度。

mesh 和 surf 作为两种最常见的三维图绘制函数，它们的基本用法如下：

```
mesh(X,Y,Z)
surf(X,Y,Z)
```

mesh(X,Y,Z) 表示绘制由 X、Y 和 Z 指定的三维网线图；而 surf(X,Y,Z) 表示绘制由 X、Y 和 Z 指定的三维曲面图。如果 X 和 Y 为向量，令 X 和 Y 的长度分别为 M 和 N，则 Z 矩阵必须为 M×N 矩阵，所绘制网线的交点坐标为 [X(n),Y(m),Z(m,n)]。如果 X、Y 和 Z 均为 M×N 矩阵，则所绘制网线的交点坐标为 [X(m,n),Y(m,n),A(m,n)]。

有时候 mesh 和 surf 命令也可简化为：

```
mesh(Z)
surf(Z)
```

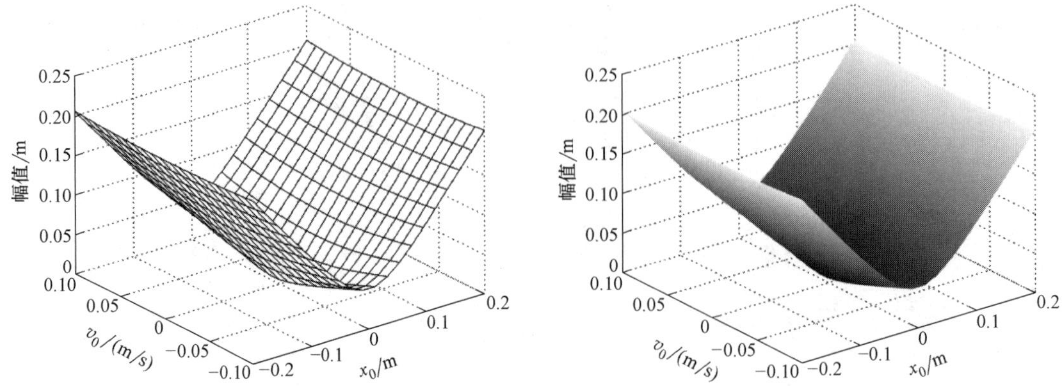

a)　　　　b)

图 1-9　表 1-6 所示程序的计算结果

a）通过 mesh 函数绘图　b）通过 surf 函数绘图

此时 mesh(Z) 生成高度由 Z 矩阵指定的三维网线图，而 surf(Z) 则生成高度由 Z 矩阵指定的三维曲面图。x 轴和 y 轴坐标根据 Z 矩阵的维数由系统自动生成。假设 Z 矩阵为 M×N 矩阵，则 mesh(Z) 和 surf(Z) 等效于 mesh(Xn,Yn,Z) 和 surf(Xn,Yn,Z)，其中 Xn=1：1：N，而 Yn=1：1：M。

1.2　阻尼单自由度系统

考虑一阻尼单自由度系统，如图 1-10 所示。设其坐标原点为静平衡位置，其运动微分方程可表示为

$$m\ddot{x}(t)+c\dot{x}(t)+kx(t)=0 \tag{1-10}$$

式中，c 是系统的阻尼系数（N·s/m 或者 kg/s）。

设 ω 为激励力频率（rad/s），ω_n 为无阻尼固有频率（rad/s），由式（1-3）可知

$$\omega_n^2=\frac{k}{m} \tag{1-11}$$

定义阻尼比 ζ 为

$$\zeta=\frac{c}{2\sqrt{km}} \tag{1-12}$$

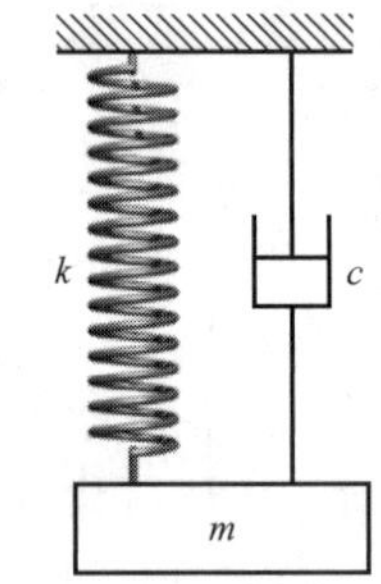

图 1-10　阻尼单自由度系统

把式（1-11）和式（1-12）代入式（1-10），阻尼单自由度系统的运动微分方程可重新表示为

$$\ddot{x}(t)+2\zeta\omega_n\dot{x}(t)+\omega_n^2x(t)=0 \tag{1-13}$$

式（1-10）和式（1-13）的解可表示为指数形式，即

$$x(t)=C\exp(\lambda t) \tag{1-14}$$

式中，C 和 λ 是未知系数。

把式（1-14）代入式（1-13），可得

$$(\lambda^2+2\zeta\omega_n\lambda+\omega_n^2)C\exp(\lambda t)=0 \tag{1-15}$$

注意到式（1-15）中 $C\exp(\lambda t)$ 不等于零，这意味着 λ 必须满足

$$\lambda^2+2\zeta\omega_n\lambda+\omega_n^2=0 \tag{1-16}$$

式（1-16）被称为系统的特征方程，该式只与系统的本身参数相关，而与外激励力和初始条件无关。显然，式（1-16）存在两个解，即

$$\lambda_1=-\zeta\omega_n-\sqrt{\zeta^2-1}\,\omega_n,\quad \lambda_2=-\zeta\omega_n+\sqrt{\zeta^2-1}\,\omega_n \tag{1-17}$$

式中，λ_1 和 λ_2 被称为系统的特征值。

显然，式（1-17）中$\sqrt{\zeta^2-1}$的值可能是正实数、零或者虚数，注意到不同的阻尼比 ζ 对应不同形式的解，下面分别讨论不同的阻尼比 ζ 时的振动方程。

1.2.1　过阻尼（$\zeta>1$）

当阻尼比 $\zeta>1$ 时，称之为过阻尼情况，此时式（1-17）中的两个根 λ_1 和 λ_2 都为实数，即

$$\lambda_1=-\zeta\omega_n+\omega_n\sqrt{\zeta^2-1}<0 \tag{1-18a}$$

$$\lambda_2=-\zeta\omega_n-\omega_n\sqrt{\zeta^2-1}<0 \tag{1-18b}$$

此时，式（1-13）的解可表示为

$$x(t)=C_1\exp(\lambda_1 t)+C_2\exp(\lambda_2 t) \tag{1-19}$$

式中，C_1 和 C_2 是未知系数，由初始条件（初始位移和初始速度）决定。

由式（1-18）可知，此时 λ_1 和 λ_2 均为负实数，通过式（1-19）可以发现，当时间 t 趋于无穷大时，$x(t)$ 趋于0，这意味着系统能够随时间 t 的增加而逐渐趋于稳定。

根据初始条件，

$$x(0)=x_0,\dot{x}(0)=v_0 \tag{1-20}$$

把式（1-20）代入式（1-19）可得

$$x_0=C_1+C_2 \tag{1-21}$$

和

$$v_0=\lambda_1C_1+\lambda_2C_2 \tag{1-22}$$

式（1-21）乘以 λ_1，再与式（1-22）相减，可得

$$v_0-\lambda_1x_0=C_2(\lambda_2-\lambda_1) \tag{1-23}$$

所以系数 C_2 可表示为

$$C_2=\frac{v_0-\lambda_1x_0}{\lambda_2-\lambda_1} \tag{1-24}$$

式（1-21）乘以 λ_2，再与式（1-22）相减，可得

$$v_0-\lambda_2 x_0=C_1(\lambda_1-\lambda_2) \tag{1-25}$$

即

$$C_1=\frac{v_0-\lambda_2 x_0}{\lambda_1-\lambda_2} \tag{1-26}$$

把式（1-18）、式（1-24）和式（1-26）代入式（1-19），可得过阻尼系统的解：

$$x(t)=C_1\exp[(-\zeta+\sqrt{\zeta^2-1})\omega_n t]+C_2\exp[(-\zeta-\sqrt{\zeta^2-1})\omega_n t] \tag{1-27}$$

式中，

$$C_1=\frac{v_0+(\zeta+\sqrt{\zeta^2-1})\omega_n x_0}{2\omega_n\sqrt{\zeta^2-1}} \tag{1-28a}$$

$$C_2=\frac{-v_0-(\zeta-\sqrt{\zeta^2-1})\omega_n x_0}{2\omega_n\sqrt{\zeta^2-1}} \tag{1-28b}$$

例 1-5 已知一阻尼单自由度系统，质量 $m=100\text{kg}$，刚度 $k=225\text{N/m}$，阻尼系数 $c=600\text{N}\cdot\text{s/m}$。设其初始位移为 0.1m，初始速度为 0，计算其在时间 $0\leqslant t\leqslant 20\text{s}$ 时的响应。

解：由式（1-12）可知，系统的阻尼比为

$$\zeta=\frac{c}{2\sqrt{km}}=\frac{600}{2\sqrt{225\times100}}=2>1$$

由于阻尼比 ζ 大于 1，所以该系统为过阻尼系统，可以通过式（1-27）进行计算。为了通过 MATLAB 编程来计算式（1-27），首先在 MATLAB 编辑器中打开一个新文件，输入如下程序，保存为 SDOF_Overdamping. m，见表 1-7。

表 1-7 过阻尼时单自由度系统的自由响应程序及其注释

源程序	注释
clear all,close all	在运行程序之前清理工作所有空间变量，并关闭所有图形
m=100;%kg	赋值质量 m
k=225;%N/m	赋值刚度 k
c=600;%kg/s	赋值阻尼系数 c
vo=0.0;%m/s	赋值初始速度
xo=0.1;%m	赋值初始位移
t=linspace(0,20,1000);	设置计算结果的时间，表示在 0 到 20 之间设置 1000 个等间距点的行向量
wn=sqrt(k/m);%natural frequency	计算无阻尼固有频率
zeta=c/(2*m*wn);%damping ratio	计算阻尼比
a1=(-vo+((-zeta+sqrt((zeta^2)-1))*wn*xo))/(2*wn*sqrt((zeta^2)-1));	计算式(1-28b)

（续）

源程序	注释
a2=(vo +((zeta +sqrt((zeta^2)-1)) * wn * xo))/(2 * wn * sqrt((zeta^2)-1));	计算式(1-28a)
xt=(exp(-zeta. * wn. * t)). * ((a1. * exp(-wn. * (sqrt((zeta^2)-1)). * t))...+a2. * (exp(wn. * (sqrt((zeta^2)-1)). * t)));%general response	计算式(1-27),得到过阻尼系统响应
figure(1);	创建序号为1的图形窗口
plot(t,xt)	以t为横坐标,xt为纵坐标绘制曲线
grid on	加入网格
ylabel('{\itx}({\itt})/m')	加入纵坐标名称 $x(t)$/m
xlabel ('{\itt}/s')	加入横坐标名称 t/s

运行该程序，所得结果如图 1-11 所示。从图中可以发现，在 $t=0$ 时刻，响应为 $x(0)=0.1$m，随着时间增加，响应 $x(t)$ 趋于 0，并且没有穿过平衡位置。

如果修改初始速度为 $v_0=-0.7$m/s，则所得结果如图 1-12 所示，从图中可以发现，此时响应在时刻 $t=0.4$s 时穿过平衡位置。但是需要指出的是，在过阻尼时，响应最多只能穿过一次平衡位置。

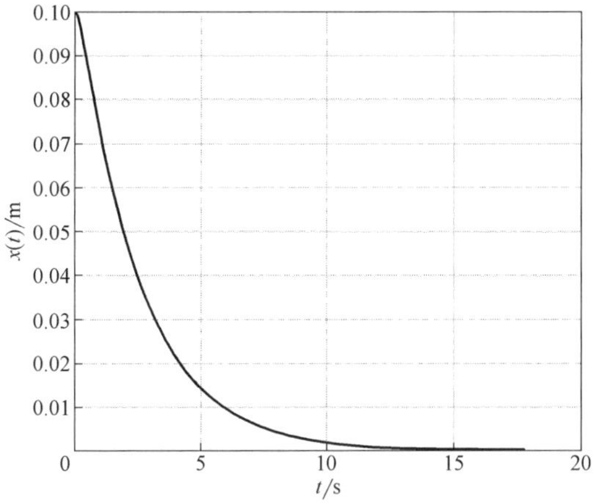

图 1-11 过阻尼时单自由度系统的自由响应（一）

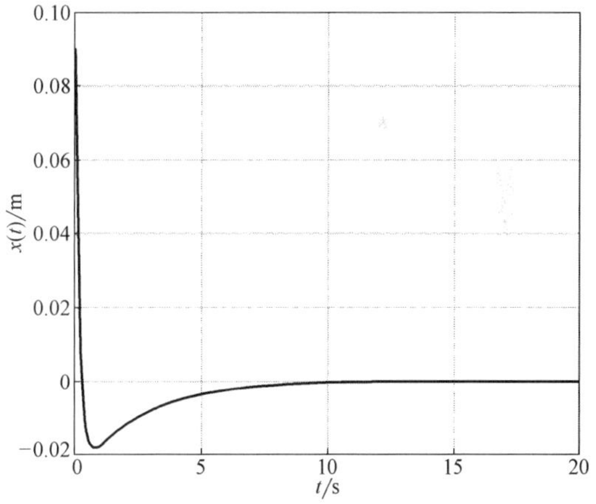

图 1-12 过阻尼时单自由度系统的自由响应（二）

例 1-6 在例 1-5 中，假设系统的阻尼系数 c 分别为 400N·s/m、500N·s/m、600N·s/m、700N·s/m，计算其在不同阻尼系数时的响应。

解：注意到可以通过修改表 1-7 所示的程序，从而直接得到不同阻尼系数时的响应，在此直接给出源程序如下：

```
% Free vibration response for overdamping SDOF
clear all,close all
m=100;%kg
k=225;%N/m
```

```
for c = 400:100:700;%kg/s
vo = 0;%m/s
xo = 0.1;%m
t = linspace(0,20,1000);
wn = sqrt(k/m);%natural frequency
zeta = c/(2 * m * wn);%damping ratio
a1 = (-vo+((-zeta+sqrt((zeta^2)-1)) * wn * xo))/(2 * wn * sqrt((zeta^2)-1));
a2 = (vo +((zeta +sqrt((zeta^2)-1)) * wn * xo))/(2 * wn * sqrt((zeta^2)-1));
xt = (exp(-zeta. * wn. * t)). * ((a1. * exp(-wn. * (sqrt((zeta^2)-1)). * t))...
    +a2. * (exp(wn. * (sqrt((zeta^2)-1)). * t)));%general response
figure(1);
if c = = 400 plot(t,xt,'k','linewidth',2),hold on,end
if c = = 500 plot(t,xt,'k:','linewidth',2),end
if c = = 600 plot(t,xt,'k-.','linewidth',2),  end
if c = = 700 plot(t,xt,'k--','linewidth',2),  end
end
grid on
ylabel('{\itx}({\itt})/m')
xlabel('{\itt}/s')
legend('{\itc} = 400N · s/m','{\itc} = 500N · s/m','{\itc} = 600N · s/m','{\itc} = 700N · s/m')
```

运行上述程序，所得不同阻尼时的系统响应如图 1-13 所示。需要指出的是，随着阻尼增大，系统达到平衡位置的时间反而增加。也就是说，对于一个振动系统，如果需要其快速到达平衡位置（减振），阻尼并不是越大越好。

1.2.2 欠阻尼（$\zeta<1$）

当阻尼比 $\zeta<1$ 时，称为欠阻尼情况，则式（1-17）可以重新表示为

$$\lambda_1=-\zeta\omega_n+j\omega_n\sqrt{1-\zeta^2},\quad \lambda_2=-\zeta\omega_n-j\omega_n\sqrt{1-\zeta^2} \tag{1-29}$$

式中，$j=\sqrt{-1}$。

定义阻尼固有频率为

$$\omega_d=\sqrt{1-\zeta^2}\,\omega_n \tag{1-30}$$

把式（1-30）代入式（1-29），则式（1-29）可表示为

$$\lambda_1=-\zeta\omega_n+j\omega_d,\quad \lambda_2=-\zeta\omega_n-j\omega_d \tag{1-31}$$

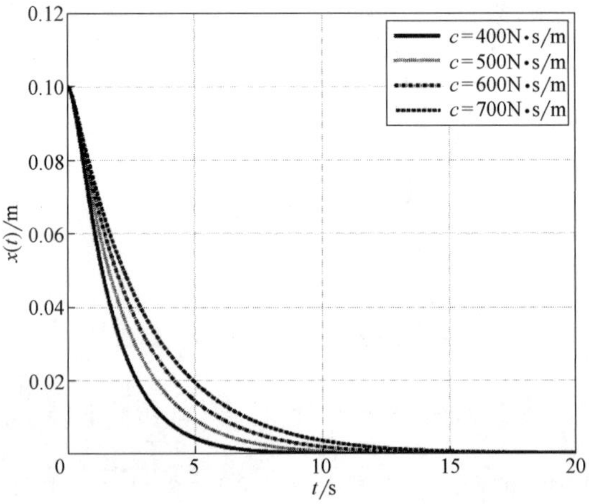

图 1-13 过阻尼情况下不同阻尼时的系统响应

注意到式（1-31）中的 λ_1 和 λ_2 为复共轭，同时注意到此时式（1-13）的解为 $x(t)=C_1\exp(\lambda_1 t)+C_2\exp(\lambda_2 t)$，通过式（1-31），则方程的解可进一步表示为

$$x(t)=\exp(-\zeta\omega_n t)[C_1\exp(j\omega_d t)+C_2\exp(-j\omega_d t)] \tag{1-32}$$

由于 $x(t)$ 代表系统的时域响应，所以式（1-32）方括号内的值必须为实数。这意味着 C_1 和 C_2 必须复共轭。同时注意到：

$$\exp(j\omega_d t)=\cos(\omega_d t)+j\sin(\omega_d t) \tag{1-33a}$$

$$\exp(-j\omega_d t)=\cos(\omega_d t)-j\sin(\omega_d t) \tag{1-33b}$$

把式（1-33）代入式（1-32），则式（1-32）可以重新表示为

$$x(t)=\exp(-\zeta\omega_n t)[A_1\cos(\omega_d t)+A_2\sin(\omega_d t)] \tag{1-34}$$

式中，$A_1=C_1+C_2$；$A_2=j(C_1-C_2)$。

还是按照之前的初始条件 $x(0)=x_0$ 和 $\dot{x}(0)=v_0$，把这些初始条件代入式（1-34），可得

$$x_0=A_1 \tag{1-35}$$

和

$$v_0=-\zeta\omega_n A_1+\omega_d A_2 \tag{1-36}$$

通过式（1-36）可得

$$A_2=\frac{v_0+\zeta\omega_n x_0}{\omega_d} \tag{1-37}$$

由式（1-34）可知，也可以把方程的解表示为相位、幅值的形式，即

$$x(t)=A\exp(-\zeta\omega_n t)\sin(\omega_d t+\phi) \tag{1-38}$$

式中，$A=\sqrt{A_1^2+A_2^2}$；$\sin\phi=\dfrac{A_1}{\sqrt{A_1^2+A_2^2}}$或者 $\tan\phi=\dfrac{A_1}{A_2}$。

例 1-7 已知一阻尼单自由度系统，质量 $m=1\text{kg}$，刚度 $k=10\text{N/m}$，初始速度为 1m/s，设其阻尼比 ζ 分别为 0.05、0.1、0.2 和 0.5，计算其在时间 $0\leqslant t\leqslant 8\text{s}$ 时不同阻尼比下的响应。

解：由于该系统的阻尼比小于 1，所以该系统为欠阻尼系统，可以通过式（1-38）进行求解。如下 MATLAB 源程序用于计算不同阻尼比时欠阻尼系统的响应，计算结果如图 1-14 所示。从图中可以发现，随着阻尼比的增加，系统的响应速度明显降低。

```
% Free vibration for Underdamping SDOF
clear all,close all;
m=1;
k=10;
vo=1;
xo=1;
t=linspace(0,8,100);
wn=sqrt(k/m);
ss=[0.05 0.1 0.2 0.5];
for as=1:4
    zeta=ss(as);
    wd=wn*sqrt(1-zeta^2);
    c=2*sqrt(k*m)*zeta;
```

```
        A=(1/wd)*(sqrt(((vo+zeta*wn*xo)^2)+((xo*wd)^2)));
        ang=atan((xo*wd)/(vo+zeta*wn*xo));
        xt=A*sin(t*wd+ang).*exp(-zeta*t*wn);
        figure(1);
        if as==1 plot(t,xt,'k','linewidth',2),hold on,end
        if as==2 plot(t,xt,'k:','linewidth',2),end
        if as==3 plot(t,xt,'k-.','linewidth',2),end
        if as==4 plot(t,xt,'k--','linewidth',2),end
        grid on
        ylabel('{\itx}({\itt})/m')
        xlabel('{\itt}/s')
    end
legend('{\it\zeta}=0.05','{\it\zeta}=0.1','{\it\zeta}=0.2','{\it\zeta}=0.5')
```

1.2.3 临界阻尼 ($\zeta=1$)

当阻尼比 $\zeta=1$ 时，由式（1-17）可知，此时

$$\lambda_1=\lambda_2=-\omega_n \tag{1-39}$$

所以临界阻尼时式（1-13）的解为

$$\begin{aligned}x(t)&=C_1\exp(-\omega_n t)+C_2 t\exp(-\omega_n t)\\&=(C_1+C_2 t)\exp(-\omega_n t)\end{aligned} \tag{1-40}$$

注意到当时间 t 趋于无穷大时，$t\exp(-\omega_n t)$ 收敛于零，这意味着系统逐渐趋于稳定。

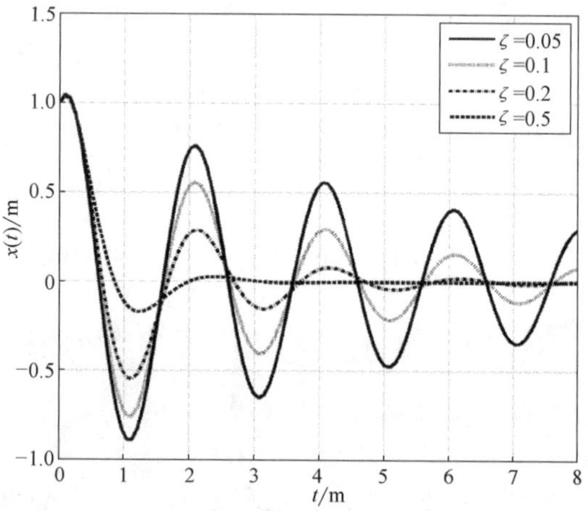

图 1-14　不同阻尼比时欠阻尼系统的响应

进一步把初始条件 $x(0)=x_0$ 和 $\dot{x}(0)=v_0$ 代入式（1-40），整理后可得

$$x_0=C_1 \tag{1-41}$$

$$C_2=v_0+\omega_n x_0 \tag{1-42}$$

把式（1-41）和式（1-42）代入式（1-40），临界阻尼（$\zeta=1$）时的响应可进一步表示为

$$x(t)=x_0\exp(-\omega_n t)+(v_0+\omega_n x_0)t\exp(-\omega_n t) \tag{1-43}$$

在临界阻尼时，其阻尼系数称为临界阻尼系数 c_c：

$$c_c=2\sqrt{mk} \tag{1-44}$$

阻尼比也可以通过阻尼系数与临界阻尼系数之比来表示，即

$$\zeta=\frac{c}{c_c} \tag{1-45}$$

例 1-8 已知一临界阻尼系统（阻尼比 $\zeta=1$），质量 $m=100\text{kg}$，刚度 $k=225\text{N/m}$，初始速度为 1m/s，设置不同初始位移，使得所得响应：

a）没有穿过平衡位置。

b）穿过一次平衡位置。

解： 当系统在临界阻尼时，其响应最多可以穿过一次平衡位置。如下程序用于计算不同初始位移下临界阻尼系统的响应。该程序的计算结果如图 1-15 所示。从图中可以发现，当初始位移 $x_0=0.2\text{m}$ 时，响应没有穿过平衡位置，而当 $x_0=-0.2\text{m}$ 时响应穿过一次平衡位置。

```
clear all,close all
% Damping ratio=1
m=100;%kg
k=225;%N/m
vo=1;%m/s
for ss=1:2
    if ss==1 xo=0.2;end
    if ss==2 xo=-0.2;end
    t=linspace(0,10,100);
    wn=sqrt(k/m);%natural frequency
    xt=xo*exp(-wn*t)+(vo+wn*xo)*t.*exp(-wn*t);%general response
    figure(1);
    subplot(1,2,ss)
    plot(t,xt),grid on
ylabel('{\itx}({\itt})/m').xlabel ('{\itt}/s')
title(['{\itx}_0='num2str(xo)'m;{\itv}_0=1 m/s'])
end
```

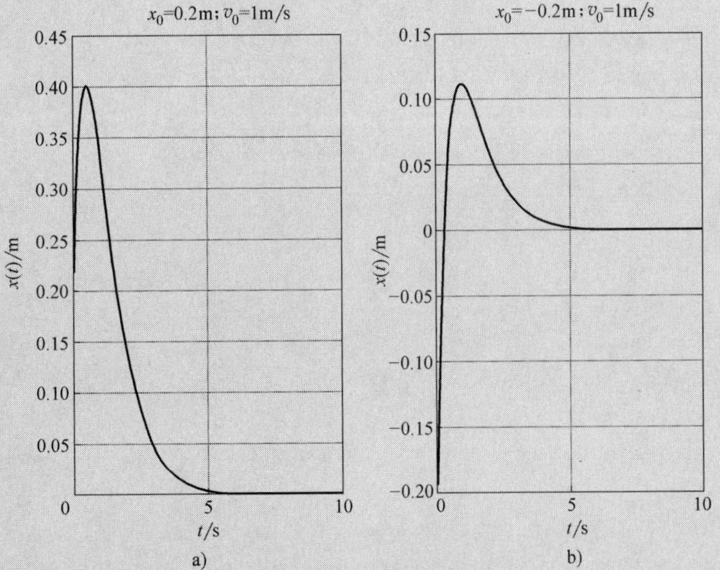

图 1-15　不同初始条件下临界阻尼系统的响应

a）未穿过平衡位置　b）穿过平衡位置

例 1-9 已知一阻尼单自由度系统，质量 $m=1\text{kg}$，刚度 $k=10\text{N/m}$，初始位移为 1m，初始速度为 1m/s，设其阻尼比 ζ 分别为 0、0.1、1 和 2，计算其在时间 $0 \leqslant t \leqslant 8\text{s}$ 时不同阻尼比下的响应。

解：由题意可知，需要计算系统在欠阻尼、临界阻尼和过阻尼时的响应，具体 MATLAB 程序如下：

```
clear all,close all;
m=1;
k=10;
v0=1;
x0=1;
t=linspace(0,8,100);
wn=sqrt(k/m);
% Damping ratio=0
xt1=x0*cos(wn*t)+v0/wn*sin(wn*t);
% Damping ratio=0.1
zeta=0.1;
wd=wn*sqrt(1-zeta^2);
A=(1/wd)*(sqrt(((v0+zeta*wn*x0)^2)+((x0*wd)^2)));
ang=atan((x0*wd)/(v0+zeta*wn*x0));
xt2=A*sin(t*wd+ang).*exp(-zeta*t*wn);
% Damping ratio=1
xt3=x0*exp(-wn*t)+(v0+wn*x0)*t.*exp(-wn*t);%general response
% Damping ratio=2
zeta=2;
a1=(-v0+((-zeta+sqrt((zeta^2)-1))*wn*x0))/(2*wn*sqrt((zeta^2)-1));
a2=(v0 +((zeta +sqrt((zeta^2)-1))*wn*x0))/(2*wn*sqrt((zeta^2)-1));
xt4=(exp(-zeta.*wn.*t)).*((a1.*exp(-wn.*(sqrt((zeta^2)-1)).*t))...
    +a2.*(exp(wn.*(sqrt((zeta^2)-1)).*t)));%general response
figure(1);
plot(t,xt1,'k','linewidth',2)
hold on
plot(t,xt2,'k:','linewidth',2)
plot(t,xt3,'k-.','linewidth',2)
plot(t,xt4,'k--','linewidth',2)
plot(t,zeros(1,length(t)),'k:')
ylabel('{\itx}({\itt})/m')
xlabel ('{\itt}/s')
legend('{\it\zeta}=0','{\it\zeta}=0.1','{\it\zeta}=1','{\it\zeta}=2','Orientation','horizontal')
```

上述程序的计算结果如图 1-16 所示，可以发现在临界阻尼时，系统最快趋于平衡位置，所以在实际工程应用中，为了达到良好的减振效果，需要使得结构的阻尼比等于或者接近临界阻尼。

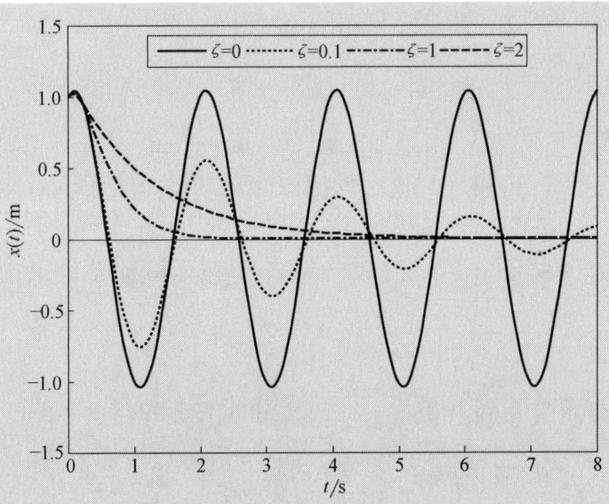

图 1-16 不同阻尼时系统的响应

1.3 基于 MATLAB 的数值解

1.1 节和 1.2 节介绍了通过解析解得到单自由度系统的自由振动响应，在 MATLAB 软件中，还提供了数值解方法，常用龙格-库塔法（Runge-Kutta approach）来求解微分方程。

龙格-库塔法一般适合求解一阶常微分方程：

$$\dot{x}(t)=f(x(t),t) \tag{1-46}$$

式中，$f(x(t),t)$ 是函数 $x(t)$ 和时间 t 的任意连续函数。

龙格-库塔法通过 $x(t+\Delta t)$ 在 $f(t)$ 处的泰勒（Taylor）展开进行修正，一般取 4 阶导数项，即

$$x(t+\Delta t)=x(t)+\frac{1}{6}(b_1+2b_2+2b_3+b_4) \tag{1-47}$$

式中，

$$\begin{cases} b_1=f(x(t),t)\Delta t \\ b_2=f\left(x(t)+\dfrac{b_1}{2},t+\dfrac{\Delta t}{2}\right)\Delta t \\ b_3=f\left(x(t)+\dfrac{b_2}{2},t+\dfrac{\Delta t}{2}\right)\Delta t \\ b_4=f(x(t)+b_3,t+\Delta t)\Delta t \end{cases} \tag{1-48}$$

注意到单自由度系统的自由振动方程可以统一表示一个二阶常系数微分方程，即

$$m\ddot{x}(t)+c\dot{x}(t)+kx(t)=0 \tag{1-49}$$

由于 MATLAB 软件中，龙格-库塔法只能求解一阶微分方程（组），所以首先要把式（1-49）转换为一阶微分方程组，假设

$$v(t)=\dot{x}(t) \tag{1-50}$$

则式（1-49）可重新表示为

$$m\dot{v}(t)+cv(t)+kx(t)=0 \tag{1-51}$$

整理式（1-51），可得

$$\dot{v}(t)=-\frac{c}{m}v(t)-\frac{k}{m}x(t) \tag{1-52}$$

这样，通过式（1-50）和式（1-52）就把二阶运动微分方程（1-49）重新表示为 2 个一阶微分方程。

为了简便起见，定义向量 $\boldsymbol{y}$，令 $y_1(t)=x(t)$，$y_2(t)=v(t)=\dot{x}(t)$，可得

$$\boldsymbol{y}=\begin{pmatrix} y_1(t) \\ y_2(t) \end{pmatrix}=\begin{pmatrix} x(t) \\ v(t) \end{pmatrix}=\begin{pmatrix} x(t) \\ \dot{x}(t) \end{pmatrix} \tag{1-53}$$

对式（1-53）进行求导，并利用式（1-50）和式（1-52），可得

$$\dot{\boldsymbol{y}}=\begin{pmatrix} \dot{y}_1(t) \\ \dot{y}_2(t) \end{pmatrix}=\begin{pmatrix} \dot{x}(t) \\ \dot{v}(t) \end{pmatrix}=\begin{pmatrix} \dot{x}(t) \\ \ddot{x}(t) \end{pmatrix}=\begin{pmatrix} y(2) \\ -\frac{c}{m}y_2(t)-\frac{k}{m}y_1(t) \end{pmatrix} \tag{1-54}$$

由式（1-54）可以发现，$\dot{y}_1(t)=y_2(t)$，$\dot{y}_2(t)=-\frac{c}{m}y_2(t)-\frac{k}{m}y_1(t)$。

对于式（1-54），可以通过 ode45 函数来进行求解。ode45 函数的常用调用格式如下：

```
[T,Y]=ode45(odefun,tspan,y0)
```

ode45 函数调用时的变量含义如下。

odefun：用于保存微分方程等号右侧部分。

tspan：步长向量，可以指定起至区域，例如［t0,tf］，其中步长自动设定；也可以自己指定步长，例如 tspan=[t0,t1,…,tf]。

y0：指定初始条件。

由上述解释可知，[T,Y]=ode45(odefun,tspan,y0) 表示求解在区域从 t0 到 tf，初始条件为 y0 的微分方程 $\dot{y}(t)=f(t,y)$。

例 1-10 已知一阻尼系统，质量 $m=2$kg，刚度 $k=8$N/m，阻尼比 $\zeta=0.1$，初始位移为 0.2m，初始速度为零，通过数值方法计算其响应。

解：阻尼系统响应的数值方法可以通过式（1-54）进行求解，首先需要编写一个函数文件用于保存式（1-54）等号右侧的向量，具体 MATLAB 程序如下：

```
function yp=SDOF_unforced(t,y)
% This function is used to calculate the response for free vibration
% of the single degree of feedom (SDOF) system.
% yp=SDOF_unforced(t,y)
m=2;
k=8;
zeta=0.1;
wn=sqrt(k/m);
c=(2*m*wn)*zeta;
yp=[y(2);(-((c/m)*y(2))-((k/m)*y(1)))];
```

为了便于读者学习，首先对 MATLAB 函数文件进行简要说明，在 MATLAB 中，M 文件分为脚本文件和函数文件。如果 M 文件的第一个可执行语句以 function 开头，那这个 M 文件就是函数文件。函数文件内定义的变量为局部变量，只在函数文件内部起作用，当函数文件执行完后，这些内部变量将会自动清除。

通常，函数文件由函数声明行、函数注释、函数主体等几个部分组成。格式如下：

```
function 输出形参表=函数名(输入形参表)
函数注释(在线帮助文本区)
函数主体
```

1. 函数声明行

函数声明行由关键字 function 引导，指明这是一个函数文件，并定义函数名、输入参数和输出参数。

函数名应与文件名一致，也就是说，保存函数文件时应以函数名作为文件名予以保存。例如例 1-10 中函数名为 SDOF_unforced，所以该函数文件应保存为名为 SDOF_unforced. m 的文件。

MATLAB 中的函数文件名必须以字母开头，可以是字母、下划线、数字的任意组合，但不可以超过 31 个字符。

如果有多个输出参数，应放在中括号［］内。

2. 函数注释

紧随函数声明行之后的以“%”开头的为注释行。注释行用于函数名和函数功能简要描述以及函数输入变量和输出变量的含义以及调用说明。采用 help 命令可在命令行窗口显示在线帮助文本区的信息。例如，在命令窗口输入如下命令，可得该函数文件的简要说明。

```
>> help SDOF_unforced
  This function is used to calculate the response for free vibration
  of the single degree of feedom (SDOF) system.
  yp=SDOF_unforced(t,y)
```

需要指出的是，没有函数注释行也不影响文件的调用与执行。

3. 函数主体

函数主体指函数声明行之后的可执行命令行。

下一步，需要编写主程序来调用上述函数，并显示计算结果。重新打开一个新的 M 文件，输入如下程序，保存为 SDOF_unforced_main. m。

```
clear all,close all
tspan=linspace(0,20,1e3);
y0=[0.1;0];
[t,y]=ode45('SDOF_unforced',tspan,y0);
figure(1),subplot(2,1,1)
plot(t,y(:,1),'k','linewidth',2);
xlabel('{\itt}/s')
ylabel('{\itx}/m')
title('位移-时间')
subplot(2,1,2)
```

```
plot(t,y(:,2),'k','linewidth',2);
xlabel('{\itt}/s')
ylabel('{\itv}/(m/s'))
title('速度-时间')
```

在该主程序中，ode45 命令调用之前定义的“SDOD_unforced”函数。其中，tspan 表示时间序列，y0 表示初始参数，是 2×1 的列向量，在本例中，y0 的第 1 个元素表示初始位移 $x_0=0.1\text{m}$，而 y0 的第 2 个元素表示初始速度 $v_0=0\text{m/s}$。而 ode45 输出为 t 和 y，其中输出 t 是与输入 tspan 对应的向量，而 y 是对应时间序列的系统位移响应和系统速度响应。运行该主程序 SDOF_unforced_main.m，可得如图 1-17 所示的结果。

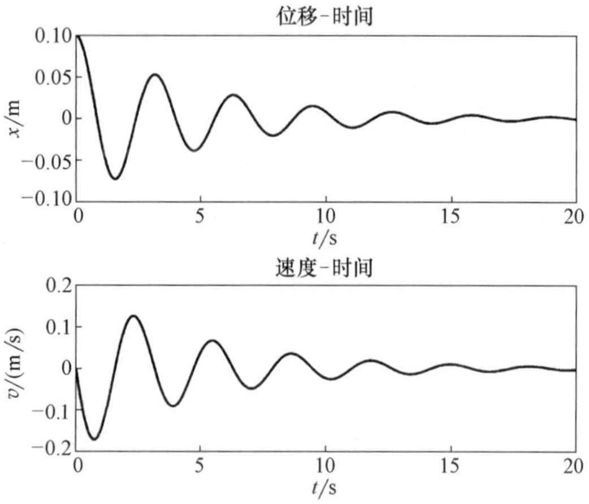

图 1-17 当阻尼比 $\zeta=0.1$ 时的响应

例 1-11 在例 1-10 中，假设阻尼比 ζ 分别为 0、1、2，通过数值方法计算其响应。

解： 通过数值方法可以很方便地计算无阻尼、欠阻尼、临界阻尼或者过阻尼情况，只要通过修改“SDOD_unforced”函数文件中的阻尼比变量 zeta 即可实现。例如，分别修改函数文件 SDOF_unforced.m 中的阻尼比 zeta=0、zeta=1、zeta=2，可得如图 1-18～图 1-20 所示的结果。

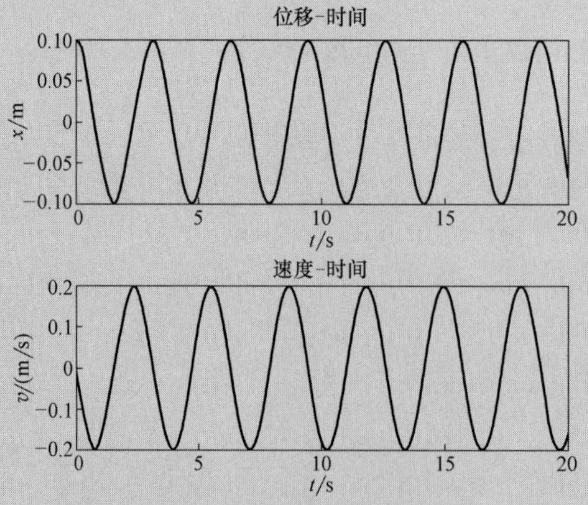

图 1-18 阻尼比 $\zeta=0$ 时的响应

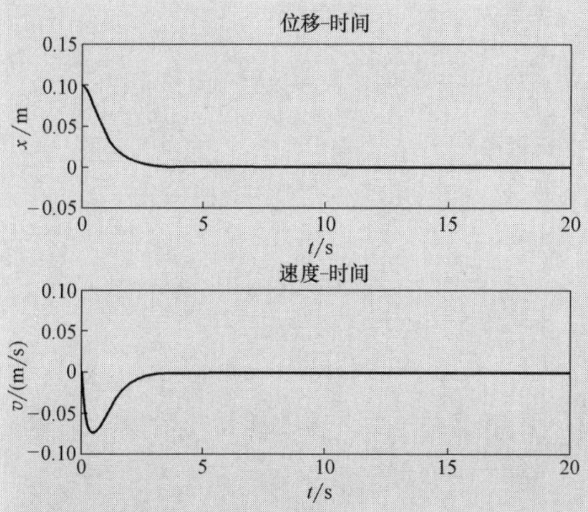

图 1-19　阻尼比 $\zeta=1$ 时的响应

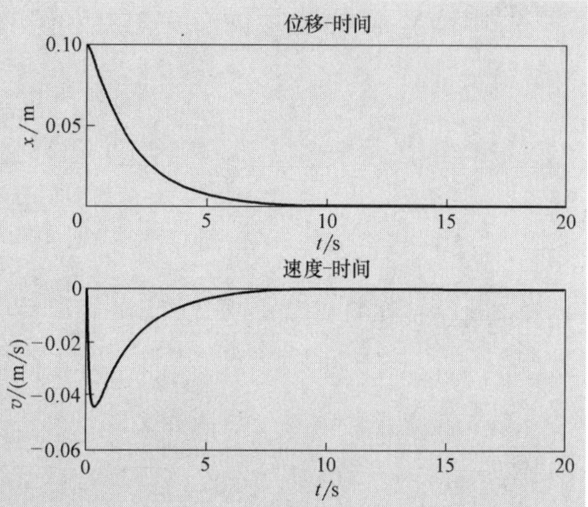

图 1-20　阻尼比 $\zeta=2$ 时的响应

例 1-12　通过 ode45 函数求解如下微分方程：

$$\dot{y}(t)=y^2(t)+t^2$$

初始条件为 $y(0)=0.1$。

解：因为该方程的解析解包含分数阶 Bessel 函数，所以直接求其解析解相当复杂，但是通过 ode45 函数可以快速求解其数值解。为了求解该方程，首先需要编写一个名为 ex1_12. m 的函数文件用于保存上式等号右侧的向量，具体 MATLAB 程序只有两行：

```
function dydt=ex1_12(t,y)
dydt=y^2+t^2;
```

然后在 MATLAB 命令窗口中输入如下 2 行命令：

```
>> [t y]=ode45('ex1_12',[0 1],0.1);
>> plot(t,y,'k')
```

即可得到该方程在初始条件 $y(0)=0.1$ 时的解，此时求解时间区域为 [0, 1]，如图 1-21 所示。

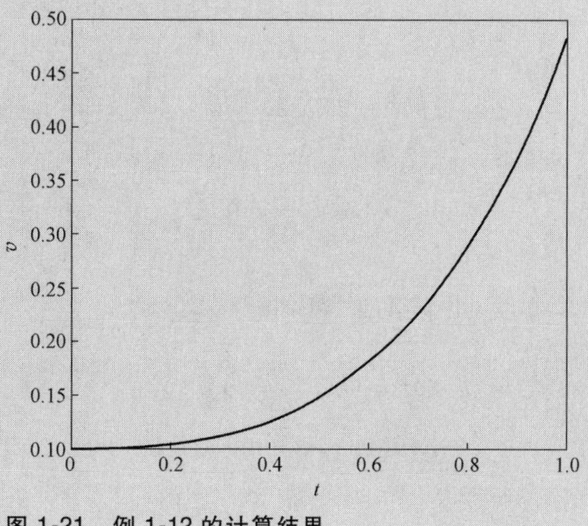

图 1-21　例 1-12 的计算结果

例 1-13 通过 ode45 函数也可以求解如下微分方程组：

$$\begin{cases} \dot{y}_1(t)=y_2(t)y_3(t) \\ \dot{y}_2(t)=-y_1(t)y_3(t) \\ \dot{y}_3(t)=-0.51y_1(t)y_2(t) \end{cases}$$

初始条件为 $\begin{cases} y_1(0)=0, \\ y_2(0)=1, \\ y_3(0)=1。 \end{cases}$

解： 首先还是编写一个函数文件（ex1_13. m）用于保存微分方程组等号右侧的向量，具体如下：

```
function dy=ex1_13(t,y)
dy=zeros(3,1);      % a column vector
dy(1)=y(2) * y(3);
dy(2)=-y(1) * y(3);
dy(3)=-0.51 * y(1) * y(2);
```

然后在 MATLAB 命令窗口中输入如下 3 行命令：

```
>> [T,Y]=ode45(@ex1_13,[0 12],[0 1 1]);
>> plot(T,Y(:,1),'k-',T,Y(:,2),'k-.',T,Y(:,3),'k.')
>> legend('{\ity}_1','{\ity}_2','{\ity}_3')
```

即可得到该方程在初始条件 $y_1(0)=0$，$y_2(0)=1$，$y_3(0)=1$ 时的解（求解区域为［0, 12］），所得结果如图 1-22 所示。

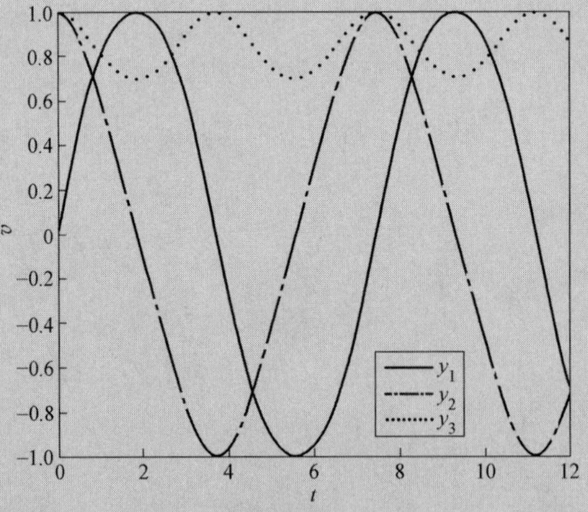

图 1-22 例 1-13 的计算结果

例 1-14 已知非线性单摆的运动微分方程可表示为

$$L\ddot{\theta}(t)+g\sin(\theta(t))=0$$

假设其初始速度为零，单摆长度 $L=0.5\text{m}$，重力加速度 $g=9.8\text{m/s}^2$，计算该单摆在初始位移 θ_0 分别为 10°、30°、50°和 70°时的响应，并与线性化后的结果进行比较。

解：对于非线性振动，把振动运动方程表示为非线性微分方程后，也可以通过 ode45 函数进行求解，按照式（1-54）中的格式，令 $y(1)=\theta$，$y(2)=\dot{\theta}$，则该运动微分方程可重新表示为

$$\begin{pmatrix} \dot{\theta}(t) \\ \ddot{\theta}(t) \end{pmatrix} = \begin{pmatrix} y(2) \\ -\dfrac{g}{L}\sin[y(1)] \end{pmatrix}$$

首先还是编写一个函数文件（nonlinear. m）用于保存上式等号右侧的向量，具体如下：

```
function yp=nonlinear(t,y)
L=0.5;g=9.8;
yp=[y(2);((-g/l) * sin(y(1)))];
```

为了比较单摆线性化后对响应的影响，需要编写另一个函数文件（linear_p. m）用于保存上式线性化后的向量［即 $\sin(\theta)=\theta$］，具体如下：

```
function yp=linear_p(t,y)
L=0.5;g=9.8;
yp=[y(2);((-g/l) * y(1))];
```

下一步，需要编写主程序来调用上述函数，并显示计算结果。重新打开一个新的 M 文件，并输入如下程序：

```
clear all,close all
tspan=[0 4];
for NN=1:4
    if NN==1 Y0=10 * pi/180;end
    if NN==2 Y0=30 * pi/180;end
    if NN==3 Y0=50 * pi/180;end
    if NN==4 Y0=70 * pi/180;end
    y0=[Y0;0];
    [t,y]=ode45('nonlinear',tspan,y0);
    figure(NN),plot(t,y(:,1),'k')
    xlabel('{\itt}/s'),     ylabel('{\it\theta}({\itt})/rad')
      hold on;
      [tp,yp]=ode45('linear_p',tspan,y0);
      plot(tp,yp(:,1),'k--')
      legend('非线性','线性')
end
```

图 1-23 表示不同初始位移 θ_0 下的响应，从图中可以发现，在 θ_0 角较小时（$\theta_0=10°$），非线性系统线性化后对结果基本没有影响。但是随着 θ_0 角的增加，两者结果出现明显差别，也就是说，当初始位移 θ_0 角较大时，非线性单摆不能进行线性化。

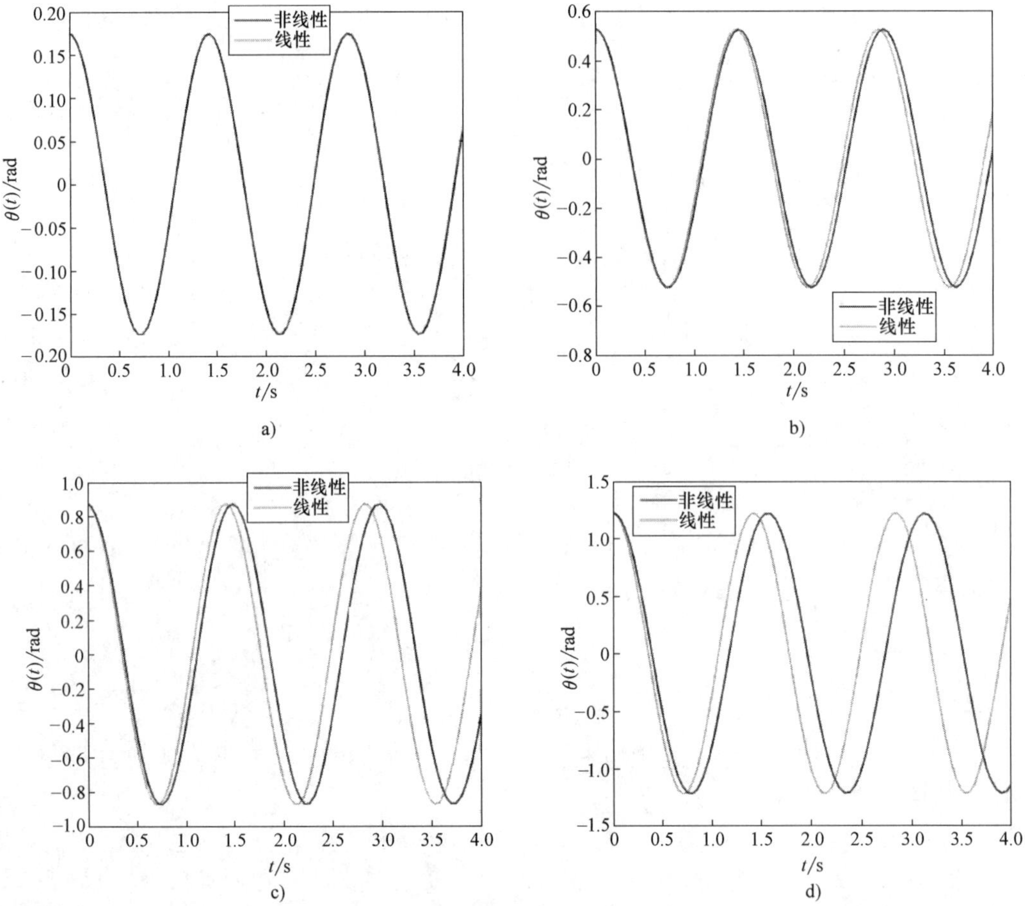

图 1-23　不同初始位移θ_0时单摆的线性和非线性模型响应

a）$\theta_0=10°$　b）$\theta_0=30°$　c）$\theta_0=50°$　d）$\theta_0=70°$

1.4　基于状态空间求解

另一种数值方法为状态空间（state space）方法，在 MATLAB 中，可以通过如下命令来建立状态方程：

```
sys=ss (A, B, C, D)
```

其中，A、B、C、D 满足如下状态方程：

$$\dot{\boldsymbol{x}}=\boldsymbol{Ax}+\boldsymbol{Bu} \tag{1-55}$$

$$\boldsymbol{y}=\boldsymbol{Cx}+\boldsymbol{Du} \tag{1-56}$$

式中，矩阵 $\boldsymbol{A}$、$\boldsymbol{B}$、$\boldsymbol{C}$、$\boldsymbol{D}$ 分别称为状态矩阵、输入矩阵、输出矩阵和直通矩阵；$\boldsymbol{x}$ 是状态向量；$\boldsymbol{y}$ 是输出向量。

式（1-55）称为状态空间模型或者状态空间方程；式（1-56）称为输出方程。

对于单自由度系统的自由振动方程 $m\ddot{x}(t)+c\dot{x}(t)+kx(t)=0$，引入状态向量 $\boldsymbol{x}$，

$$\boldsymbol{x}=\begin{pmatrix} x(t) \\ \dot{x}(t) \end{pmatrix} \tag{1-57}$$

则方程 $m\ddot{x}(t)+c\dot{x}(t)+kx(t)=0$ 可表示为矩阵形式，即

$$\dot{\boldsymbol{x}}=\begin{pmatrix} \dot{x}(t) \\ \ddot{x}(t) \end{pmatrix}=\begin{pmatrix} 0 & 1 \\ -\dfrac{c}{m} & -\dfrac{k}{m} \end{pmatrix}\begin{pmatrix} x(t) \\ \dot{x}(t) \end{pmatrix}=\boldsymbol{A}\boldsymbol{x} \tag{1-58}$$

式中，状态矩阵 $\boldsymbol{A}=\begin{pmatrix} 0 & 1 \\ -\dfrac{c}{m} & -\dfrac{k}{m} \end{pmatrix}$。

如果要输出位移响应，则输出矩阵 $\boldsymbol{C}=(1,0)$，即

$$y_d(t)=(1,0)\begin{pmatrix} x(t) \\ \dot{x}(t) \end{pmatrix}=x(t) \tag{1-59}$$

如果要输出速度响应，则输出矩阵 $\boldsymbol{C}=(0,1)$，即

$$y_v(t)=(0,1)\begin{pmatrix} x(t) \\ \dot{x}(t) \end{pmatrix}=\dot{x}(t) \tag{1-60}$$

由于求解的是系统自由振动时的响应，此时系统没有输入，所以输入矩阵 $\boldsymbol{B}$ 为空矩阵，注意到求解时只用到 $\boldsymbol{A}$ 和 $\boldsymbol{C}$ 矩阵，所以可以令 $\boldsymbol{B}$ 和 $\boldsymbol{D}$ 矩阵为空矩阵，在 MATLAB 中，空矩阵可以通过中括号“[ ]”表示，即 $\boldsymbol{B}=[\ ]$，$\boldsymbol{D}=[\ ]$。

例 1-15 还是选择质量 $m=2\text{kg}$，刚度 $k=8\text{N/m}$ 的单自由度系统，假设初始位移为 0.1m，初始速度为 0，阻尼比为 0.1，通过状态空间方法计算其响应。

解： 基于状态空间方法的单自由度系统响应可通过如下 MATLAB 程序进行计算：

```
clear all,close all
m=2;
k=8;
zeta=0.1;
wn=sqrt(k/m);
c=(2*m*wn)*zeta;
A=[0 1;-k/m-c/m];
C=[1 0];
sys=ss(A,[],C,[]);
x0=[0.1,0];
initial(sys,x0,20);
```

在上述程序中，调用了“initial”函数用于计算状态空间模型 sys 在初始条件 x0 时的响应。该函数的第一种用法如下：

```
initial(sys,x0,Tfinal)
```

其中，输入 sys 为状态空间模型；x0 为 sys 的初始条件；Tfinal 表示输出的结束时间。该命令计算并直接输出图形结果。运行该程序，所得结果如图 1-24 所示，显然该结果与图 1-17 中的位移响应完全相同。

需要指出的是，调用 initial（sys,x0,Tfinal）格式时，输出图形的曲线、横纵坐标以及

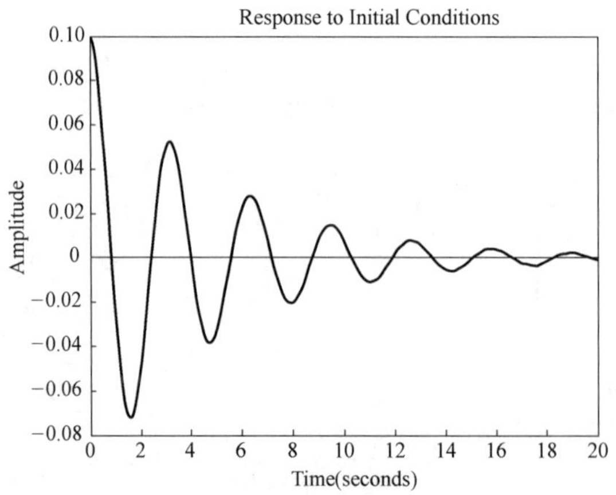

图 1-24　阻尼比为 0.1 时的系统响应

图题都是自动生成的（图 1-24）。如果要重新排版输出结果，就需要 initial 函数的另两种用法：

```
[y,t,x]=initial(sys,x0)
[y,t,x]=initial(sys,x0,Tfinal)
```

此时运行上述命令时，不绘制响应图形，而是把输出结果保存在 y、t、x 中。其中，y 表示输出响应；t 表示时间序列；x 表示状态轨迹。

例如在命令窗口中输入如下命令：

```
>> [Y,T,X] =initial(sys,x0,20);
>> plot(T,Y,'k','linewidth',2),xlabel('{\itt}/s'),ylabel('{\itx}/m')
```

则可得到如图 1-25 所示的结果。

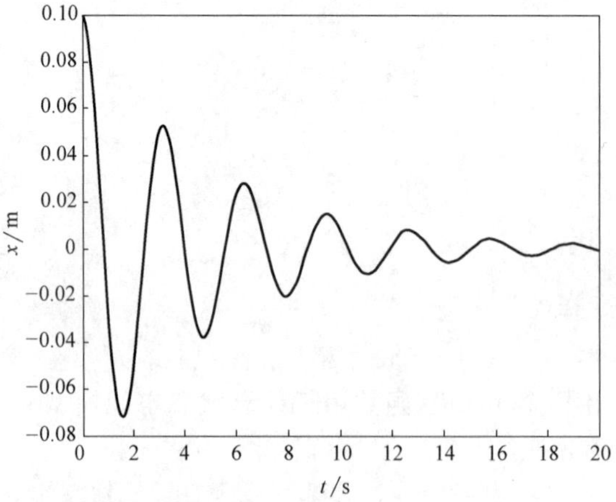

图 1-25　initial 函数的输出结果

实际上，对于式（1-58）所示的状态空间方程，也可以通过 ode45 函数进行求解，因为式（1-58）可以看成一个一阶微分方程组。与 1.3 节中类似，首先编写一个函数文件（SDOF_unforced_ss.m）用于保存式（1-58），该函数文件中的参数与例 1-15 相同，具体如下：

```
function y=SDOF_unforced_ss(t,x)
m=2;
k=8;
zeta=0.1;
wn=sqrt(k/m);
c=(2*m*wn)*zeta;
A=[0 1;-k/m -c/m];
y=A*x;
```

随后编写主程序，调用上述函数文件，保存该主程序为 SDOF_unforced_ss_main. m。

```
clear all,close all
tspan=linspace(0,20,1e3);
y0=[0.1;0];
[t,y]=ode45('SDOF_unforced_ss',tspan,y0);
figure(1),
plot(t,y(:,1),'k','linewidth',2);
xlabel('{\itt}/s')
ylabel('{\itx}/m')
title('位移-时间')
```

运行 SDOF_unforced_ss_main. m，所得结果如图 1-26 所示。显然，图 1-26 所示的结果与图 1-25 完全相同。当然从 MATLAB 编程的角度而言，通过 ss 函数结合 initial 函数求解状态空间方程更为简便。

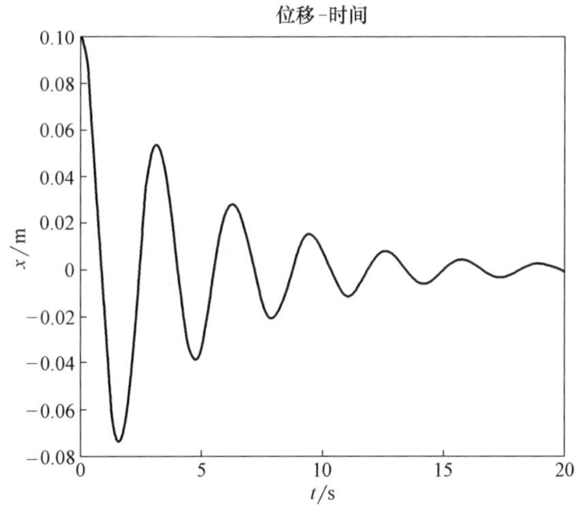

图 1-26 通过 ode45 函数计算状态空间方程

最后，需要指出的是，经过数组计算方法和状态空间可以很方便地进行编程计算，但是如果要深入了解机械振动的物理意义，必须要推导 1.1 节和 1.2 节的解析解。

1.5 工程应用实例

1.5.1 通过自由振动测量阻尼系数

振动系统的阻尼参数不仅可以用来评价振动控制时的减振效果，也是结构振动响应预估及振动优化设计时必须输入的关键参数之一。随着阻尼减振技术的广泛应用，振动系统的阻尼试验测试技术显得越来越重要。

由 1.2 节分析可知，当振动系统的阻尼比 $\zeta\geqslant 1$（过阻尼或者临界阻尼）时，系统响应最多只能穿过一次平衡位置，这意味着系统的运动不再是振动。所以在本节讨论通过测量振动信号测量阻尼比时，只考虑欠阻尼情况，即阻尼比 $\zeta<1$。

设初始条件为 $x(0)=x_0$ 和 $\dot{x}(0)=v_0$，由式（1-38）整理可得，欠阻尼时单自由度系统的振动响应为

$$x=A\exp(-\zeta\omega_n t)\sin(\omega_d t+\phi) \tag{1-61}$$

式中，$A=\sqrt{x_0^2+\left(\dfrac{v_0+\zeta\omega_n x_0}{\omega_d}\right)^2}$；$\phi=\arctan\dfrac{\omega_d x_0}{v_0+\zeta\omega_n x_0}$。

显然，欠阻尼系统是以阻尼固有频率 ω_d 进行衰减振动的，如图 1-27 所示。其周期 $T_q(\mathrm{s})$ 可表示为

$$T_q=\frac{2\pi}{\omega_d} \tag{1-62}$$

假设 x_1 和 x_2 对应系统响应相邻峰值，即 $x_1=x(t_1)$，$x_2=x(t_2)$，如图 1-27 所示。

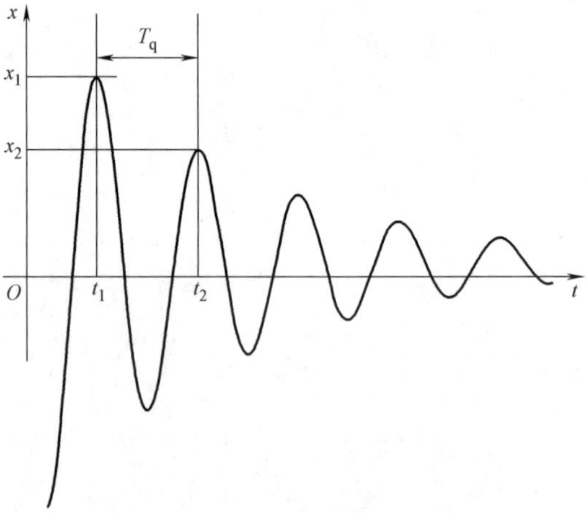

图 1-27　欠阻尼单自由度系统的响应示意图

由于 t_1 和 t_2 对应峰值，所以由式（1-61）可知

$$\sin(\omega_d t_1+\phi)=1,\quad \sin(\omega_d t_2+\phi)=1 \tag{1-63}$$

注意到 $t_2=t_1+T_q$，由式（1-62）和式（1-63）可知

$$[\omega_d(t_1+T_q)+\phi]-(\omega_d t_1+\phi)=\omega_d T_q=2\pi \tag{1-64}$$

根据阻尼固有频率的定义 $\omega_d=\sqrt{1-\zeta^2}\,\omega_n$，式（1-62）可重新表示为

$$T_q=\frac{2\pi}{\sqrt{1-\zeta^2}\,\omega_n} \tag{1-65}$$

通过式（1-61）和式（1-63），并结合图 1-27 可知，幅值 x_1 和 x_2 可表示为

$$x_1=A\exp(-\zeta\omega_n t_1) \tag{1-66}$$

$$x_2=A\exp[-\zeta\omega_n(t_1+T_q)] \tag{1-67}$$

由式（1-66）和式（1-67）可得幅值 x_1 和 x_2 之比，即

$$\frac{x_1}{x_2}=\frac{A\exp(-\zeta\omega_n t_1)}{A\exp[-\zeta\omega_n(t_1+T_q)]}=\exp(\zeta\omega_n T_q) \tag{1-68}$$

定义对数衰减率（logarithmic decrement）δ 为

$$\delta=\ln\frac{x_1}{x_2} \tag{1-69}$$

把式（1-68）代入式（1-69），可得

$$\delta=\ln[\exp(\zeta\omega_n T_q)]=\zeta\omega_n T_q \tag{1-70}$$

通过式（1-65），式（1-70）中的对数衰减率 δ 可进一步表示为

$$\delta=\ln[\exp(\zeta\omega_n T_q)]=\frac{2\pi\zeta\omega_n}{\sqrt{1-\zeta^2}\,\omega_n}=\frac{2\pi\zeta}{\sqrt{1-\zeta^2}} \tag{1-71}$$

整理式（1-71），则可得阻尼比 ζ 为

$$\zeta=\frac{\delta}{\sqrt{\delta^2+4\pi^2}} \tag{1-72}$$

由式（1-72）可知，只要得到对数衰减率 δ（相邻峰值之比的自然对数），即可得到系统的阻尼比 ζ。因此，只要得到一个单自由度系统的时域试验响应，通过测量任意相邻峰值 x_1 和 x_2，即可得到对数衰减率 δ，然后根据式（1-72）计算得到阻尼比 ζ。这是实际工程应用中非常简便的阻尼比测量方法。

例 1-16 设有一隔振器，可看成一个单自由度系统，其振动幅值在经过一个周期后从 10mm 下降到 5mm，计算其阻尼比。

解：由式（1-69）可知，该隔振器的对数衰减率 $\delta=\ln\frac{x_1}{x_2}=\ln\frac{10}{5}=1$。

通过式（1-72），可得阻尼比 $\zeta=\frac{\delta}{\sqrt{\delta^2+4\pi^2}}=\frac{1}{\sqrt{1+4\pi^2}}=0.157$。

在工程应用中，为了进一步简化计算，当阻尼比远小于 1 时，可以把式（1-72）中的对数衰减率 δ 近似为 $2\pi\zeta$，则式（1-72）可近似为

$$\zeta=\frac{\delta}{2\pi\sqrt{\zeta^2+1}}\approx\frac{\delta}{2\pi} \tag{1-73}$$

图 1-28 所示为由式（1-72）和式（1-73）计算得到的阻尼比 ζ 与对数衰减率 δ 的关系，从图中可以发现，当阻尼比 ζ 小于 0.2 时，可以通过式（1-73）得到精确的阻尼比。

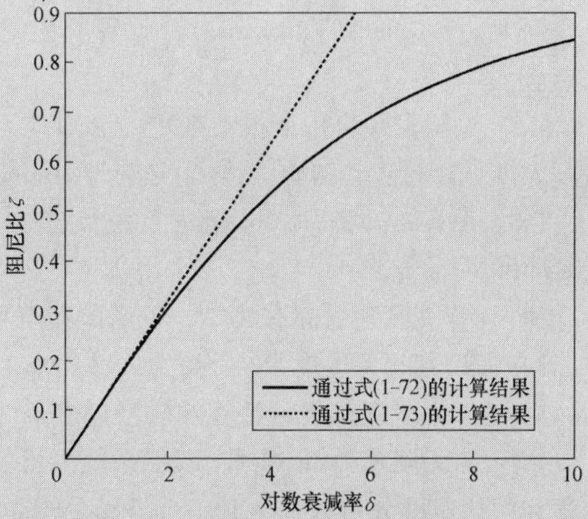

图 1-28　通过式（1-72）和式（1-73）计算得到的阻尼比 ζ 与对数衰减率 δ 的关系

1.5.2 通过自由振动测量固有频率

振动系统的阻尼不但影响自由振动系统的幅值，而且还影响其固有频率与周期。随着阻尼系数 c（或者阻尼比 ζ）增加，其阻尼固有频率降低，而相应振动周期增加。对于临界阻尼，即 $c_c=2\sqrt{mk}$ 或者 $\zeta=1$ 时，阻尼固有频率 $\omega_d=\sqrt{1-\zeta^2}\,\omega_n=0$。也就是说，对于临界阻尼系统，其振动周期无穷大。

但是在很多实际工程应用中，需要分析振动系统的无阻尼固有频率 $\omega_0=\sqrt{k/m}$。从1.5.1节可知，可以通过单自由度振动系统的自由振动衰减曲线（图1-27）得到阻尼振动周期 T_d、对数衰减率 δ、相对阻尼系数 ζ，进一步通过式（1-65）即可得到系统无阻尼固有频率，即

$$\omega_0=\frac{2\pi}{T_d}\frac{1}{\sqrt{1-\zeta^2}} \tag{1-74}$$

习　　题

1-1　已知一单自由度无阻尼自由振动系统，其固有频率为2rad/s，初始位移和初始速度分别为1mm和5mm/s，求该系统的响应表达式，并编程计算其在时间 $t<10$s 内的响应。

1-2　对于一单自由度无阻尼自由振动系统，已知其刚度 $k=4$N/m，质量 $m=1$kg，假设其初始位移和初始速度分别为 $x_0=1$mm 和 $v_0=0$mm/s，计算其固有频率，并绘制其在时间 $t<$ 10s 内的响应曲线。

1-3　对于一单自由度无阻尼自由振动系统，已知其刚度 $k=1000$N/m，质量 $m=10$kg，计算并绘制其在如下不同初始条件下的响应：①初始位移 $x_0=0$m，初始速度 $v_0=1$m/s；②初始位移 $x_0=0.01$m，初始速度 $v_0=0$m/s；③初始位移 $x_0=0.01$m，初始速度 $v_0=1$m/s，并把这些曲线绘制在同一图形中进行对比。

1-4　一阻尼单自由度振动系统，已知其无阻尼固有频率为2rad/s，初始位移和初始速度分别为 $x_0=1$mm 和 $v_0=1$mm/s，计算其阻尼比分别为0.01、0.05、0.1、0.2和0.5时的响应。

1-5　一阻尼单自由度振动系统，已知其无阻尼固有频率为2rad/s，阻尼比为0.1，初始速度为零，计算当其初始位移 x_0 分别为10mm和100mm时的响应。

1-6　设有一弹簧-质量-阻尼系统，已知其刚度 $k=3000$N/m，质量 $m=100$kg，阻尼系数 $c=300$N·s/m。

1）计算其无阻尼固有频率、阻尼比和阻尼固有频率。

2）假设其初始速度为0，初始位移为0.1m，计算其响应。

3）在2）的基础上，计算响应经过多长时间后，其最大幅值下降到初始位移的1%。

1-7　一无阻尼弹簧-质量-阻尼系统，已知其固有频率为2rad/s，阻尼比为0.01，初始位移和初始速度分别为 $x_0=100$mm 和 $v_0=0$mm/s。分别计算当质量 m 分别为10kg和20kg时，其机械能随时间的变化情况。

1-8　通过数值方法重新计算习题1-4，并与解析解计算结果进行比较。

1-9 一阻尼单自由度振动系统，已知其质量 $m=1361\text{kg}$，刚度 $k=2.688\times10^5\text{N/m}$，阻尼系数 $c=3.81\text{N}\cdot\text{s/m}$，分别通过解析方法和数值方法计算当其初始条件为 $x_0=0\text{mm}$ 和 $v_0=0.01\text{mm/s}$ 时的响应，并对比解析解与数值解之间的区别。

1-10 已知一微分方程 $m\ddot{x}(t)+kx(t)+\mu mg\dfrac{\dot{x}(t)}{|\dot{x}(t)|}\cos\theta=0$，已知质量 $m=250\text{kg}$，刚度 $k=3000\text{N/m}$，$\mu=0.05$，$g=9.81\text{m/s}^2$，$\theta=0.2°$。假设其初始位移和初始速度分别为 0.1m 和 0.1m/s，通过数值方法求解该方程。

1-11 通过状态空间方法重新计算习题 1-1。

1-12 通过状态空间方法重新计算习题 1-5。

第2章

单自由度系统的强迫振动

2.1 简谐激励下的单自由度系统响应

设有一弹簧-质量-阻尼系统，在外激励力 $f(t)$ 的作用下产生振动，如图 2-1 所示，则其运动微分方程可表示为一个二阶常系数、非齐次微分方程：

$$m\ddot{x}(t)+c\dot{x}(t)+kx(t)=f(t) \tag{2-1}$$

如果外激励力 $f(t)$ 为一简谐力，例如 $f(t)=F_0\sin(\omega t)$，其中 F_0 为激励力幅值，ω 为激励力频率，则式（2-1）可重新表示为简谐激励下单自由度系统的运动微分方程，即

$$m\ddot{x}(t)+c\dot{x}(t)+kx(t)=F_0\sin(\omega t) \tag{2-2}$$

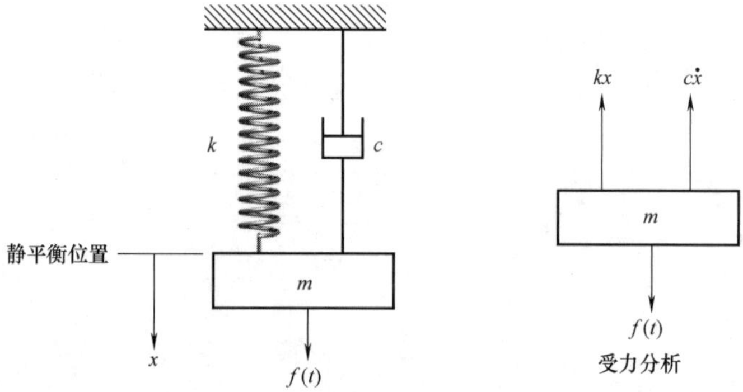

图 2-1　外激励力 $f(t)$ 作用下的弹簧-质量-阻尼系统

与单自由度系统的自由振动方程相比，式（2-2）多了外激励力项，方程从齐次变为非齐次。根据微分方程理论，式（2-2）的完整解由两部分组成，即其通解与特解之和：

$$x(t)=x_{\mathrm{H}}(t)+x_{\mathrm{P}}(t) \tag{2-3}$$

式中，$x_{\mathrm{H}}(t)$ 为通解，即齐次微分方程 $m\ddot{x}_{\mathrm{H}}(t)+c\dot{x}_{\mathrm{H}}(t)+kx_{\mathrm{H}}(t)=0$ 的解；$x_{\mathrm{P}}(t)$ 为方程特解，即方程 $m\ddot{x}_{\mathrm{P}}(t)+c\dot{x}_{\mathrm{P}}(t)+kx_{\mathrm{P}}(t)=F_0\sin(\omega t)$ 的解。

通解 $x_{\mathrm{H}}(t)$ 即为自由振动时的解，由第 1 章内容可知

$$x_{\mathrm{H}}(t)=\begin{cases}\exp(-\zeta\omega_{\mathrm{n}}t)[C_1\cos(\omega_{\mathrm{d}}t)+C_2\sin(\omega_{\mathrm{d}}t)], & \zeta<1\\ \exp(-\omega_{\mathrm{n}}t)(C_3+C_4t), & \zeta=1\\ C_5\exp[(-\zeta+\sqrt{\zeta^2-1})\omega_{\mathrm{n}}t]+C_6\exp[(-\zeta-\sqrt{\zeta^2-1})\omega_{\mathrm{n}}t], & \zeta>1\end{cases} \tag{2-4}$$

下一步，需要得到特解 $x_{\mathrm{P}}(t)$，可以设特解 $x_{\mathrm{P}}(t)$ 为

$$x_{\mathrm{P}}(t)=X\sin(\omega t-\phi) \tag{2-5}$$

式中，X 和 ϕ 分别为特解 $x_{\mathrm{P}}(t)$ 的幅值和相位。

把式（2-5）代入方程 $m\ddot{x}_{\mathrm{P}}+c\dot{x}_{\mathrm{P}}+kx_{\mathrm{P}}=F_0\sin(\omega t)$，可得

$$-m\omega^2X\sin(\omega t-\phi)+c\omega X\cos(\omega t-\phi)+kX\sin(\omega t-\phi)=F_0\sin(\omega t) \tag{2-6}$$

注意到 $\cos\alpha=\sin\left(\alpha+\dfrac{\pi}{2}\right)$，则式（2-6）可以重新表示为

$$-m\omega^2X\sin(\omega t-\phi)+c\omega X\sin\left(\omega t-\phi+\frac{\pi}{2}\right)+kX\sin(\omega t-\phi)=F_0\sin(\omega t) \tag{2-7}$$

显然，式（2-7）为一个向量公式，可以通过图 2-2 表示。

从图 2-2 中可以发现，外激励力幅值 F_0 可表示为

$$F_0=(kX-m\omega^2X)^2+(c\omega X)^2 \tag{2-8}$$

通过式（2-8），可以得到特解 $x_{\mathrm{P}}(t)$ 的幅值 X，即

$$X=\frac{F_0}{\sqrt{(k-m\omega^2)^2+(c\omega)^2}} \tag{2-9}$$

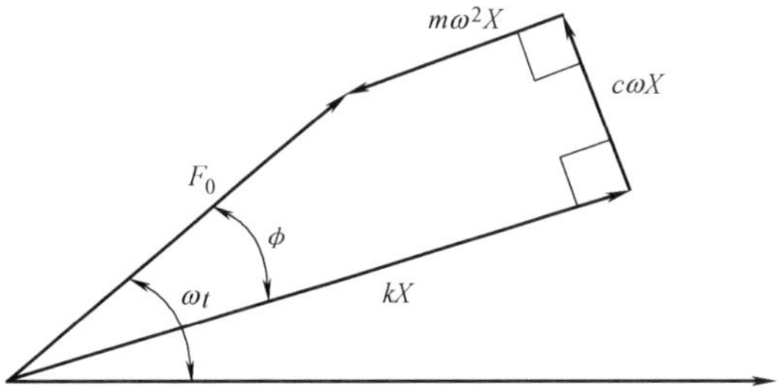

图 2-2　式（2-7）的向量图

同样，从图 2-2 中可以发现，

$$\tan\phi=\frac{c\omega X}{kX-m\omega^2X}=\frac{c\omega}{k-m\omega^2} \tag{2-10}$$

所以相位 ϕ 可表示为

$$\phi=\arctan\frac{c\omega}{k-m\omega^2} \tag{2-11}$$

把式（2-10）和式（2-11）代入式（2-5），即可得到特解 $x_{\mathrm{P}}(t)$。

2.2　复指数解法

简谐振动也可以通过复指数表示，假设系统受到复简谐激励力作用，即 $f(x)=F_0\exp(\mathrm{j}\omega t)$，则对应的运动微分方程为

$$m\ddot{x}(t)+c\dot{x}(t)+kx(t)=F_0\exp(\mathrm{j}\omega t) \tag{2-12}$$

注意到 $\exp(\mathrm{j}\omega t)=\cos(\omega t)+\mathrm{j}\sin(\omega t)$，式（2-12）的虚部即为式（2-2）。

令式（2-12）的解为

$$x_{\mathrm{P}}(t)=X\exp[\mathrm{j}(\omega t-\phi)] \tag{2-13}$$

把式（2-13）代入式（2-12），可得

$$(-m\omega^2+\mathrm{j}c\omega+k)X\exp[\mathrm{j}(\omega t-\phi)]=F_0\exp(\mathrm{j}\omega t) \tag{2-14}$$

由于式（2-14）中 $\exp(\mathrm{j}\omega t)$ 不为零，所以消除等式两边的 $\exp(\mathrm{j}\omega t)$，整理可得

$$k-m\omega^2+\mathrm{j}c\omega=\frac{F_0}{X}\exp(\mathrm{j}\phi) \tag{2-15}$$

注意到 k、m、c、F_0、X 和 ω 都为实数，式（2-15）也可以通过向量图表示，如图 2-3 所示。

从图 2-3 中可以发现，

$$\frac{F_0}{X}=\sqrt{(k-m\omega^2)^2+(c\omega)^2} \tag{2-16}$$

$$\phi=\arctan\frac{c\omega}{k-m\omega^2} \tag{2-17}$$

对式（2-16）整理可得

$$X=\frac{F_0}{\sqrt{(k-m\omega^2)^2+(c\omega)^2}} \tag{2-18}$$

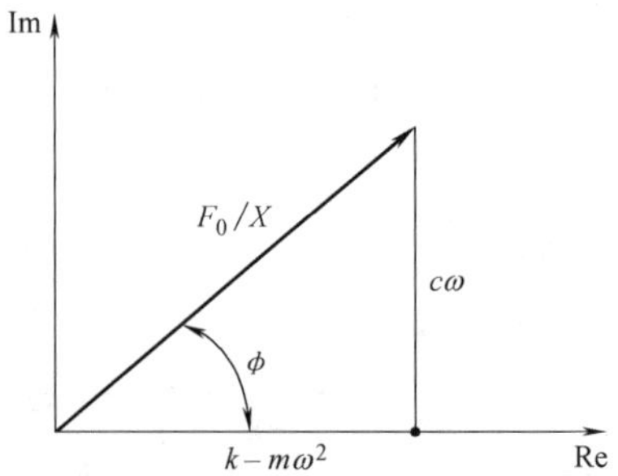

图 2-3　式（2-15）的向量图

注意到式（2-17）和式（2-18）与式（2-11）和式（2-9）完全相同，这意味着外激励力是余弦函数 $f(x)=F_0\cos(\mathrm{j}\omega t)$、正弦函数 $f(x)=F_0\sin(\mathrm{j}\omega t)$ 或者复变函数 $f(x)=F_0\exp(\mathrm{j}\omega t)$ 时，它们的特解 $x_{\mathrm{P}}(t)$ 完全相同。

2.3　简谐激励下无阻尼单自由度系统的解

按照从简单到复杂的原则，首先求解无阻尼单自由度系统的强迫振动，即假设式（2-2）中阻尼系数 $c=0$，则式（2-2）简化为

$$m\ddot{x}(t)+kx(t)=F_0\sin(\omega t) \tag{2-19}$$

由第 1 章内容可知，式（2-19）的通解为

$$x_{\mathrm{H}}(t)=A\cos(\omega_{\mathrm{n}}t)+B\sin(\omega_{\mathrm{n}}t) \tag{2-20}$$

式中，A 和 B 由初始条件决定。

2.3.1　激励力频率不等于系统固有频率

当激励力频率不等于系统固有频率时，由式（2-17）和式（2-18）可知，系统的特解为

$$x_{\mathrm{P}}(t)=\frac{F_0}{k-m\omega^2}\sin(\omega t),\quad 当\ \omega\neq\omega_{\mathrm{n}}\ 时 \tag{2-21}$$

引入频率比 $\beta=\dfrac{\omega}{\omega_{\mathrm{n}}}$，同时注意到 $k=m\omega_{\mathrm{n}}^2$，所以式（2-21）可重新表示为

$$x_{\mathrm{P}}(t)=\frac{F_0}{k(1-\beta^2)}\sin(\omega t) \tag{2-22}$$

利用式（2-3），可得式（2-19）的完整解为

$$x(t)=x_{\mathrm{H}}(t)+x_{\mathrm{P}}(t)=\underbrace{A\cos(\omega_{\mathrm{n}}t)+B\sin(\omega_{\mathrm{n}}t)}_{x_{\mathrm{H}}(t)}+\underbrace{\frac{F_0}{k(1-\beta^2)}\sin(\omega t)}_{x_{\mathrm{P}}(t)} \tag{2-23}$$

注意到式（2-23）包含未知系数 A、B，这两个未知系数可以通过初始条件得到，假设系统的初始位移 $x(0)=x_0$，初始速度 $\dot{x}(0)=v_0$，代入式（2-23）可得

$$x(0)=A=x_0 \tag{2-24}$$

$$\dot{x}(0)=B\omega_{\mathrm{n}}+\frac{F_0\omega}{k(1-\beta^2)}=v_0 \tag{2-25}$$

由式（2-25）可得

$$B=\frac{v_0}{\omega_n}-\frac{\omega}{\omega_n}\frac{F_0}{k(1-\beta^2)}=\frac{v_0}{\omega_n}-\frac{F_0\beta}{k(1-\beta^2)} \tag{2-26}$$

把式（2-25）和式（2-26）代入式（2-23），当外激励力 $f(t)=F_0\sin(\omega t)$ 时，无阻尼系统的响应可表示为

$$\begin{aligned} x(t) &= x_0\cos(\omega_n t)+\left[\frac{v_0}{\omega_n}-\frac{F_0\beta}{k(1-\beta^2)}\right]\sin(\omega_n t)+\frac{F_0}{k(1-\beta^2)}\sin(\omega t) \\ &= x_0\cos(\omega_n t)+\frac{v_0}{\omega_n}\sin(\omega_n t)+\frac{F_0}{k(1-\beta^2)}[\sin(\omega t)-\beta\sin(\omega_n t)] \end{aligned} \tag{2-27}$$

需要注意的是，对于正弦或者余弦激励，其特解的幅值与相位相同，但是其最后的完整解会有所不同，例如对于余弦激励 $f(t)=F_0\cos(\omega t)$，完整解为

$$x(t)=x_H(t)+x_P(t)=\underbrace{A\cos(\omega_n t)+B\sin(\omega_n t)}_{x_H(t)}+\underbrace{\frac{F_0}{k(1-\beta^2)}\cos(\omega t)}_{x_P(t)} \tag{2-28}$$

把初始位移 $x(0)=x_0$，初始速度 $\dot{x}(0)=v_0$，代入式（2-28）可得

$$A=x_0-\frac{F_0}{k(1-\beta^2)} \tag{2-29}$$

$$B=\frac{v_0}{\omega_n} \tag{2-30}$$

所以当外激励力 $f(t)=F_0\cos(\omega t)$ 时，无阻尼系统的响应可表示为

$$\begin{aligned} x(t) &= \left[x_0-\frac{F_0}{k(1-\beta^2)}\right]\cos(\omega_n t)+\frac{v_0}{\omega_n}\sin(\omega_n t)+\frac{F_0}{k(1-\beta^2)}\cos(\omega t) \\ &= x_0\cos(\omega_n t)+\frac{v_0}{\omega_n}\sin(\omega_n t)+\frac{F_0}{k(1-\beta^2)}[\cos(\omega t)-\cos(\omega_n t)] \end{aligned} \tag{2-31}$$

由式（2-27）和式（2-31）可知，即使是在零初始条件（$x(0)=0,\dot{x}(0)=0$）时，响应中还有自由振动项存在，这与自由振动不同。零初始条件时，正弦激励和余弦激励下的完整解可分别表示为

$$x(t)=\frac{F_0}{k(1-\beta^2)}[\sin(\omega t)-\beta\sin(\omega_n t)] \quad （正弦激励） \tag{2-32}$$

$$x(t)=\frac{F_0}{k(1-\beta^2)}[\cos(\omega t)-\cos(\omega_n t)] \quad （余弦激励） \tag{2-33}$$

例 2-1 假设一无阻尼单自由度弹簧-质量系统，其质量 $m=2\text{kg}$，刚度 $k=8\text{N/m}$，分别受到外激励力 $f(t)=F_0\sin(\omega t)$ 和 $f(t)=F_0\cos(\omega t)$ 作用，激励力幅值和频率分别为 $F_0=1\text{N}$ 和 $\omega=2.5\text{rad/s}$。通过 MATLAB 程序比较在如下初始条件时正弦函数和余弦函数激励下完整解的区别：

a）初始条件为 $x_0=0.1\text{m}$ 和 $v_0=0.1\text{m/s}$。

b）初始条件为 $x_0=0\text{m}$ 和 $v_0=0\text{m/s}$。

解：由题意可知，$m=2\text{kg}$，$k=8\text{N/m}$，$F_0=1\text{N}$，$\omega=2.5\text{rad/s}$。而系统固有频率 $\omega_n=\sqrt{\frac{k}{m}}=\sqrt{\frac{8}{2}}=2\text{rad/s}$，所以频率比 $\beta=\frac{\omega}{\omega_n}=\frac{2.5}{2}=1.25$。把这些已知参数代入式（2-27）和式（2-31）即可得系统的响应，具体的 MATLAB 程序如下：

```
% Compare the cosine and sine harmonic excitation for SDOF system
clear all,close all
m=2;
k=8;
wn=sqrt(k/m);
x0=0.1;
v0=0.1;
F0=1;
w=2.5;
beta=w/wn;
t=linspace(0,20,1e3);
% for f(t)=F0sin(w*t)
xh=x0*cos(wn*t)+v0/wn*sin(wn*t);
xps=F0/k/(1-beta^2)*(sin(w*t)-beta*sin(wn*t));
xs=xh+xps;

% for f(t)=F0cos(w*t)
xh=x0*cos(wn*t)+v0/wn*sin(wn*t);
xpc=F0/k/(1-beta^2)*(cos(w*t)-cos(wn*t));
xc=xh+xpc;

figure(1)
plot(t,xs,'k','linewidth',2)
hold on
plot(t,xc,'k:','linewidth',2)
xlabel('{\itt}/s'),ylabel('{\itx}({\itt})/m')
legend('正弦函数','余弦函数')
title('初始位移{\itx}_0=0.1m,初始速度{\itv}_0=0.1m/s')
figure(2)
plot(t,xps,'k','linewidth',2)
hold on
plot(t,xpc,'k:','linewidth',2)
xlabel('{\itt}/s'),ylabel('{\itx}({\itt})/m')
legend('正弦函数','余弦函数')
title('零初始条件')
```

图 2-4 表示当初始条件为 $x_0=0.1$m 和 $v_0=0.1$m/s 时，正弦函数和余弦函数激励下的完整解。图 2-5 表示零初始条件时正弦函数和余弦函数激励下的完整解。从图中可以发现，正弦函数和余弦函数激励下完整解的幅值和相位均存在区别。

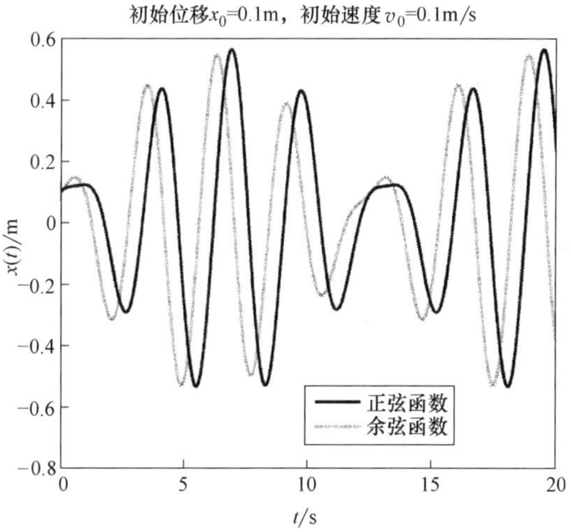

图 2-4　当初始条件为 $x_0=0.1$m 和 $v_0=0.1$m/s 时的系统响应

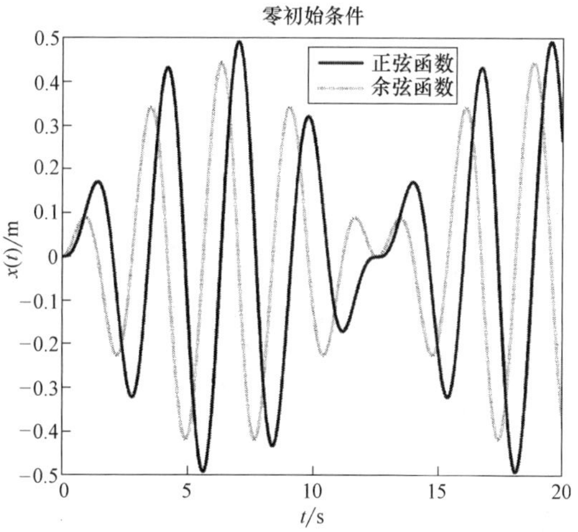

图 2-5　零初始条件时的系统响应

2.3.2　拍振现象

对于无阻尼单自由度简谐激励系统，如果激励力频率接近系统固有频率，会产生拍振现象（beat phenomenon）。假设系统初始条件为零（即 $x(0)=0, \dot{x}(0)=0$），以正弦激励［式（2-32）］为例，假设系统刚度 $k=1$N/m，$F_0=1$N 和 $\omega_n=1$rad/s，代入式（2-32），即可得到不同频率比时的响应，相应 MATLAB 程序如下：

```
% Force vibration for undamped SDOF system (beat)
clear all,close all
f0=1;        % Excitation force
wn=1;        % natural frequency
k=wn^2;      % Stiffness
for N=1:2
    if N==1 beta=0.9;end % beta frequency ratio
    if N==2 beta=0.95;end
    wdr=wn*beta;% Excitation frequency
    t=linspace(0,240,5e3);   % Time range
    x=f0/k/(1-beta^2)*(sin(wdr*t)-beta*sin(wn*t));% Response by using Eq. (3.33)
    figure(N),plot(t,x,'k','linewidth',2)% plot results
    ylabel('{\itx}({\itt})/m'),
    xlabel('{\itt}/s')
    title(['频率比{\it\beta}=' num2str(beta)'时的拍振现象'])
end
```

上述程序的计算结果如图 2-6 所示。从图 2-6 中可以发现，此时振幅出现了周期性的变化，这种振动称为拍振，拍振频率为$|\omega-\omega_n|$。也就是说，激励力频率与系统固有频率越接近，则其拍振频率就越小，而拍振周期就越大。

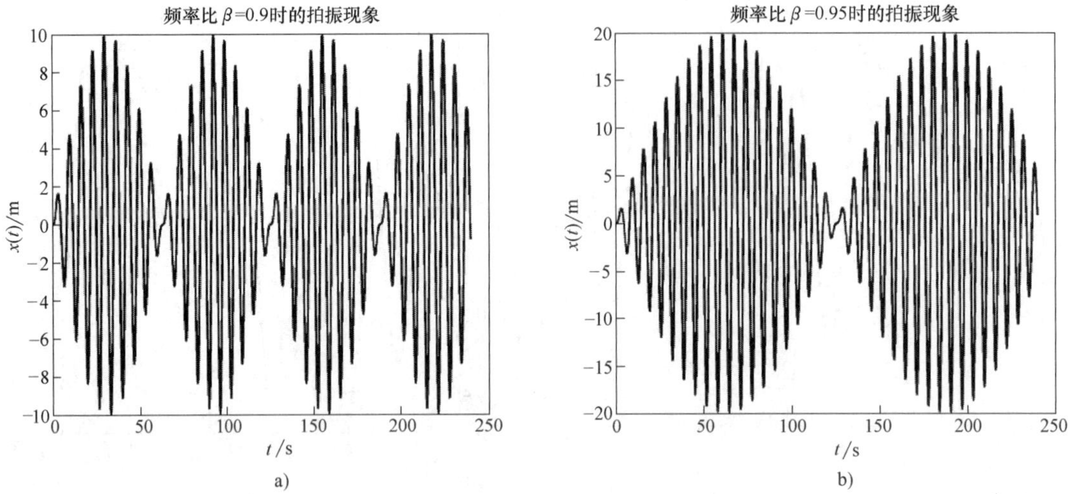

图 2-6　不同频率比β 时的拍振

a）频率比 $\beta=0.9$　b）频率比 $\beta=0.95$

2.3.3　激励力频率等于系统固有频率（共振）

在式（2-27）和式（2-31）中，如果激励力频率等于系统固有频率，则 $1-\beta^2=0$，这导致式（2-27）和式（2-31）中的解 $x(t)$ 趋于无穷大，这就是共振现象（resonance phenomenon）。注意到在共振（$\omega=\omega_n$）时，不能直接通过式（2-27）或者式（2-31）得到系统的响应，所以需要通过求极限来得到系统响应。例如，对于正弦激励，对式（2-27）中的最后一项求极限，则

$$
\begin{aligned}
&\lim_{\omega\to\omega_n}\left\{\frac{F_0}{k(1-\beta^2)}[\sin(\omega t)-\beta\sin(\omega_n t)]\right\}\\
&=\frac{F_0}{k}\lim_{\omega\to\omega_n}\frac{\sin(\omega t)-\dfrac{\omega}{\omega_n}\sin(\omega_n t)}{1-\dfrac{\omega^2}{\omega_n^2}}=\frac{F_0}{k}\lim_{\omega\to\omega_n}\frac{\dfrac{\mathrm{d}}{\mathrm{d}\omega}\left[\sin(\omega t)-\dfrac{\omega}{\omega_n}\sin(\omega_n t)\right]}{\dfrac{\mathrm{d}}{\mathrm{d}\omega}\left(1-\dfrac{\omega^2}{\omega_n^2}\right)}\\
&=\frac{F_0}{k}\lim_{\omega\to\omega_n}\frac{t\cos(\omega t)-\dfrac{1}{\omega_n}\sin(\omega_n t)}{-2\dfrac{\omega}{\omega_n^2}}=\frac{-\omega_n F_0}{2k}\left[t\cos(\omega_n t)-\frac{1}{\omega_n}\sin(\omega_n t)\right]\\
&=\frac{F_0}{2k}\sin(\omega_n t)-\frac{\omega_n F_0}{2k}t\cos(\omega_n t)
\end{aligned}
\tag{2-34}
$$

通过上述分析结合式（2-27），可以得到共振（$\omega=\omega_n$）时正弦激励下的响应，即

$$x(t)=x_0\cos(\omega_n t)+\left(\frac{v_0}{\omega_n}+\frac{F_0}{2k}\right)\sin(\omega_n t)-\frac{\omega_n F_0}{2k}t\cos(\omega_n t) \tag{2-35}$$

对于余弦激励，对式（2-31）中的最后一项求极限，则

$$\lim_{\omega\to\omega_n}\left\{\frac{F_0}{k(1-\beta^2)}[\cos(\omega t)-\cos(\omega_n t)]\right\}$$

$$=\frac{F_0}{k}\lim_{\omega\to\omega_n}\frac{\cos(\omega t)-\cos(\omega_n t)}{1-\dfrac{\omega^2}{\omega_n^2}}=\frac{F_0}{k}\lim_{\omega\to\omega_n}\frac{\dfrac{d}{d\omega}[\cos(\omega t)-\cos(\omega_n t)]}{\dfrac{d}{d\omega}\left(1-\dfrac{\omega^2}{\omega_n^2}\right)}$$

$$=\frac{F_0}{k}\lim_{\omega\to\omega_n}\frac{-t\sin(\omega t)}{-2\dfrac{\omega}{\omega_n^2}}=\frac{\omega_n F_0}{2k}t\sin(\omega_n t) \tag{2-36}$$

同样可以得到共振（$\omega=\omega_n$）时余弦激励下的响应，即

$$x(t)=x_0\cos(\omega_n t)+\frac{v_0}{\omega_n}\sin(\omega_n t)+\frac{\omega_n F_0}{2k}t\sin(\omega_n t) \tag{2-37}$$

例 2-2 以例 2-1 所给系统参数为例，计算系统正弦和余弦共振时的响应，并比较初始条件对共振时响应的影响。

解：利用式（2-35）和式（2-37），就可以直接进行 MATLAB 编程，具体程序如下：

```
clear all,close all
m=2;
k=8;
wn=sqrt(k/m);
x0=0.1;
v0=0.1;
F0=1;
t=linspace(0,50,1e3);
% for f(t)=F0sin(wt)
xh=x0*cos(wn*t)+(v0/wn+F0/2/k)*sin(wn*t);
xps=-wn*F0/2/k*t.*cos(wn*t);
xs=xh+xps;

% for f(t)=F0cos(wt)
xh=x0*cos(wn*t)+v0/wn*sin(wn*t);
xpc=wn*F0/2/k*t.*sin(wn*t);
xc=xh+xpc;
figure(1)
plot(t,xps,'k','linewidth',2)
```

```
hold on
plot(t,xs,'k:','linewidth',2)
plot(t,wn * F0/2/k * t)
plot(t,-wn * F0/2/k * t)
xlabel('{\itt}/s'),ylabel('{\itx}({\itt})/m')
legend('完整解','式(2-35)最后一项')
title('正弦激励')

figure(2)
plot(t,xpc,'k','linewidth',2)
hold on
plot(t,xc,'k:','linewidth',2)
plot(t,wn * F0/2/k * t)
plot(t,-wn * F0/2/k * t)
xlabel('{\itt}/s'),ylabel('{\itx}({\itt})/m')
legend('完整解','式(2-37)最后一项')
title('余弦激励')
```

图 2-7 和图 2-8 分别表示在正弦和余弦激励下共振时的响应，从图中可以发现，式（2-35）和式（2-37）中的等号右侧前两项（初始条件）对响应基本没有影响。

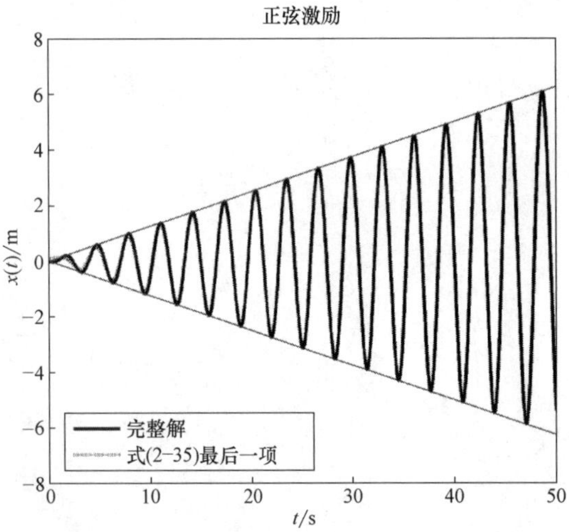

图 2-7　正弦激励下共振时的响应

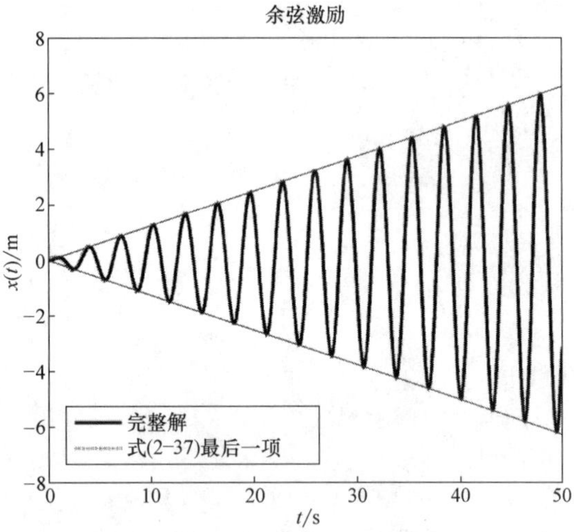

图 2-8　余弦激励下共振时的响应

由于式（2-35）和式（2-37）中的等号右侧前两项（初始条件）对响应基本没有影响，所以式（2-35）和式（2-37）可进一步简化为

$$x(t) \approx -\frac{\omega_n F_0}{2k} t\cos(\omega_n t) \quad （正弦激励） \tag{2-38}$$

$$x(t) \approx \frac{\omega_n F_0}{2k} t\sin(\omega_n t) \quad （余弦激励） \tag{2-39}$$

2.4 简谐激励下阻尼单自由度系统的响应

2.4.1 阻尼单自由度系统响应的完整解

对于简谐激励下的阻尼单自由度系统，由式（2-3）~式（2-5）可知，其完整解可表示为

$$x(t)=\begin{cases}\exp(-\zeta\omega_n t)[C_1\cos(\omega_d t)+C_2\sin(\omega_d t)]+X\sin(\omega t-\phi), & \zeta<1\\ \exp(-\omega_n t)(C_3+C_4 t)+X\sin(\omega t-\phi), & \zeta=1\\ C_5\exp[(-\zeta+\sqrt{\zeta^2-1})\omega_n t]+C_6\exp[(-\zeta-\sqrt{\zeta^2-1})\omega_n t]+X\sin(\omega t-\phi), & \zeta>1\end{cases} \tag{2-40}$$

式中，$X=\dfrac{F_0}{\sqrt{(k-m\omega^2)^2+(c\omega)^2}}$；$\phi=\arctan\dfrac{c\omega}{k-m\omega^2}$。

例 2-3 设有一单自由度系统，其固有频率 $\omega_n=10\text{rad/s}$，质量 $m=1\text{kg}$，阻尼比 $\zeta=0.05$，受到激励力 $f(t)=F_0\cos(\omega t)$ 的作用，其中 $F_0=1\text{N}$，$\omega=1\text{rad/s}$。假设系统初始条件为零，计算该系统在时间 $t<25\text{s}$ 时的瞬态响应、稳态响应和总响应。

解：利用式（2-40），结合第 1 章自由振动的 MATLAB 程序，可以直接编写如下程序计算系统的瞬态响应、稳态响应和总响应。

```
% Force vibration for damped SDOF system
% This program is used to calculation the response of
% a damped SDOF system under harmonic excitation force,
% based on Eq. (2-40) in book.
clear all,close all
wdr=1;   % excitation frequency
wn=10;   % natural frequency
fo=1;   % Force amplitude
t=linspace(0,25,1e3);% time range
zeta=0.05;   %damping ratio
wd=wn*sqrt(1-zeta^2);% damped natural frequency
Ao=fo/sqrt((wn^2-wdr^2)^2+(2*zeta*wn*wdr)^2);
phi=atan2(2*zeta*wn*wdr,(wn^2-wdr^2));
Z1=-zeta*wn-wdr*tan(phi);
Z2=sqrt((zeta*wn)^2+2*zeta*wn*wdr*tan(phi)+(wdr*tan(phi))^2+wd^2);
Z=(Z1+Z2)/wd;
Anum=Ao*((zeta*wn*Z-wd)*cos(phi)+wdr*Z*sin(phi));
Aden=Z*wd;
A=Anum/Aden;
theta=2*atan(Z);
x1=A*exp(-zeta*wn*t).*sin(wd*t+theta);% For transient response
x2=Ao*cos(wdr*t-phi);   % For steady state harmonic response
```

```
figure(1)
subplot(3,1,1)
plot(t,x1,'k','linewidth',2)
ylabel('瞬态响应/m')
xlabel('{\itt}/s')
subplot(3,1,2)
plot(t,x2,'k','linewidth',2)
ylabel('稳态响应/m')
xlabel('{\itt}/s')
subplot(3,1,3)
plot(t,x1+x2,'k','linewidth',2)
ylabel('总响应/m')
xlabel('{\itt}/s')
```

运行上述程序，计算结果如图 2-9 所示，从图 2-9 中可以发现，随着时间的增加，瞬态响应的幅值迅速降低，在时间 t>8s 后，瞬态响应对系统总响应的影响可以忽略不计。

一般来说，简谐激励下的阻尼单自由度系统有如下特点：

1）在振动初期，总响应是由自由振动响应分量和稳态振动分量叠加而成的，呈现较为复杂的波形，自由振动与稳态振动共存的振动过程称为过渡过程，如图 2-9 总响应中 0~10s 的结果所示。阻尼越大，则过渡过程持续的时间越短。经过一段时间后，受迫振动响应将以稳态振动分量为主，这一阶段称为稳态过程。

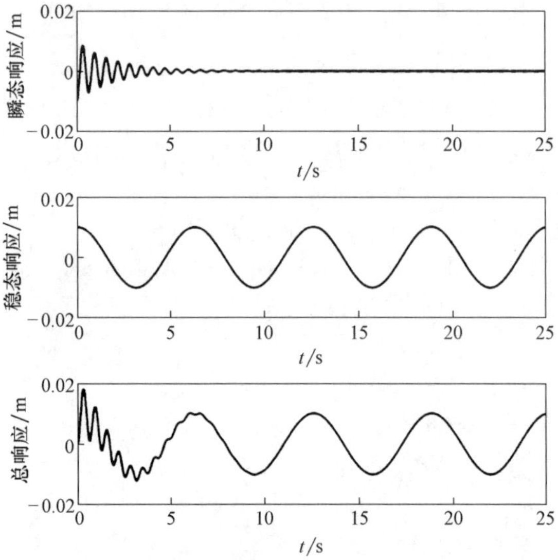

图 2-9　例 2-3 的计算结果

2）由于阻尼的存在，随着时间增加，自由振动响应分量的幅值逐渐衰减，可忽略不计，所以自由振动响应分量又称为瞬态振动；而稳态振动分量振幅不随时间变化，它是标准的简谐振动。

3）只要有简谐激振力作用，稳态振动将一直持续下去。

4）稳态振动的频率等于激励频率 ω，与系统固有频率 ω_n 无关。

5）稳态响应的幅值由系统物理参数、激励力频率、幅值决定，而与系统的初始条件无关。

2.4.2　稳态振动响应分析

因系统的过渡过程很短暂，故在大多数实际问题中主要关心系统的稳态响应。为了便于分析，先引入一个量纲为一的参数：位移振幅放大因子 R，并定义其为动态位移与相应静态位移之比，即

$$R=\frac{X}{X_{st}}=\frac{Xk}{F_0} \tag{2-41}$$

式中，$X_{st}=F_0/k$，表示系统的静态位移。

需要指出的是，稳态响应与激励力为正弦或者余弦函数无关，而与激励力频率和幅值相关，结合频率比定义 $\beta=\frac{\omega}{\omega_n}$ 和式（2-41），可以得到

$$R=\frac{1}{\sqrt{(1-\beta^2)^2+(2\zeta\beta)^2}} \tag{2-42a}$$

$$\phi=\arctan\frac{2\zeta\beta}{1-\beta^2} \tag{2-42b}$$

式（2-42a）中 R 与 β 之间的关系表示系统的位移幅频特性，而式（2-42b）中 ϕ 与 β 之间的关系表示系统的相频特性。

例 2-4 当系统阻尼比 ζ 分别为 0、0.2、0.4、0.6 和 0.8 时，计算系统的位移幅频特性和相频特性。

解： 显然，计算系统的位移幅频特性和相频特性可以通过式（2-42）计算得到，具体 MATLAB 程序如下：

```
% The dynamic magnification factor for damping SDOF
clear all,close all
beta=linspace(0,3,1e3);
damp=[0 0.2 0.4 0.6 0.8];
figure(1)
subplot(2,1,1)
for m=1:5
    D1=1./sqrt((1-beta.^2).^2+(2*damp(m)*beta).^2);
    if m==1 plot(beta,D1,'k'),hold on,end
    if m==2 plot(beta,D1,'k:'),  end
    if m==3 plot(beta,D1,'k-.'),  end
    if m==4 plot(beta,D1,'k--'),  end
    if m==5 plot(beta,D1,'k','linewidth',2),  end
end
ylim([0 3])
xlabel('频率比\it\beta')
ylabel('位移放大因子\itR')
legend('阻尼比\zeta=0','阻尼比\zeta=0.2','阻尼比\zeta=0.4',...
    '阻尼比\zeta=0.6','阻尼比\zeta=0.8')
subplot(2,1,2)
for m=1:5
    D1=atan2(2*damp(m)*beta,(1-beta.^2))*180/pi;
    if m==1 plot(beta,D1,'k'),hold on,end
    if m==2 plot(beta,D1,'k:'),  end
```

```
    if m = = 3 plot( beta, D1, ' k-. ' ),   end
    if m = = 4 plot( beta, D1, ' k--' ),   end
    if m = = 5 plot( beta, D1, ' k ', ' linewidth ', 2),   end
end
ylim( [ -5 185] )
xlabel('频率比\it\beta')
ylabel('相位/( \circ)')
legend('阻尼比\zeta = 0 ','阻尼比\zeta = 0. 2 ','阻尼比\zeta = 0. 4 ',...
    '阻尼比\zeta = 0. 6 ','阻尼比\zeta = 0. 8 ',0)
```


上述程序的计算结果如图 2-10 所示，从图中可以发现，随着阻尼比的增加，在固有频率附近的响应速度明显降低。

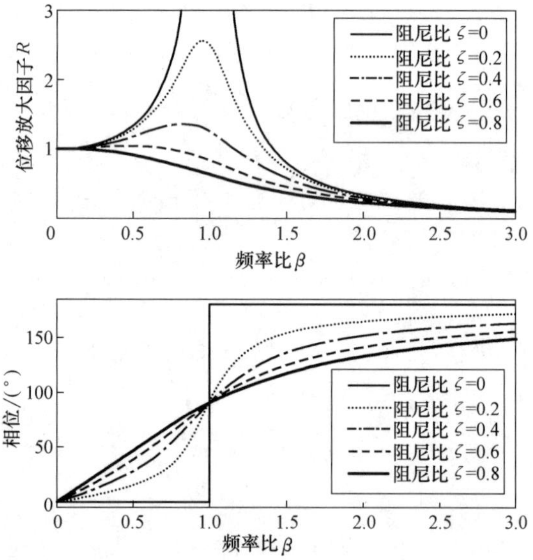

图 2-10　例 2-4 的计算结果

从图 2-10 中还可以发现：

1）当激励力频率远小于系统固有频率时（频率比 $\beta<<1$），位移振幅放大因子 R 趋于 1，此时振动位移接近静态位移，响应的相位与激励力相位同相。

2）当激励力频率远大于系统固有频率时（频率比 $\beta>>1$），位移振幅放大因子 R 趋于 0，此时振动位移接近 0，响应的相位与激励力相位反相。

3）当激励力频率等于系统固有频率时（频率比 $\beta=1$），此时位移振幅放大因子 R 由阻尼比决定，阻尼比越小，则其峰值越高，而响应的相位与激励力相差 90°。

4）当激励力频率接近系统固有频率时，可以通过增加阻尼的方法，来有效降低系统在固有频率附近的振动幅值。

由式（2-42a）可以发现，当阻尼比 $\beta=1$ 时，振幅放大因子 R 可简化为

$$R_{\beta=1}=\frac{1}{2\zeta} \tag{2-43}$$

对式（2-42a）求极值，可得

$$\beta_{\text{peak}}=\sqrt{1-2\zeta^2} \tag{2-44}$$

显然，当阻尼比 $\zeta<\sqrt{2}$ 时，$\beta_{\text{peak}}>0$，此时有极值存在，β_{peak} 被称为共振频率，把式（2-44）代入式（2-42a），可得

$$R_{\text{peak}}=\frac{1}{2\zeta\sqrt{1-\zeta^2}}=\frac{1}{2\zeta}\frac{\omega_{\text{n}}}{\omega_{\text{d}}}=\frac{\omega_{\text{n}}}{\omega_{\text{d}}}R_{\beta=1} \tag{2-45}$$

对于典型小阻尼（$\zeta<0.10$）工程结构，R_{peak} 与 $R_{\beta=1}$ 的值相差很小，例如，当阻尼比 ζ 分别为 0.05 和 0.10 时，R_{peak} 与 $R_{\beta=1}$ 的值只相差 0.13% 和 0.5%。所以对于小阻尼系统，

一般可以直接用频率比 $\beta=1$ 表示共振频率。

为了更加完整地理解阻尼单自由度系统的共振响应应包括瞬态振动和稳态振动，以式（2-40）中欠阻尼（$\zeta<1$）时为例进行说明，式（2-40）可重新表示为

$$x(t)=\exp(-\zeta\omega_{n}t)[C_{1}\cos(\omega_{d}t)+C_{2}\sin(\omega_{d}t)]+X\sin(\omega_{n}t-\phi) \tag{2-46}$$

注意到当激励力频率等于系统固有频率（$\beta=1$）时，$\omega=\omega_{n}$，$\phi=90°$，并且 $X=\frac{F_0}{k}R_{\beta=1}=\frac{F_0}{2\zeta k}$，式（2-46）可重新表示为

$$x(t)=\exp(-\zeta\omega_{n}t)[C_{1}\cos(\omega_{d}t)+C_{2}\sin(\omega_{d}t)]-\frac{F_0}{2\zeta k}\cos(\omega_{n}t) \tag{2-47}$$

假设系统为零初始条件（即 $x(0)=0$，$\dot{x}(0)=0$），则式（2-47）中的系数 C_1 和 C_2 可表示为

$$C_1=\frac{F_0}{2\zeta k},C_2=\frac{F_0}{k}\frac{\omega_n}{2\omega_d}=\frac{F_0}{k}\frac{1}{2\sqrt{1-\zeta^2}} \tag{2-48}$$

把式（2-47）代入式（2-46），可得

$$x(t)=\frac{F_0}{2\zeta k}\left\{\exp(-\zeta\omega_{n}t)\left[\cos(\omega_{d}t)+\frac{\zeta}{\sqrt{1-\zeta^2}}\sin(\omega_{d}t)\right]-\cos(\omega_{n}t)\right\} \tag{2-49}$$

对于小阻尼系统，式（2-49）中 $\sqrt{1-\zeta^2}\approx1$，$\omega_d\approx\omega_n$，则式（2-49）可重新简化表示为

$$\begin{aligned}x(t)&\approx\frac{F_0}{2\zeta k}\{\exp(-\zeta\omega_{n}t)[\cos(\omega_{n}t)+\zeta\sin(\omega_{n}t)]-\cos(\omega_{n}t)\}\\&=\frac{F_0}{2\zeta k}\{[\exp(-\zeta\omega_{n}t)-1]\cos(\omega_{n}t)+\exp(-\zeta\omega_{n}t)\zeta\sin(\omega_{n}t)\}\end{aligned} \tag{2-50}$$

例 2-5 设有一系统的固有频率 $\omega_n=2\text{rad/s}$，刚度 $k=1\text{N/m}$，该系统受到外激励力 $f(t)=\sin(\omega t)$，假设初始条件为零，计算其在如下阻尼比时的共振响应。

a）阻尼比 $\zeta=0.05$。

b）阻尼比 $\zeta=0.1$。

解： 显然，在零初始条件时，共振时系统响应可通过式（2-50）进行计算，式（2-50）可以通过如下 MATLAB 程序计算。

```
clear all,close all
t=linspace(0,50,1e3);
wn=2;
SS=[0.05 0.1];
for n=1:2
    nnn=SS(n);
    S1=(exp(-nnn*wn*t)-1)/2/nnn.*cos(wn*t);
    S2=exp(-nnn*wn*t)/2.*sin(wn*t);
    figure(n),subplot(3,1,1)
    plot(t,S1,'k','linewidth',2);
    xlabel('{\itt}/s')
```

```
    ylabel('{\itR}({\itt})余弦部分')
    ylim([-1.2/2/nnn 1.2/2/nnn])
    subplot(3,1,2)
    plot(t,S2,'k:','linewidth',2);
    xlabel('{\itt}/s')
    ylabel('{\itR}({\itt})正弦部分')
    subplot(3,1,3)
    plot(t,S1+S2,'k','linewidth',2);
    xlabel('{\itt}/s')
    ylabel('{\itR}({\itt})完整解')
    ylim([-1.2/2/nnn 1.2/2/nnn])
end
```

运行上述程序，可得结果如图 2-11 所示。由式（2-50）结合图 2-11 可以发现，式（2-50）中的 $\sin(\omega_n t)$ 项对响应的贡献可以忽略不计，所以其响应幅值是由 $\frac{F_0}{2\zeta k}[\exp(-\zeta\omega_n t)-1]$ 决定的。同时可以发现，阻尼越小，系统稳定时的幅值就越大，而且到达峰值所需时间就越长。

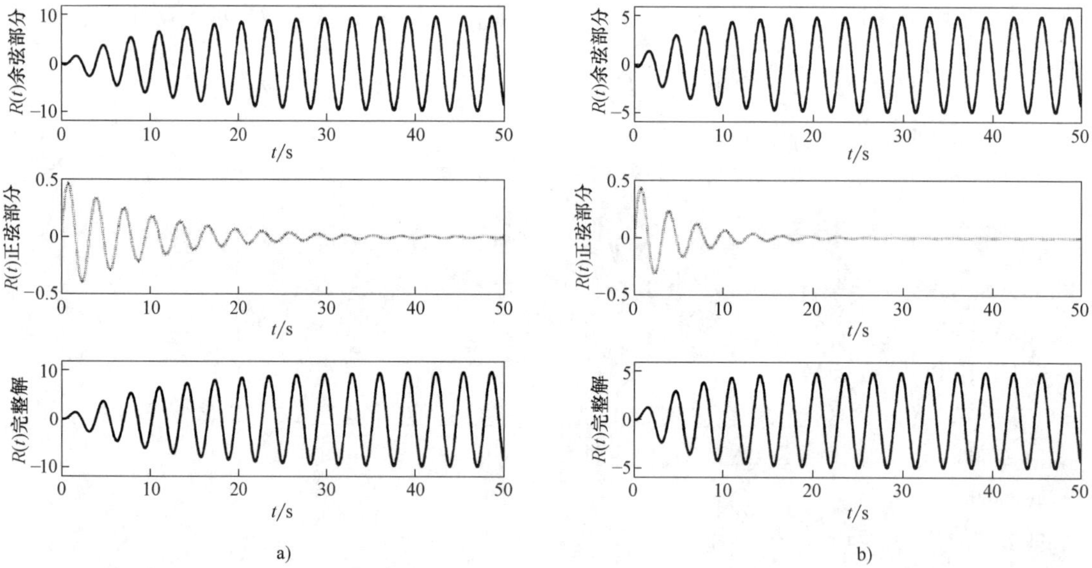

图 2-11　零初始条件下不同阻尼时的共振响应

a）阻尼比 $\zeta=0.05$　b）阻尼比 $\zeta=0.1$

2.5　基础激励

在许多情况下，系统受到的激励来自基础或支承的运动。假设有一弹簧-质量-阻尼系统，受到基础激励，如图 2-12 所示。假设其基础做简谐运动，则

$$y(t)=Y\sin(\omega t) \tag{2-51}$$

式中，Y 和 ω 分别为基础激励的幅值和频率。

假设质量块 m 的绝对位移为 $x(t)$，则弹簧力为 $k(x(t)-y(t))$，阻尼力为 $c(\dot{x}(t)-\dot{y}(t))$，其运动微分方程可表示为

$$m\ddot{x}(t)+c(\dot{x}(t)-\dot{y}(t))+k(x(t)-y(t))=0 \tag{2-52}$$

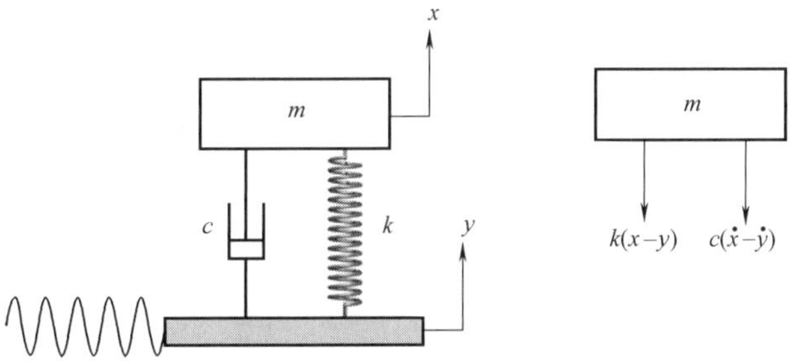

图 2-12　简谐基础激励的单自由度振动系统

2.5.1　相对运动

在某些工程应用中，关注的是质量块的相对运动（例如加速度计）。由式（2-51）可知，基础激励的加速度为 $\ddot{y}(t)=-\omega^2 Y\sin(\omega t)$。定义 $z(t)=x(t)-y(t)$，则式（2-52）可重新表示为

$$m\ddot{z}(t)+c\dot{z}(t)+kz(t)=mY\omega^2\sin(\omega t) \tag{2-53}$$

对比式（2-53）与式（2-2）可知，如果把 F_0 替换为 $mY\omega^2$，则式（2-53）稳态解的形式与式（2-2）完全一致，即

$$z(t)=Z\sin(\omega t-\phi) \tag{2-54}$$

式中

$$Z=\frac{mY\omega^2}{\sqrt{(k-m\omega^2)^2+(c\omega)^2}},\ \phi=\arctan\frac{c\omega}{k-m\omega^2} \tag{2-55}$$

利用频率比 β 和阻尼比 ζ，式（2-55）可进一步表示为量纲为一的形式，即

$$\frac{Z}{Y}=\frac{m\omega^2}{\sqrt{(k-m\omega^2)^2+(c\omega)^2}}=\frac{\beta^2}{\sqrt{(1-\beta^2)^2+(2\zeta\beta)^2}} \tag{2-56a}$$

$$\phi=\arctan\frac{2\zeta\beta}{1-\beta^2} \tag{2-56b}$$

例 2-6　设有单自由度系统，如图 2-12 所示。假设该系统的阻尼比 ζ 分别为 0、0.2、0.4、0.6 和 0.8，通过 MATLAB 软件编程计算其相对位移与基础激励的幅值之比。

解： 显然，对于图 2-12 所示的单自由度系统，其相对位移与基础激励的幅值之比 Z/Y 可通过式（2-56a）计算得到，具体 MATLAB 程序如下：

```
clear all,close all
beta=linspace(0,3,1e3);
damp=[0 0.2 0.4 0.6 0.8];
for m=1:5
```

```
    Damp(m,:)= beta.^2./sqrt((1-beta.^2).^2+(2 * damp(m) * beta).^2);
    Dphs(m,:)= atan2(2 * damp(m) * beta,(1-beta.^2)) * 180/pi;
end
figure(1)
plot(beta,Damp(1,:),'k'),hold on,
plot(beta,Damp(2,:),'k:'),
plot(beta,Damp(3,:),'k-.'),
plot(beta,Damp(4,:),'k--'),
plot(beta,Damp(5,:),'k','linewidth',2),
ylim([0 3])
xlabel('频率比 \it\beta')
ylabel('|\itZ/Y|')
legend('阻尼比=0','阻尼比=0.2','阻尼比=0.4',...
    '阻尼比=0.6','阻尼比=0.8')
figure(2)
plot(beta,Dphs(1,:),'k'),hold on,
plot(beta,Dphs(2,:),'k:'),
plot(beta,Dphs(3,:),'k-.'),
plot(beta,Dphs(4,:),'k--'),
plot(beta,Dphs(5,:),'k','linewidth',2),
ylim([-5 185])
xlabel('频率比 \it\beta')
ylabel('相位/(\circ)')
legend('阻尼比=0','阻尼比=0.2','阻尼比=0.4',...
    '阻尼比=0.6','阻尼比=0.8',4)
```

运行上述程序，计算结果如图 2-13 所示。图 2-13 表示在不同阻尼比时，Z/Y 和相位随频率比 β 的变化曲线。

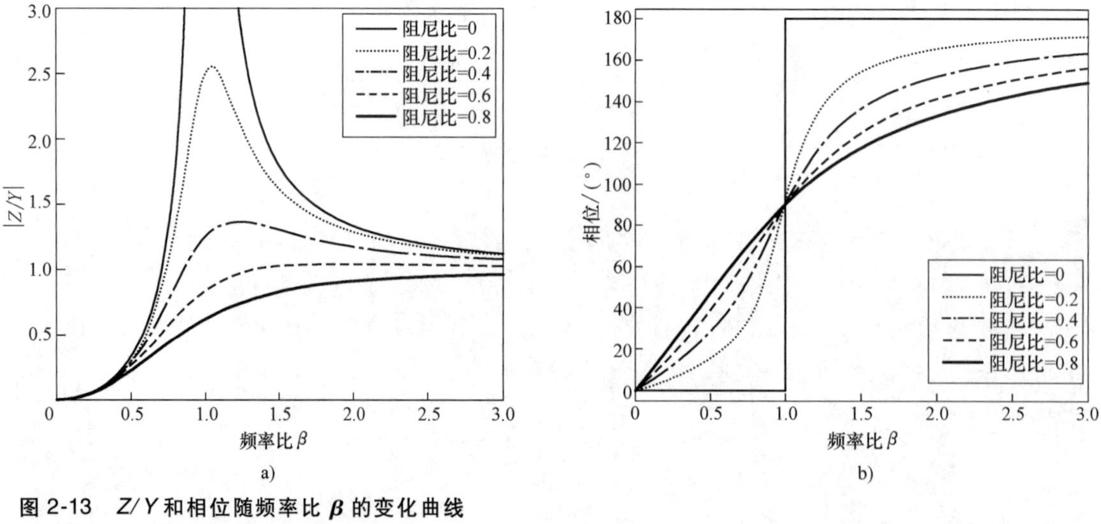

图 2-13　Z/Y 和相位随频率比 β 的变化曲线

a）幅值 Z/Y　b）相位

在式（2-56a）中，如果阻尼比很小（ζ<<1），则式（2-56a）可简化为

$$\frac{Z}{Y}=\frac{\beta^2}{|1-\beta^2|} \tag{2-57}$$

例 2-7 设在图 2-12 所示的单自由度系统中，阻尼比 $\zeta=0.01$，计算：

a）当频率比 β<<1 时，相对位移 Z 与 $\omega^2 Y$ 的比值。

b）当频率比 β>>1 时，相对位移 Z 与 Y 的比值。

解：为了分别计算频率比 β<<1 和 β>>1 时的响应，选择频率比 β 的范围分别为［0.001，10］和［0.1，1000］。为了使得显示结果更加清晰，图中的横坐标采用对数坐标，在 MATLAB 软件中，可以直接通过 semilogx 函数来实现。具体 MATLAB 程序如下：

```
clear all,close all
beta=logspace(-1,3,1e3);
damp=0.01;
D1=beta.^2./sqrt((1-beta.^2).^2+(2*damp*beta).^2);
figure(1)
semilogx(beta,D1,'k','linewidth',2)
ylim([0 3])
xlabel('频率比 \it\beta')
ylabel('\itZ/Y')
beta=logspace(-3,1,1e3);
D1=1./sqrt((1-beta.^2).^2+(2*damp*beta).^2);
figure(2)
semilogx(beta,D1,'k','linewidth',2)
ylim([0 3])
xlabel('频率比 \it\beta')
ylabel('\itZ/(\omega^2Y)')
```

运行上述程序，可得图 2-14 所示的响应曲线。由图 2-14 结合式（2-57）可以发现：

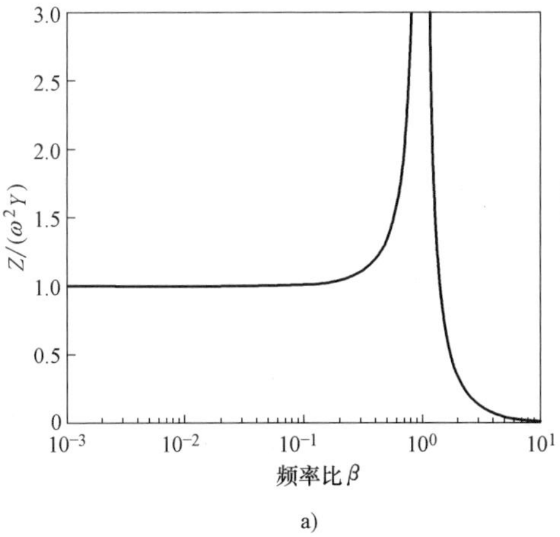

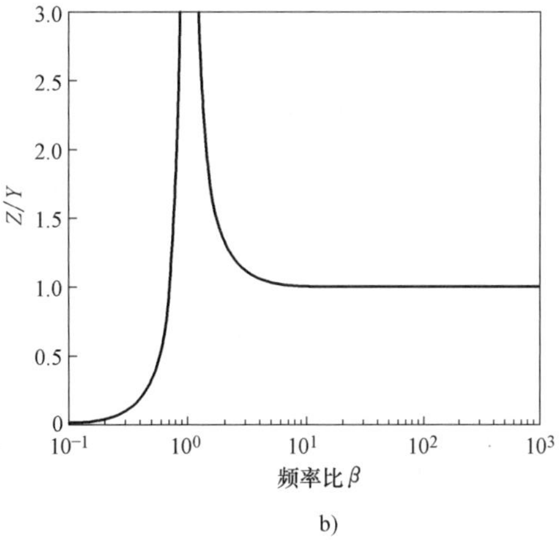

图 2-14 例 2-7 的计算结果

a）频率比 β<<1 时的 $Z/(\omega^2 Y)$ b）频率比 β>>1 时的 Z/Y

a）当频率比 $\beta<<1$ 时，则 $1-\beta^2=1$，由式（2-57）可知，此时相对位移 $Z=Y\beta^2=Y\dfrac{\omega^2}{\omega_n^2}$。这意味着当激励力频率远小于系统固有频率时，相对位移 Z 与 $\omega^2 Y$ 成正比，也就是说，Z 与基础激励的加速度成正比。这就是加速度计的工作原理，如图 2-14a 所示。从图 2-14a 中可以发现，对于加速度计，其固有频率越大，则其频率测量范围越宽。

b）当频率比 $\beta>>1$，则 $|1-\beta^2|=\beta^2$，由式（2-57）可知，此时相对位移 Z 等于基础激励的位移 Y，这就是位移传感器的工作原理，如图 2-14b 所示。从图 2-14b 中可以发现，对于位移传感器，只有当位移传感器的固有频率足够低的时候，才能精确测量基础激励的低频响应。

2.5.2 绝对运动

如果关注图 2-12 中质量块的绝对运动，则式（2-52）可重新表示为

$$m\ddot{x}(t)+c\dot{x}(t)+kx(t)=ky(t)+c\dot{y}(t) \tag{2-58}$$

假设基础激励为一复变函数，即

$$y(t)=Y\exp(\mathrm{j}\omega t) \tag{2-59}$$

则式（2-58）的解可表示为

$$x(t)=X\exp[\mathrm{j}(\omega t-\phi)] \tag{2-60}$$

把式（2-60）代入式（2-58），可得

$$(-m\omega^2+\mathrm{j}\omega c+k)X\exp[\mathrm{j}(\omega t-\phi)]=(k+\mathrm{j}\omega c)Y\exp(\mathrm{j}\omega t) \tag{2-61}$$

显然，由式（2-61）可得

$$\frac{X}{Y}\exp(-\mathrm{j}\phi)=\frac{(k+\mathrm{j}\omega c)}{(-m\omega^2+\mathrm{j}\omega c+k)}=\frac{k+\mathrm{j}\omega c}{(k-m\omega^2)+\mathrm{j}\omega c} \tag{2-62}$$

进一步把式（2-62）表示为量纲为一的形式，即

$$\left|\frac{X}{Y}\right|=\frac{\sqrt{1+(2\zeta\beta)^2}}{\sqrt{(1-\beta^2)^2+(2\zeta\beta)^2}} \tag{2-63a}$$

$$\phi=\arctan\frac{2\zeta\beta^3}{1-\beta^2+(2\zeta\beta)^2} \tag{2-63b}$$

式中，$|X/Y|$表示振动传递率。

例 2-8 计算图 2-12 所示系统在不同阻尼比时的振动传递率$|X/Y|$随频率比 β 的变化曲线，假设阻尼比 ζ 分别为 0、0.2、0.4、0.6 和 0.8。

解：显然，不同阻尼比时的振动传递率$|X/Y|$可以通过式（2-63a）计算得到，具体 MATLAB 程序如下：

```
clear all,close all
beta=linspace(0,5,1e3);
damp=[0.0 0.2 0.4 0.6 0.8];
for m=1:5
    D1=sqrt(1+(2*damp(m)*beta).^2)./sqrt((1-beta.^2).^2+(2*damp(m)*beta).^2);
    if m==1 plot(beta,D1,'k'),hold on,end
```

```
    if m==2 plot(beta,D1,'k:'),   end
    if m==3 plot(beta,D1,'k-.'),   end
    if m==4 plot(beta,D1,'k--'),   end
    if m==5 plot(beta,D1,'k','linewidth',2),   end
end
ylim([0 3])
plot(ones(1,1e3)*sqrt(2),linspace(0,3,1e3),'b:')
plot(sqrt(2),1,'bo','linewidth',2)
text(sqrt(2)+0.08,1.01,'\leftarrow(\surd2,1)')
xlabel('频率比 \it\beta')
ylabel('|\itX/Y|')
legend('阻尼比=0','阻尼比=0.2','阻尼比=0.4',...
    '阻尼比=0.6','阻尼比=0.8')
```

运行上述程序，计算结果如图 2-15 所示。从图 2-15 中可以发现：

1）当频率比 β 趋于 0 时，位移传递率 $|X/Y|$ 趋于 1。

2）当频率比 $\beta=1$（共振）时，如果阻尼比 $\zeta=0$（无阻尼），则位移传递率 $|X/Y|$ 趋于无穷大。

3）当频率比 $\beta>\sqrt{2}$ 时，对于任何阻尼比，其位移传递率 $|X/Y|$ 都小于 1。

4）当频率比 $\beta=\sqrt{2}$ 时，对于任何阻尼比，其位移传递率 $|X/Y|$ 都等于 1。

5）当频率比 $\beta<\sqrt{2}$ 时，阻尼比越小，则其位移传递率 $|X/Y|$ 越大；但是当频率比 $\beta>\sqrt{2}$ 时，位移传递率 $|X/Y|$ 会随着阻尼比的减小而降低。

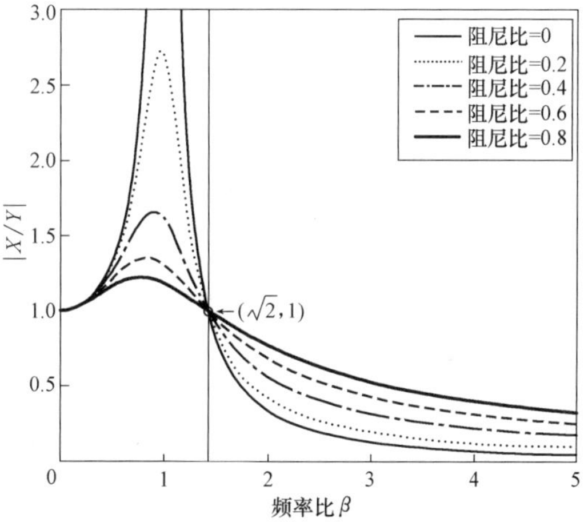

图 2-15　不同阻尼比时 $|X/Y|$ 随频率比 β 的变化曲线

例 2-9　计算例 2-8 中 X/Y 的相位曲线。

解：X/Y 的相位可以通过式（2-63b）计算得到，与例 2-8 类似，可以通过如下 MATLAB 程序来计算得到。

```
clear all,close all
beta=linspace(0,3,1e3);
damp=[0 0.2 0.4 0.6 0.8];
for m=1:5
    D1=atan2(2*damp(m)*(beta).^3,(1-beta.^2))*180/pi;
    if m==1 plot(beta,D1,'k'),hold on,end
    if m==2 plot(beta,D1,'k:'),   end
    if m==3 plot(beta,D1,'k-.'),   end
    if m==4 plot(beta,D1,'k--'),   end
```

```
    if m = = 5 plot(beta,D1,'k','linewidth',2),   end
  end
ylim([ -5 185])
xlabel('频率比\it\beta')
ylabel('相位/(\circ)')
legend('阻尼比=0','阻尼比=0.2','阻尼比=0.4',...
'阻尼比=0.6','阻尼比=0.8')
```


运行上述程序，得到 X/Y 的相位 ϕ 随频率比 β 的变化曲线，如图 2-16 所示。

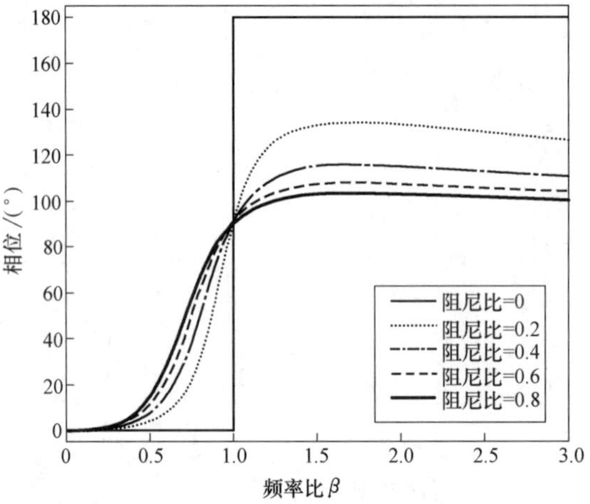

图 2-16　不同阻尼比时 X/Y 的相位 ϕ 随频率比 β 的变化曲线

2.6　旋转不平衡振动

偏心不平衡是导致旋转机械振动的常见原因。现考虑一旋转系统，其转子总质量为 M，转子的偏心质量为 W，如图 2-17 所示。假设偏心质量 W 的角速度为 ω，偏心距为 e。

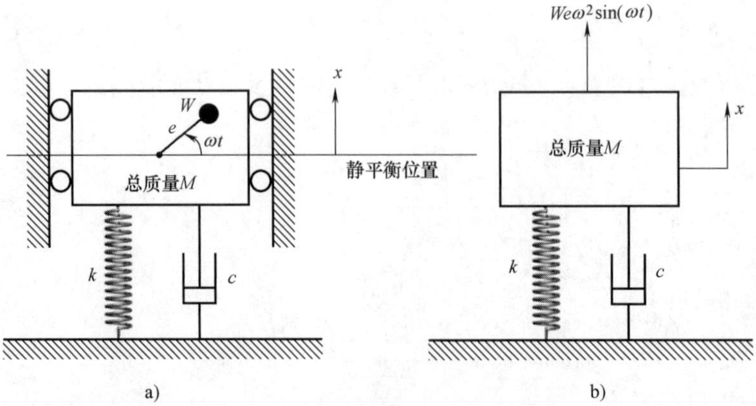

图 2-17　旋转不平衡振动及其简化模型

a）旋转不平衡振动　b）简化模型

不失一般性，用坐标 x 表示非旋转部分质量（$M-W$）的位置，偏心质量 W 的位置可表示为 $x(t)+e\sin(\omega t)$。由图 2-17 可知，系统的运动微分方程可表示为

$$(M-W)\ddot{x}(t)+W\frac{\mathrm{d}^2[x(t)+e\sin(\omega t)]}{\mathrm{d}t^2}+c\dot{x}(t)+kx(t)=0 \tag{2-64}$$

显然，式（2-64）可整理为

$$M\ddot{x}(t)+c\dot{x}(t)+kx(t)=W\omega^2 e\sin(\omega t) \tag{2-65}$$

注意到 $W\omega^2 e$ 为常数，对比式（2-2），可以得到式（2-65）的稳态解为

$$x(t)=X\sin(\omega t-\phi) \tag{2-66}$$

式中

$$X=\frac{W\omega^2 e}{\sqrt{(k-M\omega^2)^2+(c\omega)^2}},\phi=\arctan\frac{2\zeta\beta}{1-\beta^2} \tag{2-67}$$

假设 $X_0=\frac{We}{M}$，质量块位移可表示为量纲为一的形式，即

$$\frac{X}{X_0}=\frac{\beta^2}{\sqrt{(1-\beta^2)^2+(2\zeta\beta)^2}} \tag{2-68}$$

图 2-18 和图 2-19 分别表示在不同阻尼比 ζ 时，旋转不平衡振动的响应幅值和相位。从图中可以发现，在旋转速度较低时（频率比 $\beta<<1$）时，离心力很小，所以系统的稳态位移也较小；高速旋转时（频率比 $\beta>>1$）时，X/X_0 趋于 1，即系统稳态位移是偏心距的 W/M 倍；当共振（频率比 $\beta=1$）时，如果阻尼比较小，振动会被急遽放大。工程上称共振时的转速（$\omega=\omega_n$）为转子的临界转速。

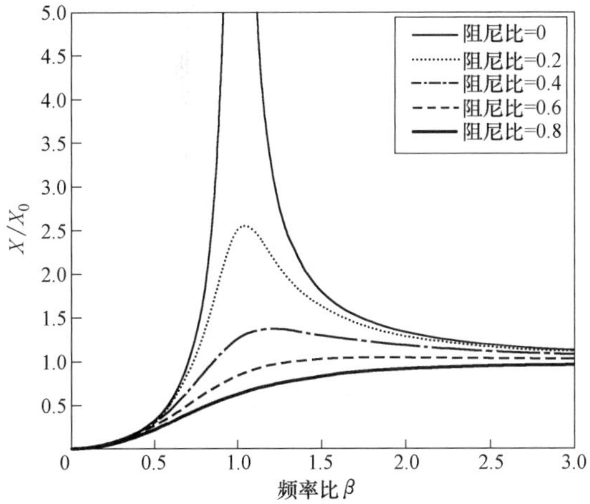

图 2-18　式（2-68）中 X/X_0 的幅值

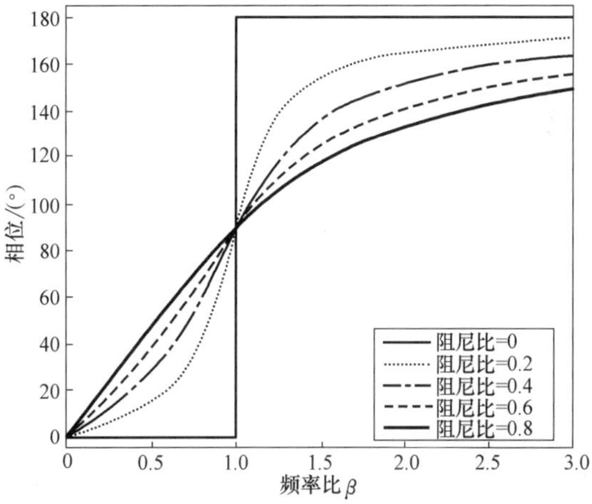

图 2-19　式（2-67）中旋转不平衡系统的相位

2.7　数值计算方法

在了解振动系统物理意义的基础上，也可以通过数值计算方法很简单地得到振动微分方程的数值解。

注意到单自由度系统在正弦简谐激励下的运动微分方程可统一表示为

$$m\ddot{x}(t)+c\dot{x}(t)+kx(t)=F_0\sin(\omega t) \tag{2-69}$$

与第 1 章类似，首先把式（2-69）转换为一阶微分方程组，假设

$$v(t)=\dot{x}(t) \tag{2-70}$$

则式（2-70）可表示为

$$m\dot{v}(t)+cv(t)+kx(t)=F_0\sin(\omega t) \tag{2-71}$$

式（2-71）可以重新表示为

$$\dot{v}(t)=\frac{F_0}{m}\sin(\omega t)-\frac{c}{m}v(t)-\frac{k}{m}x(t) \tag{2-72}$$

为了简便起见，定义向量 $\boldsymbol{y}$，令 $y_1(t)=x(t),y_2(t)=v(t)=\dot{x}(t)$，可得

$$\boldsymbol{y}=\begin{pmatrix}y_1(t)\\y_2(t)\end{pmatrix}=\begin{pmatrix}x(t)\\v(t)\end{pmatrix}=\begin{pmatrix}x(t)\\\dot{x}(t)\end{pmatrix} \tag{2-73}$$

对式（2-73）进行求导，并利用式（2-70）和式（2-72），可得

$$\dot{\boldsymbol{y}}=\begin{pmatrix}\dot{y}_1(t)\\\dot{y}_2(t)\end{pmatrix}=\begin{pmatrix}\dot{x}(t)\\\ddot{x}(t)\end{pmatrix}=\begin{pmatrix}y_2(t)\\\dfrac{F_0}{m}\sin(\omega t)-\dfrac{c}{m}y_2(t)-\dfrac{k}{m}y_1(t)\end{pmatrix} \tag{2-74}$$

例 2-10 通过数值计算方法重新计算例 2-1。

解： 由例 2-1 可知，系统质量 $m=2\text{kg}$，刚度 $k=8\text{N/m}$，阻尼系统 $c=0$。激励力幅值和频率分别为 $F_0=1\text{N}$ 和 $\omega=2.5\text{rad/s}$。利用这些参数，编写一个函数文件 forced. m 用于保存式（2-74）等号右侧的向量，具体 MATLAB 程序如下：

```
function yp=forced(t,y)
m=2;
k=8;
c=0;
f=1;
w=2.5;
yp=[y(2);(((f/m)*sin(w*t))-((c/m)*y(2))-((k/m)*y(1)))];
```

下一步，编写主程序来调用上述函数文件，具体如下：

```
clear all,close all
tspan=[0 20];
y0=[0.1;0.1];
[t,y]=ode45('forced',tspan,y0);
plot(t,y(:,1),'k','linewidth',2);
xlabel('时间/s')
ylabel('位移/m')
```

在上述程序中，向量 y(:,1) 代表位移 $x(t)$，如果把程序中 y(:,1) 修改为 y(:,2)，则可得到速度 $\dot{x}(t)$。运行该主程序，可得结果如图 2-20a 所示，显然，该结果与图 2-4 中的正弦激励响应完全相同。在主程序中设置初始条件 y0=[0;0]，可得零初始条件下的响应，如图 2-20b 所示。

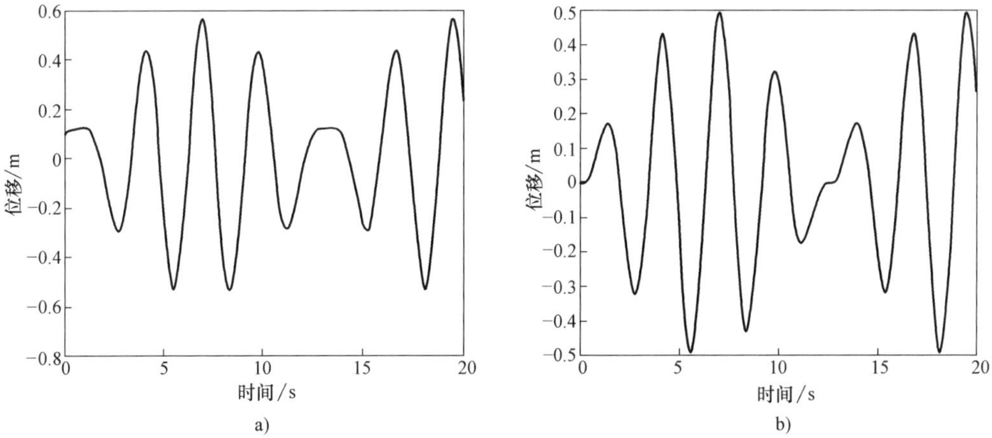

图 2-20　不同初始条件时正弦激励下的响应

a）$x_0=0.1\text{m}$ 和 $v_0=0.1\text{m/s}$　b）零初始条件

如果需要求解余弦激励方程 $m\ddot{x}(t)+c\dot{x}(t)+kx(t)=F_0\cos(\omega t)$，只要把函数文件 forced. m 中最后一行中的“sin”修改为“cos”即可，结果如图 2-21 所示。对比图 2-20 和图 2-21 可以发现，正弦激励和余弦激励下的响应有所不同。

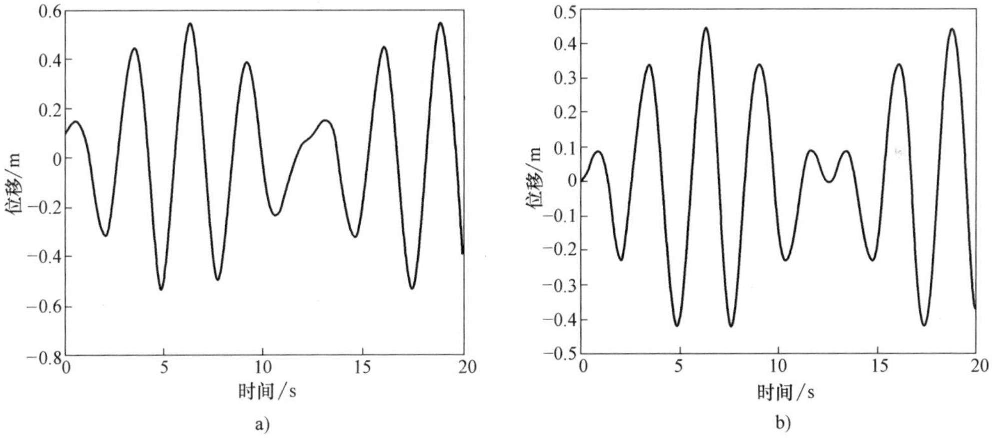

图 2-21　不同初始条件时余弦激励下的响应

a）$x_0=0.1\text{m}$ 和 $v_0=0.1\text{m/s}$　b）零初始条件

2.8　状态空间方法

也可以通过状态空间方法求解振动系统的响应，对于单自由度系统的自由振动方程 $m\ddot{x}(t)+c\dot{x}(t)+kx(t)=f(t)$，引入状态向量 $\boldsymbol{x}$，即

$$\boldsymbol{x}=\begin{pmatrix} x(t) \\ \dot{x}(t) \end{pmatrix} \tag{2-75}$$

则方程 $m\ddot{x}(t)+c\dot{x}(t)+kx(t)=f(t)$ 可表示为矩阵形式，即

$$\dot{\boldsymbol{x}}=\begin{pmatrix}\dot{x}\\ \ddot{x}\end{pmatrix}=\begin{pmatrix}0 & 1\\ -\dfrac{c}{m} & -\dfrac{k}{m}\end{pmatrix}\begin{pmatrix}x\\ \dot{x}\end{pmatrix}+\begin{pmatrix}0\\ \dfrac{1}{m}\end{pmatrix}f(t)=\boldsymbol{A}\boldsymbol{x}+\boldsymbol{B}u \tag{2-76}$$

式中，状态矩阵 $\boldsymbol{A}=\begin{pmatrix}0 & 1\\ -\dfrac{c}{m} & -\dfrac{k}{m}\end{pmatrix}$；输入矩阵 $\boldsymbol{B}=\begin{pmatrix}0\\ \dfrac{1}{m}\end{pmatrix}$；$u=f(t)$。

如果要输出位移响应，则输出矩阵 $\boldsymbol{C}=(1,0)$，即

$$y_{\mathrm{d}}=(1,0)\begin{pmatrix}x\\ \dot{x}\end{pmatrix}=x \tag{2-77}$$

如果要输出速度响应，则输出矩阵 $\boldsymbol{C}=(0,1)$，即

$$y_{v}=(0,1)\begin{pmatrix}x\\ \dot{x}\end{pmatrix}=\dot{x} \tag{2-78}$$

需要指出的是，尽管数值计算方法和状态空间方法计算简单，但是如果要深入了解振动系统的物理意义，还是要通过公式推导，并基于解析解进行。

例 2-11 通过状态空间方法重新计算例 2-1 中正弦激励的响应。

解：具体 MATLAB 程序如下：

```
clear all,close all
m=2;c=0;k=8;w=2.5;
A=[0 1;-k/m-c/m];
C=[1 0];
B=[0;1/m];
D=[];
sys=ss(A,B,C,D);
t=linspace(0,20,1e3);
u=sin(w*t);
x0=[0.1,0.1];
[y,t]=lsim(sys,u,t,x0);
plot(t,y,'k','linewidth',2)
xlabel('时间/s')
ylabel('位移/m')
```

运行上述程序，所得结果如图 2-22a 所示，显然，通过状态空间方法所得结果与解析解完全相同。在该程序中，通过 lsim 函数来计算系统 sys 的响应。该函数的常见用法如下：

```
[y,t]=lsim(sys,u,t)
```

lsim 函数中参数的具体含义如下：sys 为通过状态空间方法建立的模型；t 为时间向量；u 为与时间向量对应的输入（激励）响应；y 为模型 sys 的输出。

通过 lsim 函数，可以很简便地计算不同激励时的响应，例如对于余弦激励，把程序中的

```
u=sin(t*w);
```

替换为

```
u=cos(t*w);
```

即可得到系统的余弦激励响应，如图 2-22b 所示。

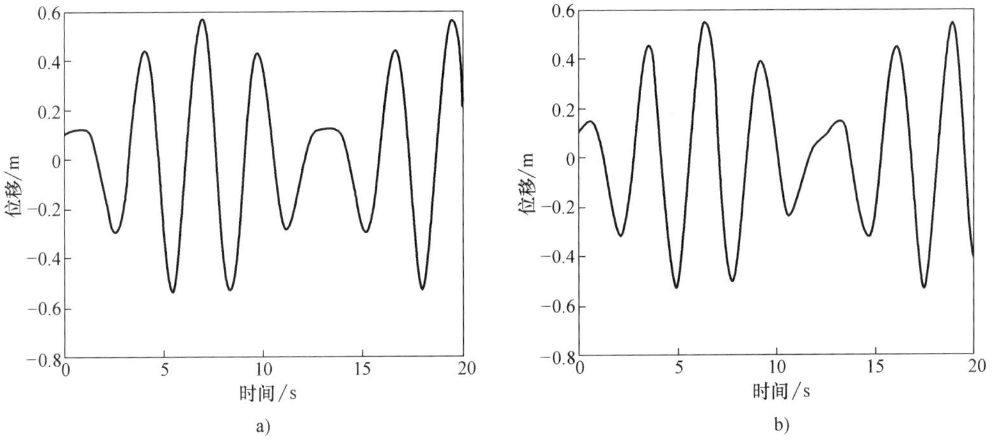

图 2-22　通过状态空间方法计算系统的响应

a）正弦激励　b）余弦激励

例 2-12　通过状态空间方法重新计算例 2-2。

解： 在例 2-2 中，系统发生共振，所以激励力频率等于系统固有频率。可以在例 2-11 的 MATLAB 程序基础上，稍做修改即可得到通过状态空间方法计算的 MATLAB 程序如下：

```
clear all,close all
m=2;c=0;k=8;w=sqrt(k/m);
A=[0 1;-k/m -c/m];
C=[1 0];
B=[0;1/m];
D=[];
sys=ss(A,B,C,D);
t=linspace(0,50,1e4);
u1=sin(t*w);
u2=cos(t*w);
x0=[0.1,0.1];
[y1,t]=lsim(sys,u1,t,x0);
[y2,t]=lsim(sys,u2,t,x0);
plot(t,y1,'k','linewidth',2)
hold on
plot(t,y2,'k:','linewidth',2)
xlabel('时间/s')
ylabel('位移/m')
legend('正弦激励','余弦激励',2)
```

运行上述程序，所得结果如图 2-23 所示。

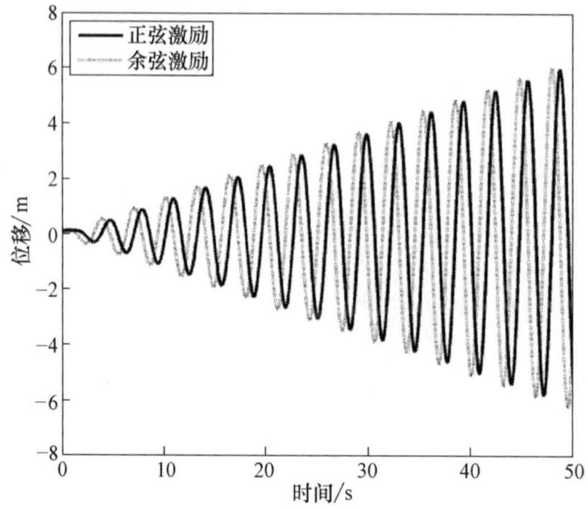

图 2-23　通过状态空间方法计算共振响应

例 2-13　通过状态空间方法重新计算例 2-3 的总响应。

解：由例 2-3 可知，系统固有频率 $\omega_n = 10\text{rad/s}$，质量 $m = 1\text{kg}$，阻尼比 $\zeta = 0.05$，激励力 $f(t) = \sin(t)$。还是可以在例 2-11 的 MATLAB 程序基础上，稍做修改即可得到通过状态空间方法的 MATLAB 程序：

```
clear all,close all
m=1;
wn=10;
k=wn^2*m;
zeta=0.05;
c=2*zeta*sqrt(m*k);
w=1;
A=[0 1;-k/m -c/m];
C=[1 0];
B=[0;1/m];
D=[];
sys=ss(A,B,C,D);
t=linspace(0,25,1e3);
u=cos(t*w);
x0=[0.,0.];
[y,t]=lsim(sys,u,t,x0);
plot(t,y,'k','linewidth',2)
xlabel('时间/s')
ylabel('位移/m')
```

运行上述程序，所得结果如图 2-24 所示。可以发现该结果与图 2-9 中总响应的计算结果完全一致。

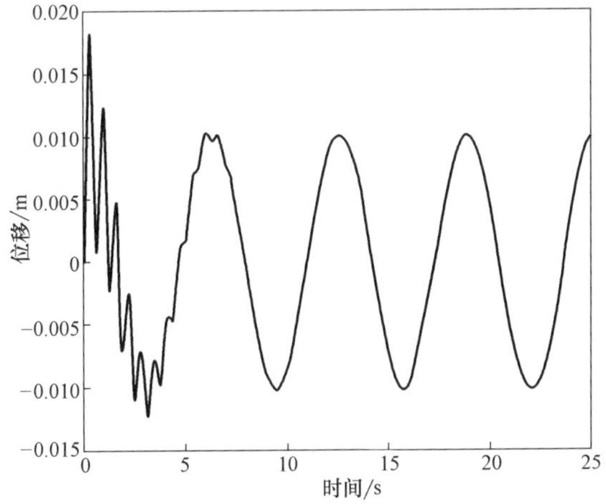

图 2-24 阻尼系统的强迫振动响应

2.9 利用振动典型案例

在很多情况下，振动是有害的，例如动力机械、桥梁、建筑物中，振动会产生噪声、疲劳等问题。但是振动也有有利方面，并且在很多工程应用领域得到了广泛应用。事实上，在远古时期，人们就注意到振动能够发声的现象，并利用振动制造了各种乐器。历史上这种案例层出不穷，例如我国东汉知名科学家张衡利用振动原理制造了地动仪。

而在日常生活中，扬声器（图 2-25a）是最常见的利用振动发声的案例。常见的还有电动牙刷（图 2-25b），其利用高频振动清洁牙齿。而手机的振动模式也为人们的生活带来了极大方便。工业中常见的利用振动的设备有振动筛选机、振动输送机、打桩机和振动打磨机等。

a)

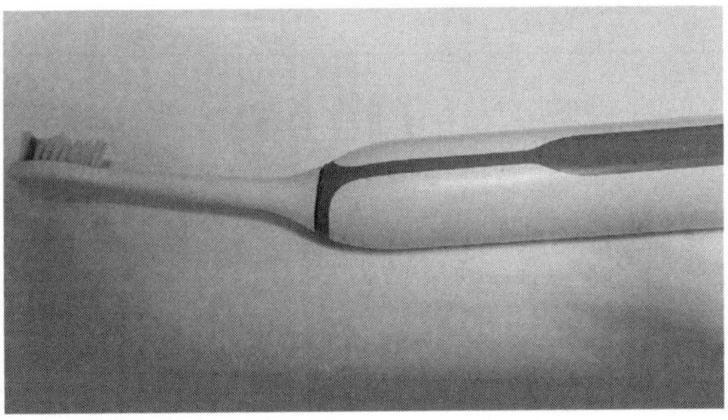

b)

图 2-25 日常生活中常见的利用振动的案例

a）扬声器 b）电动牙刷

近年来，随着电子产品的普及，电子产品的振动试验也越来越受到重视。振动试验是仿真产品在运输、安装及使用环境中所遭遇到的各种振动环境影响，借此来判定产品是否能承受各种环境振动的能力，例如汽车电子耐振动能力评估。常见的振动试验仪器包括激振器和加速度计，如图 2-26 所示。

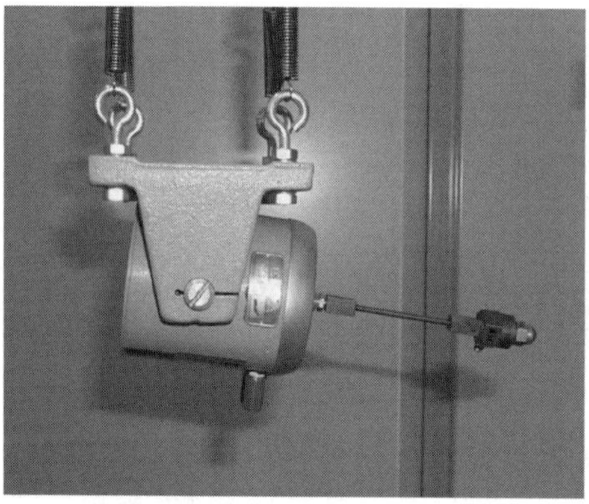

a)

b)

图 2-26　常见的振动试验仪器

a）激振器　b）加速度计

习　题

2-1　设有一无阻尼单自由度系统，其固有频率为 ω_n，受到激励力 $f(t)=F_0\sin(2t)$ 的作用，计算表 2-1 所示的不同初始条件、固有频率、激励力幅值 F_0 时的完整响应。

表 2-1　不同初始条件、固有频率、激励力幅值 F_0

参数	x_0	v_0	F_0	ω_n
算例 a	0.1	0.1	0.1	1
算例 b	-0.1	0.1	0.1	2
算例 c	0.1	0.1	1.0	3
算例 d	0.1	0.1	0.1	4
算例 e	1	0.1	0.1	5

2-2　设有一无阻尼单自由度系统，其固有频率 $\omega_n=2\text{rad/s}$，受到激励力 $f(t)=F_0\sin(4t)$ 和 $f(t)=F_0\cos(4t)$ 作用，计算其在零初始条件下的完整响应，并比较其区别。

2-3　设有一无阻尼单自由度系统，已知刚度 $k=1000\text{N/m}$，质量 $m=10\text{kg}$，受到正弦激励，激励力幅值 $F_0=100\text{N}$，频率为 8.162rad/s，初始条件 $x_0=0.01\text{m}$，$v_0=0.01\text{m/s}$，计算并绘制响应曲线。

2-4　一无阻尼单自由度系统，已知其质量 $m=1\text{kg}$，阻尼比 $\zeta=0.01$，固有频率为 2rad/s。受到正弦激励，激励力幅值 $F_0=3\text{N}$，频率为 10rad/s，初始条件 $x_0=1\text{m}$，$v_0=1\text{m/s}$，计算并绘制响应曲线。

2-5　有一弹簧-质量-阻尼系统，已知其质量 $m=100\text{kg}$，刚度 $k=30\times10^3\text{N/m}$，阻尼系数 $c=1000\text{N}\cdot\text{s/m}$，在静止时位于静平衡位置，假设该系统受到正弦激励，外激励力幅值和频率分别为 80N 和 3rad/s，计算其稳态响应。

2-6　计算习题 2-5 包括其瞬态响应在内的总响应。

2-7　有一弹簧-质量-阻尼系统，已知其质量 $m=100\text{kg}$，刚度 $k=2000\text{N/m}$，阻尼系数

$c=200\mathrm{N\cdot s/m}$，在静止时位于静平衡位置，假设该系统受到正弦激励，外激励力幅值和频率分别为15N和10rad/s。该系统的初始条件为 $x_0=0.01\mathrm{m}$，$v_0=0.1\mathrm{m/s}$，计算其响应，并计算经过多少时间后其瞬态响应幅值下降到初始位移的0.1%。

2-8 把汽车简化为一弹簧-质量-阻尼系统，假设路面不平度可通过 $y(t)=0.01\sin(5.818t)$(m) 表示，假设汽车的等效刚度 $k_{eq}=4\times10^5\mathrm{N/m}$，阻尼系数 $c=40\times10^3\mathrm{N\cdot s/m}$，车架质量 $m=1007\mathrm{kg}$，计算汽车车架的绝对位移。

2-9 已知一单自由度系统，已知其激励力频率与固有频率之比 β 等于1.1，要求其振动传递率小于0.55，请问：

1）如何设计该系统的阻尼比？

2）阻尼比与振动传递率的关系如何？

2-10 假设一架飞机的起落架可以简化为单自由度系统，在降落时空载质量为13236kg，满载时质量为21523kg。假设起落架最大变形为0.5m，此时的振动频率为35rad/s，阻尼比为0.1，刚度为 $4.22\times10^6\mathrm{N/m}$。比较其在空载和满载时的振动传递率。

2-11 对于旋转不平衡问题，当阻尼比 $\zeta=0.05$ 时，计算振动响应与频率比之间的关系。

2-12 考虑图2-17所示的旋转不平衡问题，已知系统总质量 $M=120\mathrm{kg}$，刚度 $k=800\mathrm{kN/m}$，阻尼系数 $c=500\mathrm{N\cdot s/m}$。当转速为3000r/min时，其不平衡力为374N。试：

1）计算旋转不平衡产生的位移。

2）假设不平衡质量为总质量的1%，计算其不平衡距离 e。

3）计算并绘制其响应曲线。

2-13 对于一个加速度计，已知其质量 $m=0.04\mathrm{kg}$，测量频率为0~50Hz，测量误差小于5%，计算其刚度与阻尼系数。

2-14 已知一个加速度计的阻尼系数 $c=50\mathrm{N\cdot s/m}$，选择质量和刚度，使测量频率为0~75Hz时的测量误差小于3%。

2-15 已知一个加速度计的固有频率为120kHz，阻尼比为0.2，计算测量频率为0~10kHz时的测量误差。

2-16 已知一个加速度计的固有频率为250Hz，测量频率为0~50Hz，计算测量误差最小时的最佳阻尼比。

2-17 假设一基础激励系统，受到正弦基础激励 $y=Y\sin(\omega t)$，求解其稳态响应。

2-18 有一弹簧-质量-阻尼系统，已知其质量 $m=100\mathrm{kg}$，刚度 $k=20000\mathrm{N/m}$，阻尼系数 $c=200\mathrm{N\cdot s/m}$，在静止时位于静平衡位置，外激励力的频率和幅值分别为10rad/s和150N，初始条件为 $x_0=0.01\mathrm{m}$ 和 $v_0=0.1\mathrm{m/s}$，分别通过解析解和数值解进行编程，并比较结果。

2-19 有一弹簧-质量-阻尼系统，已知质量 $m=150\mathrm{kg}$，刚度 $k=4000\mathrm{N/m}$，在静止时位于静平衡位置，假设该系统受到正弦激励，外激励力幅值和频率分别为15N和10rad/s。该系统的初始条件为 $x_0=0.01\mathrm{m}$，$v_0=0.1\mathrm{m/s}$。现在要求在3s后响应幅值下降为原来的0.1%，其阻尼系数 c 应不大于多少？分别通过解析解和数值解进行编程，并比较结果。

2-20 有一无阻尼弹簧-质量系统，已知其质量 $m=100\mathrm{kg}$，刚度 $k=2000\mathrm{N/m}$，假设该系统受到正弦激励，外激励力幅值 $F_0=10\mathrm{N}$，激励力频率10rad/s，计算：

1）零初始条件下的响应。

2）初始条件为 $x_0 = 0.05\text{m}$，$v_0 = 0\text{m/s}$ 时的响应。

2-21　有一系统如图 2-27 所示，其中杠杆的质量忽略不计。已知其质量 $m = 25\text{kg}$，刚度 $k = 2000\text{N/m}$，阻尼系数 $c = 25\text{N}\cdot\text{s/m}$，受到外力 $f(t) = 50\cos(2\pi t)$ 的激励，假设其初始条件为零，分别通过解析方法和数值方法计算其响应。

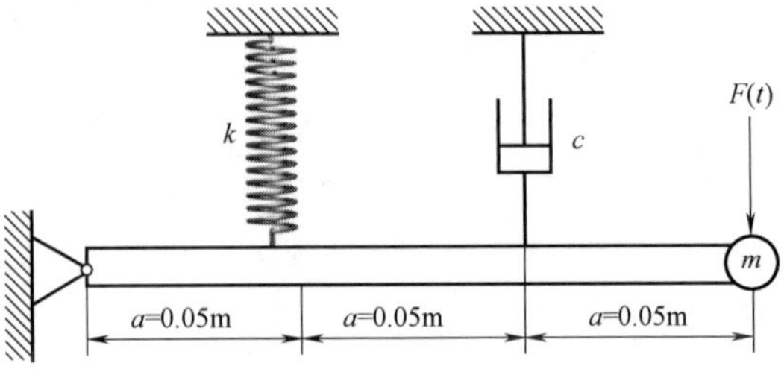

图 2-27　习题 2-21 图

2-22　有一无阻尼弹簧-质量系统，如图 2-28 所示。已知弹簧刚度 $k_1 = k_2 = 100\text{N/m}$，$k_3 = 500\text{N/m}$，质量 $m = 10\text{kg}$。受到外激励力 $f(t) = 5\sin(3t)$ 的激励，假设系统初始位移和初始速度如下，分别通过解析方法和数值方法计算下列初始条件时的响应：

1）初始条件为零。

2）$x_0 = 0\text{m}$，$v_0 = 0.1\text{m/s}$。

3）$x_0 = 0.01\text{m}$，$v_0 = 0\text{m/s}$。

4）$x_0 = 0.05\text{m}$，$v_0 = 0\text{m/s}$。

5）$x_0 = 0\text{m}$，$v_0 = 0.5\text{m/s}$。

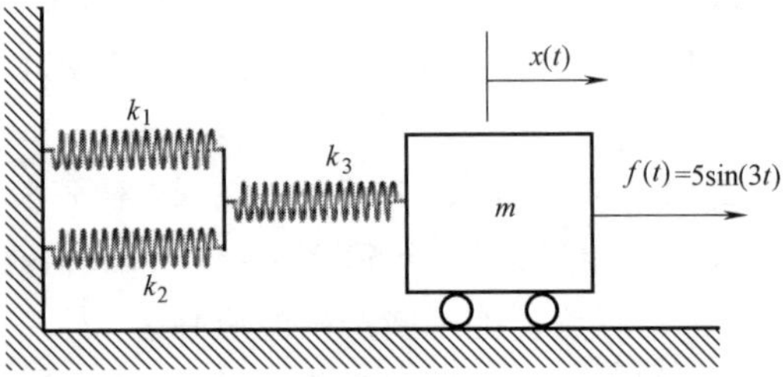

图 2-28　习题 2-22 图

2-23　已知一单自由度系统在正弦激励下振动，其质量 $m = 5\text{kg}$，刚度 $k = 1000\text{N/m}$，外激励频率 ω 为系统固有频率的 4 倍，初始条件为 $x_0 = 0$，$v_0 = 5\text{cm/s}$。通过状态空间方法计算其阻尼比 ζ 分别为 0、0.1、0.25、0.5、0.75 和 1.0 时的响应。

2-24　通过状态空间方法重新计算习题 2-20。

2-25　通过状态空间方法重新计算习题 2-22。

第3章

一般激励下的单自由度系统响应

在很多工程应用中，振动系统受到冲击激励、周期激励或者非周期激励等激励力。本章主要讨论单自由度振动系统受到一般激励时的响应。

3.1 脉冲激励的响应（impulse response）

单位脉冲函数（又称为 delta 函数）如图 3-1 所示，其定义为

$$\delta(t-t_0)=\begin{cases}\infty, & t=t_0\\ 0, & t\neq t_0\end{cases} \tag{3-1}$$

单位脉冲函数在时间［$-\infty$，$+\infty$］的积分等于 1，即

$$\int_{-\infty}^{+\infty}\delta(t-t_0)\,\mathrm{d}t=1 \tag{3-2}$$

假设有一弹簧-质量-阻尼系统，在 $t=t_0$ 时刻受到单位脉冲激励，如图 3-2 所示，假设在脉冲激励作用前，系统在静平衡位置处于静止状态，即初始条件为 $x(0)=0$，$v(0)=0$。显然，该系统的运动微分方程可表示为

$$m\ddot{x}(t)+c\dot{x}(t)+kx(t)=\delta(t-t_0) \tag{3-3}$$

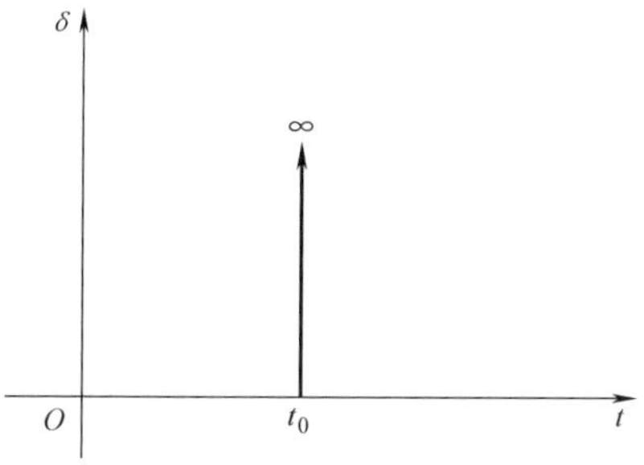

图 3-1　脉冲函数

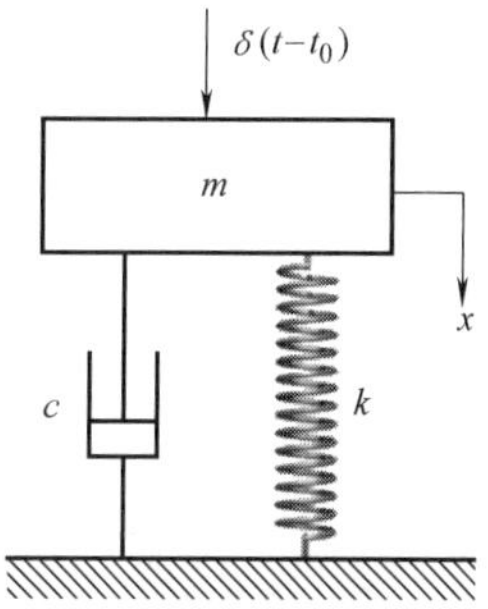

图 3-2　弹簧-质量-阻尼系统受到单位脉冲激励

注意到在冲击激励后，外力消失。即系统在 $t>t_0$ 时刻后，可以看成一个自由振动系统，所以式（3-3）可简化为

$$m\ddot{x}(t)+c\dot{x}(t)+kx(t)=0,\ t>t_0 \tag{3-4}$$

$$x(t_0^+)=A,\ \dot{x}(t_0^+)=B \tag{3-5}$$

式中，t_0^+ 表示冲击激励结束的时刻；系数 A 和 B 分别表示在 $t=t_0^+$ 时刻的质量块位移和速度。

下面讨论如何确定系数 A 和 B，由式（3-2）可知

$$\int_{-\infty}^{+\infty}\delta(t-t_0)\,\mathrm{d}t=\int_{t_0^-}^{t_0^+}\delta(t-t_0)\,\mathrm{d}t=1 \tag{3-6}$$

式中，$t=t_0^-$ 表示冲击激励开始的时刻。

由牛顿第二运动定律可知

$$\delta(t-t_0)=m\ddot{x}(t) \tag{3-7}$$

把式（3-7）代入式（3-6），可得

$$\int_{t_0^-}^{t_0^+} m\ddot{x}(t)\mathrm{d}t = m\dot{x}(t)\Big|_{t=t_0^-}^{t_0^+} = m\dot{x}(t_0^+) - m\dot{x}(t_0^-) = 1 \tag{3-8}$$

注意到假设在受到冲击激励前系统处于静平衡状态，即 $\dot{x}(t_0^-)=0$，所以由式（3-8）可知

$$m\dot{x}(t_0^+)=1,\ \dot{x}(t_0^+)=\frac{1}{m}=B \tag{3-9}$$

式（3-9）表明单位冲击激励产生的速度为其质量的倒数。进一步对式（3-9）进行积分可得

$$\int_{t_0^-}^{t_0^+} m\dot{x}(t)\mathrm{d}t = mx(t)\Big|_{t=t_0^-}^{t_0^+} = mx(t_0^+) - mx(t_0^-) = \int_{t_0^-}^{t_0^+} 1\mathrm{d}t = t_0^+ - t_0^- = 0 \tag{3-10}$$

注意到 $x(t_0^-)=0$（受到冲击激励前系统处于静止状态），因此由式（3-10）可得

$$mx(t_0^+)=0,\ x(t_0^+)=0=A \tag{3-11}$$

式（3-10）表明系统在受到单位冲击激励的时刻产生的位移为零。这是因为冲击激励在无限短时间内施加到系统上，该瞬时的系统位移保持不变，通过上述分析，可以把单位冲击激励下单自由度系统重新表示为

$$m\ddot{x}(t)+c\dot{x}(t)+kx(t)=0,\ t>t_0 \tag{3-12a}$$

$$x(t_0^+)=0,\ \dot{x}(t_0^+)=\frac{1}{m} \tag{3-12b}$$

为了简便起见，把 $t-t_0$ 设为零时刻，即

$$m\ddot{x}(t-t_0)+c\dot{x}(t-t_0)+kx(t-t_0)=0,\ t-t_0>0 \tag{3-13a}$$

$$x(0)=0,\ \dot{x}(0)=\frac{1}{m} \tag{3-13b}$$

显然，式（3-13）的解可以通过第 1 章中的式（1-38）得到。例如，对于欠阻尼系统（$\zeta<1$），其响应可表示为

$$x(t-t_0)=\begin{cases}0, & t-t_0<0\\ \dfrac{\exp[-\zeta\omega_\mathrm{n}(t-t_0)]}{m\omega_\mathrm{d}}\sin[\omega_\mathrm{d}(t-t_0)], & t-t_0\geqslant 0\end{cases} \tag{3-14}$$

在振动分析中，通常用 $h(t)$ 来表示单位冲击激励的响应，称之为单位冲击响应函数（unit impulse response function），即

$$h(t-t_0)=\begin{cases}0, & t-t_0<0\\ \dfrac{\exp[-\zeta\omega_\mathrm{n}(t-t_0)]}{m\omega_\mathrm{d}}\sin[\omega_\mathrm{d}(t-t_0)], & t-t_0\geqslant 0\end{cases} \tag{3-15}$$

从上述分析可以发现，也可以通过第 1 章的式（1-27）和式（1-43）来得到阻尼比 $\zeta \geqslant 1$ 或者 $\zeta = 0$ 时的单位冲击响应函数。

例 3-1 编写一个 MATLAB 程序，用于计算欠阻尼和无阻尼单自由度系统的冲击激励的响应。

解：欠阻尼和无阻尼单自由度系统的单位冲击激励的响应可以通过式（3-14）计算得到。由于该系统的物理参数以及冲击激励未知，所以在编程时需要通过对话框输入相应参数。设系统的默认参数为：质量 $m=2\text{kg}$，刚度 $k=8\text{N/m}$，阻尼系数 $c=0.2\text{N}\cdot\text{s/m}$，在 $t_0=0$ 时刻受到幅值 $F_0=1\text{N}$ 的冲击激励，具体 MATLAB 程序如下：

```
%  Impulse response of a SDOF system.
% This program is ued to plot the response of the system to an
% impulse of magnitude Fo.  The input variables are the mass m,
% the stiffness k,and the damping c.  The total time of the
% response is tf.
clear all,close all
prompt={'Enter stiffness:','Enter mass:','Enter damper:',...
    'Enter impulse force F0:','Enter excitation time t:'};
dlg_title='Input';
num_lines=1;
def={'8','2','0.2','1','0'};
answer=inputdlg(prompt,dlg_title,num_lines,def);
if isempty(answer)==1
    break,
else
    k=str2double(answer{1});
    m=str2double(answer{2});
    c=str2double(answer{3});
    Fo=str2double(answer{4});
    t0=str2double(answer{5});
end

w=sqrt(k/m);
tf=2*pi/w*20;
zeta=c/2/w/m;
if zeta>=1
    f=errordlg('Damping ratio >=1,please reduce the damper value',...
        'Reduce the damper! ');
    break
end
fo=Fo/m;

dt=2*pi/(40*w);
```

```
t=0:dt:tf;
wd=w*sqrt(1-zeta^2);
x=fo/wd.*exp(-zeta*w*t).*sin(wd*t);
figure(1)
if t0==0
    plot(t,x,'k','linewidth',2)
else
    t1=0:t0/100:t0;
    plot(t1,t1*0,'k','linewidth',2),hold on
    plot(t+t0,x,'k','linewidth',2)
end
xlim([0 tf+t0])
grid on
xlabel('时间/s')
ylabel('位移/m')
```


运行该程序，首先会出现一个图 3-3 所示的对话框，可以修改单自由度系统的参数。由于该程序只针对欠阻尼和无阻尼单自由度振动系统，如果输入的阻尼过大（阻尼比大于或等于 1），则会出现错误提示对话框（图 3-4），并结束程序运行。图 3-5 所示为输入不同参数时例 3-1 的计算结果。

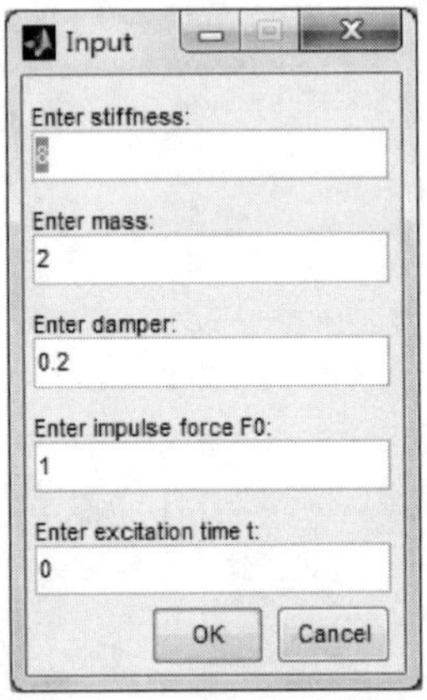

图 3-3　参数输入对话框

图 3-4　错误提示对话框

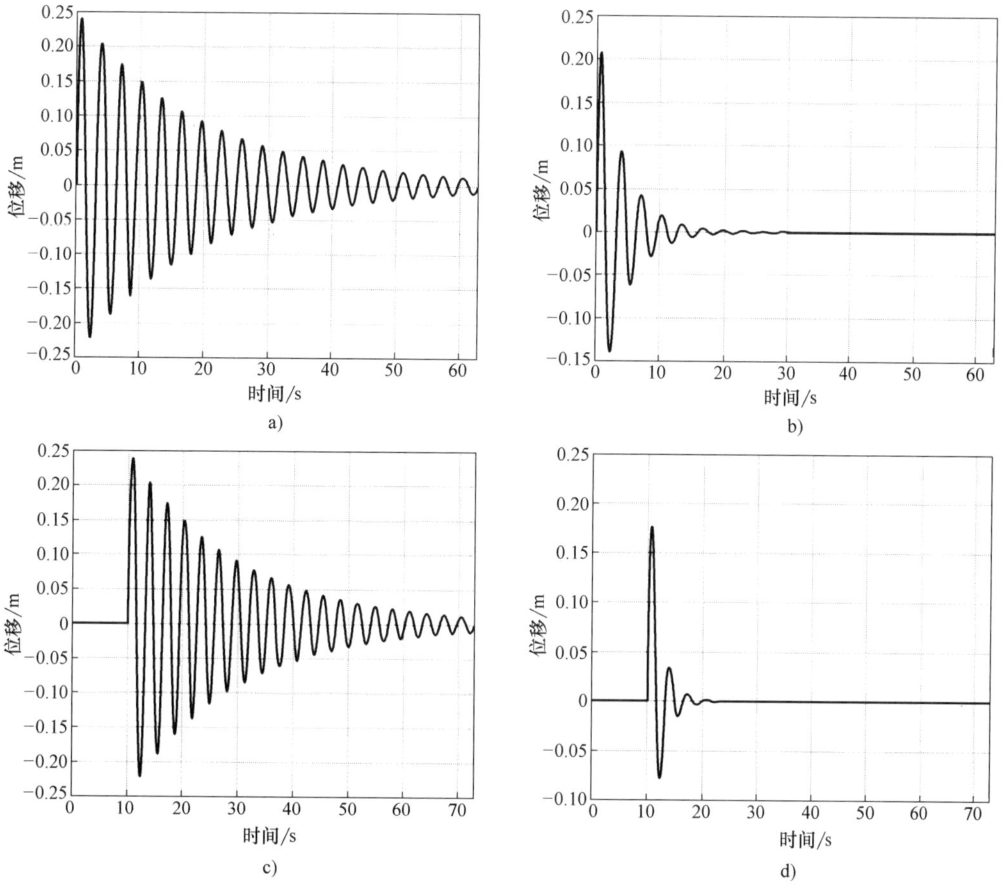

图 3-5　输入不同参数时例 3-1 的计算结果

a) $t=0\text{s}$，$c=0.2\text{N}\cdot\text{s/m}$　b) $t=0\text{s}$，$c=1\text{N}\cdot\text{s/m}$　c) $t=10\text{s}$，$c=0.2\text{N}\cdot\text{s/m}$　d) $t=10\text{s}$，$c=2\text{N}\cdot\text{s/m}$

3.2　叠加原理

对于一个线性振动系统，如果其激励为 $f(t)=f_1(t)+f_2(t)$，则其响应可表示为 $f_1(t)$ 的响应和 $f_2(t)$ 的响应之和，这称为叠加原理。考虑如图 3-6 所示的弹簧-质量-阻尼系统，同时受到 $f_1(t)$ 和 $f_2(t)$ 两个激励力作用，下面将通过叠加原理来分析其响应。

图 3-6 所示振动系统的运动微分方程可表示为

$$m\ddot{x}(t)+c\dot{x}(t)+kx(t)=f_1(t)+f_2(t) \tag{3-16}$$

假设 $x_1(t)$ 和 $x_2(t)$ 分别为激励力 $f_1(t)$ 和 $f_2(t)$ 的解，即

$$m\ddot{x}_1(t)+c\dot{x}_1(t)+kx_1(t)=f_1(t) \tag{3-17a}$$

$$m\ddot{x}_2(t)+c\dot{x}_2(t)+kx_2(t)=f_2(t) \tag{3-17b}$$

把式（3-17a）与式（3-17b）相加，可得

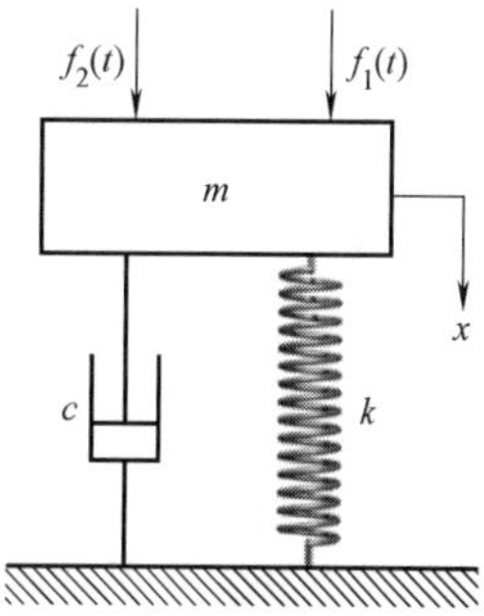

图 3-6　一个线性系统受到激励力 $f_1(t)$ 和 $f_2(t)$ 作用

$$
\begin{aligned}
&(m\ddot{x}_1(t)+c\dot{x}_1(t)+kx_1(t))+(m\ddot{x}_2(t)+c\dot{x}_2(t)+kx_2(t))\\
&=m(\ddot{x}_1(t)+\ddot{x}_2(t))+c(\dot{x}_1(t)+\dot{x}_2(t))+k(x_1(t)+x_2(t))\\
&=f_1(t)+f_2(t)
\end{aligned}\tag{3-18}
$$

令 $x(t)=x_1(t)+x_2(t)$，则式（3-18）可表示为

$$m\ddot{x}(t)+c\dot{x}(t)+kx(t)=f_1(t)+f_2(t)\tag{3-19}$$

式（3-16）~式（3-19）证明了叠加原理。需要指出的是，叠加原理只对线性系统成立。下面以一单摆为例进行说明，图 3-7 表示同时受到 $f_1(t)$ 和 $f_2(t)$ 两个激励力作用的单摆。其运动微分方程可表示为

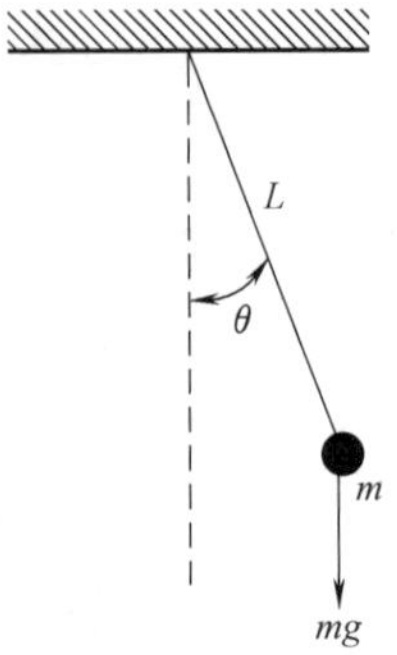

图 3-7　受到两个激励力作用的单摆

$$L\ddot{\theta}(t)+g\sin(\theta(t))=f_1(t)+f_2(t)\tag{3-20}$$

显然，这是一个非线性振动系统，设 θ_1 和 θ_2 分别为 $f_1(t)$ 和 $f_2(t)$ 的解，即

$$L\ddot{\theta}_1(t)+g\sin(\theta_1(t))=f_1(t)\tag{3-21a}$$

$$L\ddot{\theta}_2(t)+g\sin(\theta_2(t))=f_2(t)\tag{3-21b}$$

把式（3-21a）与式（3-21b）相加，可得

$$
\begin{aligned}
&L(\ddot{\theta}_1(t)+\ddot{\theta}_2(t))+g\sin(\theta_1(t)+\theta_2(t))=f_1(t)+f_2(t)\\
&\neq L\ddot{\theta}_1(t)+g\sin(\theta_1(t))+L\ddot{\theta}_2(t)+g\sin(\theta_2(t))
\end{aligned}\tag{3-22}
$$

显然，$\theta(t)=\theta_1(t)+\theta_2(t)$ 不是式（3-20）的解，也就是说，对于非线性振动系统，叠加原理不能成立。

例 3-2　对于图 3-6 所示振动系统，假设 $m=1\text{kg}$，$c=0.5\text{N}\cdot\text{s/m}$，$k=4\text{N/m}$，$f_1$ 和 f_2 均为冲击激励，幅值为 $f_1=f_2=1\text{N}$，而且 f_1 和 f_2 间隔 5s，计算其响应。

解： 首先，计算该系统的无阻尼固有频率 $\omega_n=\sqrt{\dfrac{k}{m}}=\sqrt{\dfrac{4}{1}}\text{rad/s}=2\text{rad/s}$。

随后计算其阻尼比 $\zeta=\dfrac{c}{2\sqrt{km}}=\dfrac{0.5}{2\sqrt{4}}=0.125$。

所以可得其阻尼固有频率 $\omega_d=\omega_n\sqrt{1-\zeta^2}=2\sqrt{1-0.125^2}\text{rad/s}=1.984\text{rad/s}$。

通过式（3-15），可以分别得到 f_1 和 f_2 作用下的响应，即

$$h_1(t)=\frac{\exp(-0.25t)}{1.984}\sin(1.984t),t>0\text{s}$$

$$h_2(t)=\frac{\exp[-0.25(t-5)]}{1.984}\sin[1.984(t-5)],t>5\text{s}$$

利用叠加原理，可以得到总响应，即

$$h_T(t)=\begin{cases}\dfrac{\exp(-0.25t)}{1.984}\sin(1.984t), & 0\text{s}<t<5\text{s}\\[2ex] \dfrac{\exp(-0.25t)}{1.984}\sin(1.984t)+\dfrac{\exp[-0.25(t-5)]}{1.984}\sin[1.984(t-5)], & t\geqslant 5\text{s}\end{cases}$$

上式的计算可以通过下面的 MATLAB 程序实现：

```
clear all,close all
t1=linspace(0,20,1e3);
t2=linspace(5,20,1e3);
h1=exp(-0.25*t1).*sin(1.984*t1)/1.984;
h2=exp(-0.25*(t2-5)).*sin(1.984*(t2-5))/1.984;
t3=linspace(0,5,1e3);
h3=zeros(1,1e3);

ht1=exp(-0.25*t3).*sin(1.984*t3)/1.984;
ht2=exp(-0.25*t2).*sin(1.984*t2)/1.984+exp(-0.25*(t2-5)).*sin(1.984*(t2-5))/1.984;
figure(1),
subplot(3,1,1),plot(t1,h1)
xlabel('{\itt}/s'),ylabel('{\ith}_1({\itt})')
subplot(3,1,2),plot([t3 t2],[h3 h2],'k')
xlabel('{itt}/s'),ylabel('{\ith}_2({\itt})'),xlim([0,20])
subplot(3,1,3),plot([t3 t2],[ht1 ht2],'k','linewidth',2)
xlabel('{\itt}/s'),ylabel('{\ith_T}({\itt})'),xlim([0,20])
```


图 3-8 所示为该系统的计算结果，其中前两条曲线分别表示 h_1 和 h_2 的单独响应，最后表示在激励 h_1 和 h_2 叠加后得到的总响应。

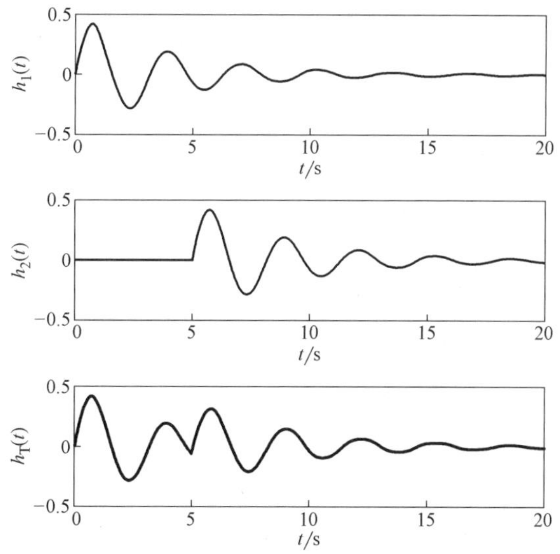

图 3-8 例 3-2 的计算结果

3.3 周期激励下的单自由度系统

如果激励力为一个周期函数，则可以通过傅里叶级数（Fourier series）结合叠加原理来计算其响应，即

$$F(t)=\frac{a_0}{2}+a_1\cos(\omega t)+a_2\cos(2\omega t)+\cdots+b_1\sin(\omega t)+b_2\sin(2\omega t)+\cdots$$

$$=\frac{a_0}{2}+\sum_{j=1}^{\infty}[a_j\cos(j\omega t)+b_j\sin(j\omega t)] \tag{3-23}$$

式中，$a_j=\frac{2}{T}\int_0^T F(t)\cos(j\omega t)\mathrm{d}t$；$b_j=\frac{2}{T}\int_0^T F(t)\sin(j\omega t)\mathrm{d}t$，$(j=0,1,2,\cdots)$；$T=2\pi/\omega$，表示周期。

通过式（3-23）可知，设有一线性弹簧-质量-阻尼系统受到周期力作用时，其运动微分方程可表示为

$$m\ddot{x}+c\dot{x}+kx=F(t)=\frac{a_0}{2}+\sum_{n=1}^{\infty}[a_n\cos(n\omega t)+b_n\sin(n\omega t)] \tag{3-24}$$

由叠加原理可知，式（3-24）可分解为

$$m\ddot{x}+c\dot{x}+kx=\frac{a_0}{2} \tag{3-25a}$$

$$m\ddot{x}+c\dot{x}+kx=a_n\cos(n\omega t) \tag{3-25b}$$

$$m\ddot{x}+c\dot{x}+kx=b_n\sin(n\omega t) \tag{3-25c}$$

显然，式（3-25）的解可分别表示为

$$x_{\mathrm{P}}(t)=\frac{a_0}{2k} \tag{3-26a}$$

$$x_{\mathrm{P}}(t)=\frac{a_n}{k}\frac{1}{\sqrt{(1-k^2\beta^2)^2+(2\zeta n\beta)^2}}\cos(n\omega t-\phi_n) \tag{3-26b}$$

$$x_{\mathrm{P}}(t)=\frac{b_n}{k}\frac{1}{\sqrt{(1-k^2\beta^2)^2+(2\zeta n\beta)^2}}\sin(n\omega t-\phi_n) \tag{3-26c}$$

$$\phi_n=\arctan\frac{2\zeta n\beta}{1-k^2\beta^2} \tag{3-27}$$

把上述解相加后，即可得到其在周期激励下的响应，即

$$x_{\mathrm{P}}(t)=\frac{a_0}{2k}+\sum_{n=1}^{\infty}\frac{a_n}{k}\frac{1}{\sqrt{(1-k^2\beta^2)^2+(2\zeta n\beta)^2}}\cos(n\omega t-\phi_n)+$$

$$\sum_{n=1}^{\infty}\frac{b_n}{k}\frac{1}{\sqrt{(1-k^2\beta^2)^2+(2\zeta n\beta)^2}}\sin(n\omega t-\phi_n) \tag{3-28}$$

由式（3-28）可以发现，当阻尼比 ζ 和谐波分量 n 较小时，响应出现较大峰值；随着谐波分量 n 的增加，$(2\zeta n\beta)^2$ 也随之增加，其幅值也随之降低。

例 3-3 设一弹簧-质量-阻尼系统，已知质量 $m=1\mathrm{kg}$，阻尼系数 $c=0.5\mathrm{N\cdot s/m}$，刚度 $1\mathrm{N/m}$，受到图 3-9 所示的方波激励，计算其稳态响应。

解： 由图 3-9 可以发现，该方波的周期和频率分别为

$$T=20\mathrm{s},\ \omega=\frac{2\pi}{T}=\frac{\pi}{10}\mathrm{rad/s}$$

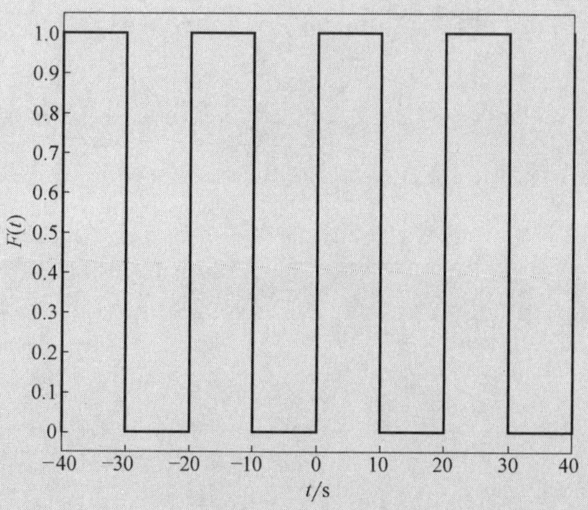

图 3-9　方波激励

所以激励力可表示为

$$F(t)=\begin{cases}1,0\text{s}\leqslant t+nT\leqslant 10\text{s}\\-1,10\text{s}\leqslant t+nT\leqslant 20\text{s}\end{cases}\quad n=-\infty,\cdots,-1,0,1,\cdots,+\infty \tag{3-29}$$

由傅里叶级数的定义可知，式（3-29）的傅里叶级数的系数可表示为

$$a_0=\frac{2}{T}\int_0^T F(t)\,\mathrm{d}t=\frac{2}{20}\left(\int_0^{10}\mathrm{d}t-\int_{10}^{20}\mathrm{d}t\right)=0.1[10-(20-10)]=0$$

$$\begin{aligned}a_n&=\frac{2}{T}\int_0^T F(t)\cos(n\omega t)\,\mathrm{d}t\\&=\frac{2}{20}\left[\int_0^{10}\cos\left(\frac{n\pi}{10}t\right)\mathrm{d}t-\int_{10}^{20}\cos\left(\frac{n\pi}{10}t\right)\mathrm{d}t\right]\\&=0.1\left[\frac{10}{n\pi}\sin\left(\frac{n\pi}{10}t\right)\Big|_{t=0}^{10}-\frac{10}{n\pi}\sin\left(\frac{n\pi}{10}t\right)\Big|_{t=10}^{20}\right]\\&=0\end{aligned}$$

$$\begin{aligned}b_n&=\frac{2}{T}\int_0^T F(t)\sin(n\omega t)\,\mathrm{d}t\\&=\frac{2}{20}\left[\int_0^{10}\sin\left(\frac{n\pi}{10}t\right)\mathrm{d}t-\int_{10}^{20}\sin\left(\frac{n\pi}{10}t\right)\mathrm{d}t\right]\\&=0.1\left[\frac{-10}{n\pi}\cos\left(\frac{n\pi}{10}t\right)\Big|_{t=0}^{10}-\frac{-10}{n\pi}\cos\left(\frac{n\pi}{10}t\right)\Big|_{t=10}^{20}\right]\\&=0.1\left\{\frac{-10}{n\pi}[\cos(n\pi)-1]+\frac{-10}{n\pi}[\cos(2n\pi)-\cos(n\pi)]\right\}\\&=\begin{cases}\dfrac{4}{n\pi},n\text{ 为奇数时}\\0,n\text{ 为偶数时}\end{cases}\end{aligned}$$

把上述系数代入式（3-23），则图 3-9 所示方波的傅里叶级数为

$$F(t) = b_1\sin(\omega t) + b_3\sin(3\omega t) + b_5\sin(5\omega t) + \cdots$$

$$= \sum_{n=1}^{\infty} b_n \sin(n\omega t) = \sum_{n=1}^{\infty} \frac{4}{n\pi}\sin\left(n\frac{\pi}{10}t\right) \quad n=1,3,5,\cdots \tag{3-30}$$

表 3-1 所列 MATLAB 程序可用于计算式（3-30），所得计算结果如图 3-10 所示。

表 3-1　计算式（3-30）的 MATLAB 源程序及注释

MATLAB 源程序	注释
clear all;close all;	清除工作空间的所有变量,并关闭所有图形
t=linspace(0,40,1e3);	生成从 0 到 40 平均分为 1000 个点的向量 t
as=0;	赋值 as 等于 0
for n=1:2:30	n 取奇数,即 n=1,3,5,7,…
as=as+1;	每循环一次,as 加 1
s(as,:)=4/n/pi * sin(n * pi * t/10);	计算式(3-30)
if as==1　S1=s;end	取式(3-30)的第 1 项
if as==2　S2=sum(s);end	取式(3-30)的前 2 项
if as==3　S3=sum(s);end	取式(3-30)的前 3 项
if as==15 S4=sum(s);end	取式(3-30)的前 15 项
end	结束循环
figure(1),	建立一个序号为 1 的图形窗口
plot(t,S1,'k','linewidth',2),hold on	绘制以数组 t 为横坐标、数组 S1 为纵坐标的线宽为 2 的黑实线,并保持当前图形
plot(t,S2,'b:','linewidth',2)	继续绘制以数组 t 为横坐标、数组 S2 为纵坐标的曲线
plot(t,S3,'g-.','linewidth',2)	继续绘制以数组 t 为横坐标、数组 S3 为纵坐标的曲线
plot(t,S4,'r--','linewidth',2)	继续绘制以数组 t 为横坐标、数组 S4 为纵坐标的曲线
w=pi/10;plot(t,sign(sin(w * t)),'b','linewidth',4)	绘制方波
legend('取第 1 项','取前 2 项','取前 3 项','取前 19 项')	对前 4 条曲线(S1、S2、S3 和 S4)进行标注
xlabel('{\itt}/s','fontsize',12);ylabel('{\itF}({\itt})','fontsize',12)	设置横坐标和纵坐标名称
title('方波的傅里叶级数')	加入图题

把所得傅里叶级数代入式（3-26）和式（3-27），即可得到方波激励下的响应。下列 MATLAB 程序用于计算该响应，图 3-11 所示为不同傅里叶级数项时系统的响应，图 3-12 所示为傅里叶级数各项对响应的贡献。显然，随着傅里叶级数的增加，对响应的贡献随之下降。

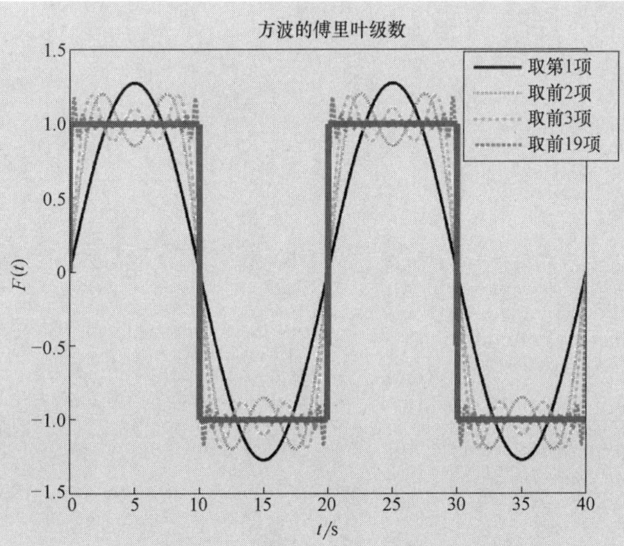

图 3-10　方波的傅里叶级数

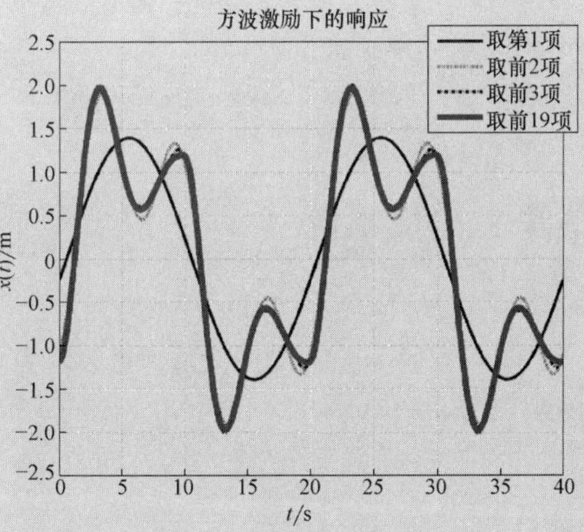

图 3-11　不同傅里叶级数时系统的响应

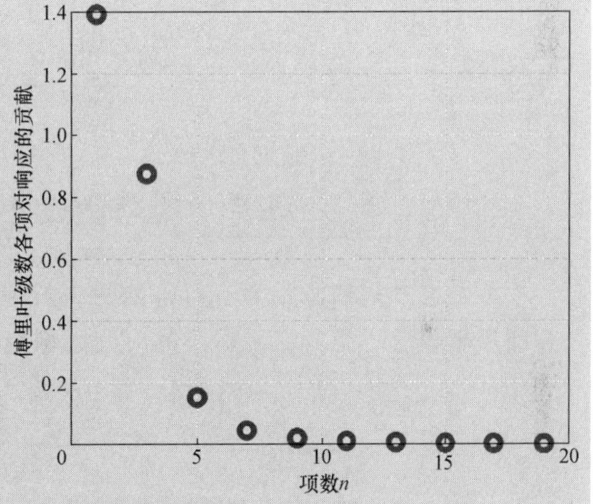

图 3-12　傅里叶级数各项对响应的贡献

```
% ************************************************************
% Periodic response of a dynamic system to a square input waveform
% ************************************************************
clear;close all;
m=1;c=0.5;k=1;% Parameters
wn=sqrt(k/m);
zi=c/wn/2;
w=pi/10;
t=linspace(0,40,1e3);
x=zeros(size(t));
r=w/wn;
for jj=1:2:19
a(jj)=4/pi/jj;
X(jj)=a(jj)/k/sqrt((1-jj^2*r^2)^2+(2*zi*jj*r)^2);% term in summation
phi(jj)=atan2(2*zi*jj*r,1-jj*jj*r*r);
```

```
x(jj+2,:)=x(jj,:)+X(jj)*sin(w*jj*t-phi(jj));
end
u=sign(sin(w*t));
figure(2)
%plot(t,x([3 5 7 21],:),t,sign(sin(w*t)),'k','linewidth',2);
plot(t,x(3,:),'k','linewidth',2);
hold on
plot(t,x(5,:),'k:','linewidth',2);
plot(t,x(7,:),'k-.','linewidth',2);
plot(t,x(19,:),'b','linewidth',4);
grid
legend('取第 1 项','取前 2 项','取前 3 项','取前 19 项')
xlabel('{\itt}/s','fontsize',12);ylabel('{\itx}({\itt})/m','fontsize',12)
title('方波激励下的响应','fontsize',12);
figure(3)
plot(1:2:19,X(1:2:19),'o','markersize',10,'linewidth',4);
grid
ylabel('傅里叶级数各项对响应的贡献','fontsize',12)
xlabel('项数\itn','fontsize',12)
```


3.4 复杂激励下的单自由度系统

本节考虑非周期激励力 $f(t)$，如图 3-13 所示。

利用微积分思想，在足够小的时间区域内（图 3-14），在 $t=\tau$ 时刻的激励力可表示为

$$df(t,\tau)=f(\tau)\,d\tau\,\delta(t-\tau)=f(\tau)\,\delta(t-\tau)\,d\tau \tag{3-31}$$

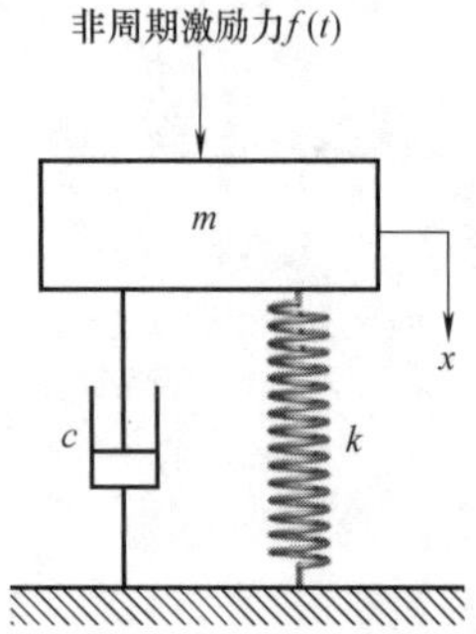

图 3-13 单自由度系统受到非周期激励

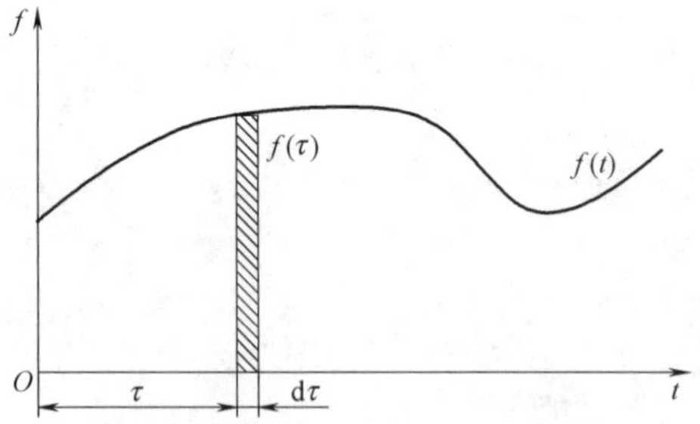

图 3-14 外激励力 $f(t)$

显然，在 $t=\tau$ 时刻的响应为

$$dx(t,\tau)=f(\tau)h(t-\tau)\,d\tau \tag{3-32}$$

当 $d\tau\to0$ 时，响应 $x(t)$ 可以通过卷积积分（Convolution integral）得到，即

$$x(t)=\int_0^t f(\tau)h(t-\tau)\,d\tau==\int_0^t f(t-\tau)h(\tau)\,d\tau \tag{3-33}$$

卷积积分［式（3-33）］又称为杜哈梅（Duhamel）积分。利用式（3-33）可求得任意

时刻之后系统由瞬态激励引起的响应。杜哈梅积分是在系统为零初始条件下得到的，一般情况下，系统的完整响应还应包含由初始条件引起的响应部分，例如对于欠阻尼系统，完整响应为

$$x(t)=\exp(-\zeta\omega_n t)[A_1\cos(\omega_d t)+A_2\sin(\omega_d t)]+\int_0^t f(t-\tau)h(\tau)\mathrm{d}\tau \tag{3-34}$$

式中，$A_1=x_0$；$A_2=\dfrac{v_0+\zeta\omega_n x_0}{\omega_d}$。

例 3-4　在图 3-13 中，在 $t=0$ 时刻，有一阶跃力作用 $F_0=\begin{cases}0, & t<0\\ F_0, & t\geqslant 0\end{cases}$，假设其阻尼系数 $0\leqslant c<1$，计算其响应。

解：首先分析系统无阻尼时的响应。当该系统的阻尼系数 $c=0$ 时，图 3-13 的运动微分方程与初始条件可表示为

$$m\ddot{x}+kx=F_0 \tag{3-35a}$$

$$\dot{x}(0)=x(0)=0 \tag{3-35b}$$

当系统的阻尼系数 $c=0$ 时，阻尼比 $\zeta=0$，并且 $\omega_d=\omega_n$。由式（3-15）可知，其单位冲击激励的响应可表示为

$$h(t-\tau)=\frac{1}{m\omega_n}\sin[\omega_n(t-\tau)] \tag{3-36}$$

利用卷积积分，把式（3-36）代入式（3-34），可得

$$\begin{aligned}x(t)&=\int_0^t\frac{F_0}{m\omega_n}\sin[\omega_n(t-\tau)]\mathrm{d}\tau=\frac{F_0}{m\omega_n}\frac{1}{\omega_n}\cos[\omega_n(t-\tau)]\Big|_{\tau=0}^{t}\\&=\frac{F_0}{m\omega_n^2}\{\cos[\omega_n(t-t)]-\cos(\omega_n t)\}=\frac{F_0}{m\omega_n^2}[1-\cos(\omega_n t)]\end{aligned} \tag{3-37}$$

注意到固有频率 $\omega_n^2=\dfrac{k}{m}$，所以该方程的解又可进一步表示为

$$x(t)=\frac{F_0}{k}[1-\cos(\omega_n t)] \tag{3-38}$$

如果阻尼 $c>0$，则其运动微分方程和初始条件可重新表示为

$$m\ddot{x}+c\dot{x}+kx=F_0 \tag{3-39a}$$

$$\dot{x}(0)=x(0)=0 \tag{3-39b}$$

由式（3-15）可知，其单位冲击激励的响应为

$$h(t-t_0)=\begin{cases}0, & t-t_0<0\\ \dfrac{\exp[-\zeta\omega_n(t-t_0)]}{m\omega_d}\sin[\omega_d(t-t_0)], & t-t_0\geqslant 0\end{cases}$$

利用卷积积分［式（3-33）］，可得

$$x(t)=\int_0^t F_0 h(t-\tau)\mathrm{d}\tau$$
$$=\int_0^t \frac{F_0}{m\omega_d}\exp[-\zeta\omega_n(t-\tau)]\sin[\omega_d(t-\tau)]\mathrm{d}\tau$$
$$=\frac{F_0}{k}\left[1-\frac{\exp(-\zeta\omega_n t)}{\sqrt{1-\zeta^2}}\cos(\omega_d t-\phi)\right] \tag{3-40}$$

式中，$\phi=\arctan\dfrac{\zeta}{\sqrt{1-\zeta^2}}$。

例 3-5 在例 3-4 中，假设系统受到突加稳态力 $F_0=\begin{cases}0\mathrm{N}, & t<0\mathrm{s}\\ 1\mathrm{N}, & t\geqslant 0\mathrm{s}\end{cases}$ 的作用，如果系统的质量 $m=1\mathrm{kg}$，刚度 $k=1\mathrm{N/m}$，阻尼比 ζ 分别为 0、0.1 和 0.2，计算其响应。

解：在式（3-40）中，如果阻尼比 ζ 等于零，则式（3-40）简化为式（3-38），所以在通过 MATLAB 编程计算时，可以统一用式（3-40）来计算无阻尼或者欠阻尼系统在受到突加稳态力时的响应，具体 MATLAB 程序如下：

```
clear all,close all
m=1;
k=1;
F0=1;
wn=sqrt(k/m);
tf=20;
t=0:tf/1000:tf;
zt=[0 0.1 0.2];
for sc=1:3
zeta=zt(sc);
wd=wn*sqrt(1-zeta^2);

theta=atan(zeta/sqrt(1-zeta^2));
x=F0./k*(1-exp(-zeta*wn*t)/sqrt(1-zeta^2).*cos(wd*t-theta));
figure(1)
if sc==1 plot(t,x,'k','linewidth',2),hold on,end
if sc==2 plot(t,x,'b:','linewidth',2),end
if sc==3 plot(t,x,'g-.','linewidth',2),end
end
xlabel('时间/s')
ylabel('幅值/m')
legend('阻尼比=0','阻尼比=0.1','阻尼比=0.2')
```

上述程序的计算结果如图 3-15 所示，从图中可以发现，在受到突加稳态力作用时，其最大幅值可以达到稳态幅值的 2 倍。

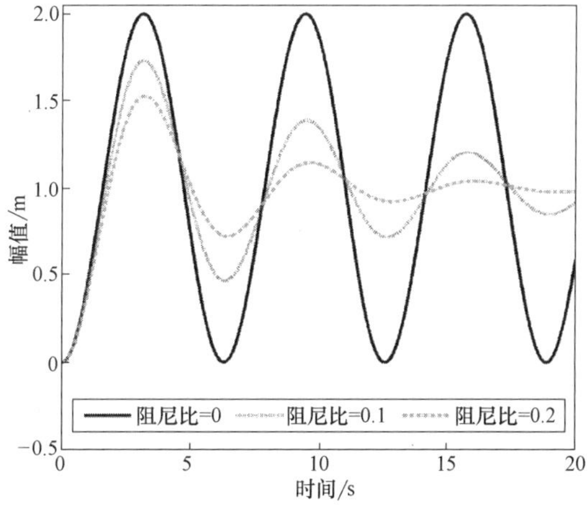

图 3-15　不同阻尼比时单自由度系统受到突加稳态力时的响应

例 3-6　如图 3-16 所示的无阻尼单自由度系统中，在 $t=t_0$ 时刻受到激励力 $f(t)=F_0\sin(\omega t)$ 的作用，假设系统在 $t<t_0$ 时处于静止状态，计算该系统在阻尼比 $\zeta=0$ 时的响应。

解：需要注意的是，在本例中，系统受到的激励力并不是简谐力，因为本题中激励力的表达式为

$$f(t)=\begin{cases}0, & t<t_0\\ F_0\sin(\omega t), & t\geqslant t_0\end{cases}$$

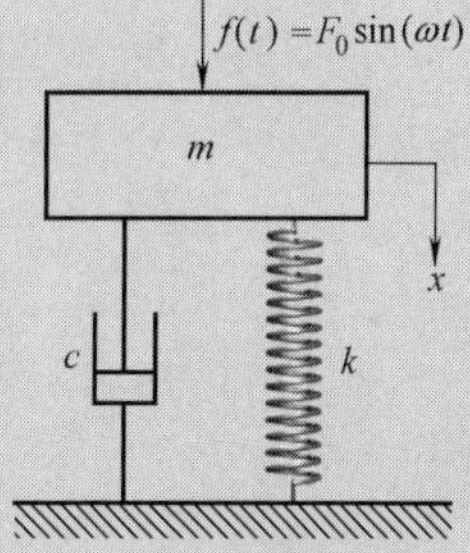

图 3-16　单自由度系统在 $t=0$ 时刻受到外激励力 $f(t)=F_0\sin(\omega t)$ 作用

设 $t'=t-t_0$，由于阻尼比为 0，所以该系统的运动微分方程和初始条件可表示为

$$m\ddot{x}(t')+kx(t')=F_0\sin(\omega t'),\ t'=t-t_0\geqslant 0 \tag{3-41a}$$

$$\dot{x}(0)=x(0)=0 \tag{3-41b}$$

利用式（3-15），系统受到冲击激励的响应为

$$h(t'-\tau)=\frac{1}{m\omega_n}\sin[\omega_n(t'-\tau)] \tag{3-42}$$

然后利用卷积积分，系统响应可表示为

$$x(t')=\int_0^{t'}\frac{F_0\sin(\omega\tau)}{m\omega_n}\sin[\omega_n(t'-\tau)]\mathrm{d}\tau$$

$$=\frac{F_0}{2m\omega_n}\int_0^{t'}\{\cos[(\omega+\omega_n)\tau-\omega_n t']-\cos[(\omega-\omega_n)\tau+\omega_n t']\}\mathrm{d}\tau \tag{3-43}$$

利用三角函数性质 $\sin\alpha\sin\beta=\frac{1}{2}[\cos(\alpha-\beta)-\cos(\alpha+\beta)]$，式（3-43）可进一步简化为

$$x(t')=\frac{F_0}{2m\omega_n}\left\{\frac{\sin[(\omega+\omega_n)\tau-\omega_n t']}{\omega+\omega_n}-\frac{\sin[(\omega-\omega_n)\tau+\omega_n t']}{\omega-\omega_n}\right\}\Bigg|_{\tau=0}^{t'}$$

$$=\frac{F_0}{2m\omega_n}\left[\frac{\sin(\omega t')}{\omega+\omega_n}-\frac{\sin(\omega t')}{\omega-\omega_n}+\frac{\sin(\omega_n t')}{\omega+\omega_n}+\frac{\sin(\omega_n t')}{\omega-\omega_n}\right] \tag{3-44}$$

注意到 $\omega_n^2=\frac{k}{m}$，式（3-44）可进一步简化为

$$x(t')=\frac{F_0}{k\left[1-\left(\frac{\omega}{\omega_n}\right)^2\right]}\left[\sin(\omega t')-\frac{\omega}{\omega_n}\sin(\omega_n t')\right],\ t'\geqslant t-t_0 \tag{3-45a}$$

把 $t'=t-t_0$ 代入式（3-45a），并注意到系统在 $t<t_0$ 时处于静止状态，所以系统的响应为

$$x(t)=\begin{cases}\frac{F_0}{k\left[1-\left(\frac{\omega}{\omega_n}\right)^2\right]}\left[\sin(\omega t)-\frac{\omega}{\omega_n}\sin(\omega_n t)\right], & t\geqslant t_0\\ 0, & t<t_0\end{cases} \tag{3-45b}$$

如果要通过 MATLAB 程序计算式（3-45），由于该系统的物理参数和正弦激励参数未知，所以需要通过对话框输入相应参数。设系统的默认参数为：质量 $m=2\text{kg}$，刚度 $k=8\text{N/m}$，在 $t_0=10\text{s}$ 时刻受到幅值为 $F_0=1\text{N}$、频率为 10rad/s 的正弦激励。具体 MATLAB 程序如下：

```
clear all,close all;
prompt={'Enter stiffness:','Enter mass:',...
    'Enter force amplitude F0:','Excitation frequency:','Enter excitation time t:'};
dlg_title='Input';
num_lines=1;
def={'8','2','1','10','10'};
answer=inputdlg(prompt,dlg_title,num_lines,def);
if isempty(answer)==1
    break,
else
    k=str2double(answer{1});
    m=str2double(answer{2});
    F0=str2double(answer{3});
    w=str2double(answer{4});
    t0=str2double(answer{5});
end
wn=sqrt(k/m);
beta=w/wn;
tend=20;
t=linspace(0,tend-t0,1e3);
```

```
x=F0/k/(1-beta^2)*(sin(w*t)-beta*sin(wn*t));
ta=linspace(0,t0,1e3);
xa=zeros(1,1e3);
tt=[ta t+t0];
xt=[xa x];
figure(1),
plot(tt,xt,'k','linewidth',2)
xlabel('{\itt}/s'),ylabel('{\itx}({\itt})/m')
```

运行该程序时，通过修改输入对话框的参数，就能得到不同的响应。在默认参数时，该程序的运行结果如图 3-17 所示。显然此时的响应与简谐力激励下的响应完全不同。

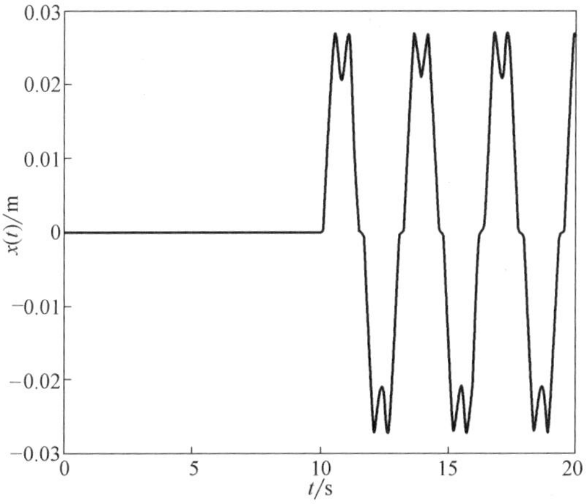

图 3-17　例 3-6 的计算结果

例 3-7　设有一无阻尼单自由度系统，其运动微分方程如式（3-46）所示，受到如图 3-18 和式（3-47）所示阶跃函数的激励，求其响应 $x(t)$。

$$\begin{cases} m\ddot{x}(t)+kx(t)=f(t) \\ x(0)=0,\dot{x}(0)=0 \end{cases} \tag{3-46}$$

$$f(t)=\begin{cases} F_0, & 0<t\leqslant t_1 \\ 0, & t>t_1 \end{cases} \tag{3-47}$$

解：在 $0<t\leqslant t_1$ 时，系统的运动微分方程可表示为

$$\begin{cases} m\ddot{x}(t)+kx(t)=F_0, 0<t\leqslant t_1 \\ x(0)=0,\dot{x}(0)=0 \end{cases} \tag{3-48}$$

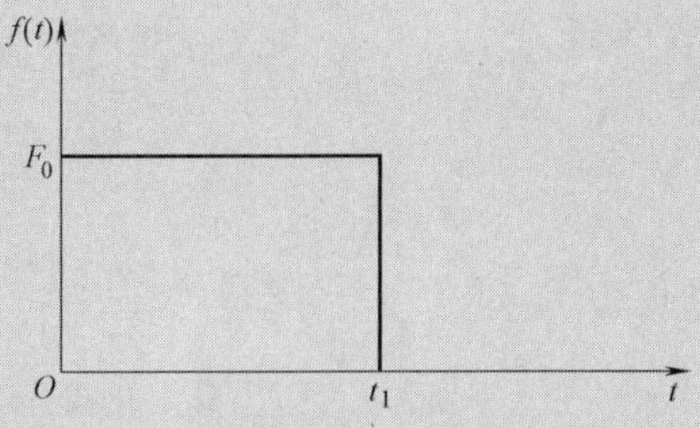

图 3-18　阶跃函数

由例 3-4 中式（3-38）可知，式（3-48）的解可表示为

$$x(t)=\frac{F_0}{k}[1-\cos(\omega_n t)],\ 0<t\leqslant t_1 \tag{3-49}$$

由此可以得到在 t_1 时刻系统的位移和速度分别为

$$x(t_1)=\frac{F_0}{k}[1-\cos(\omega_n t_1)] \tag{3-50a}$$

$$\dot{x}(t_1)=\frac{F_0\omega_n}{k}\sin(\omega_n t_1) \tag{3-50b}$$

在 $t>t_1$ 时，系统为自由振动，而在 $t=t_1$ 时响应可以认为是初始条件。所以其运动微分方程可表示为

$$\begin{cases} m\ddot{x}(t)+kx(t)=0, & t\geqslant t_1 \\ x(t_1)=\dfrac{F_0}{k}[1-\cos(\omega_n t_1)],\ \dot{x}(t_1)=\dfrac{F_0\omega_n}{k}\sin(\omega_n t_1) \end{cases} \tag{3-51}$$

一般习惯把初始条件设为零时刻，可以设 $\tau=t-t_1$，则式（3-51）可重新表示为

$$\begin{cases} m\ddot{x}(\tau)+kx(\tau)=0, & \tau\geqslant 0 \\ x(0)=\dfrac{F_0}{k}[1-\cos(\omega_n t_1)],\ \dot{x}(0)=\dfrac{F_0\omega_n}{k}\sin(\omega_n t_1) \end{cases} \tag{3-52}$$

根据第 1 章单自由度系统自由振动分析可知，式（3-53）的解可表示为

$$\begin{aligned} x(\tau)&=\frac{F_0}{k}[1-\cos(\omega_n t_1)]\cos(\omega_n\tau)+\frac{F_0}{k}\sin(\omega_n t_1)\sin(\omega_n\tau) \\ &=\frac{F_0}{k}[\cos(\omega_n\tau)-\cos(\omega_n t_1)\cos(\omega_n\tau)+\sin(\omega_n t_1)\sin(\omega_n\tau)] \end{aligned} \tag{3-53}$$

再利用三角函数 $\cos(\alpha+\beta)=\cos\alpha\cos\beta-\sin\alpha\sin\beta$，式（3-53）可进一步简化为

$$x(\tau)=\frac{F_0}{k}\{\cos(\omega_n\tau)-\cos[\omega_n(t_1+\tau)]\} \tag{3-54}$$

最后，把 $\tau=t-t_1$ 代入式（3-54），可得系统在 $t>t_1$ 时的响应为

$$x(t)=\frac{F_0}{k}\{\cos[\omega_n(t-t_1)]-\cos(\omega_n t)\},\ t\geqslant t_1 \tag{3-55}$$

结合式（3-49）和式（3-55），就可以得到系统的完整响应，即

$$x(t)=\begin{cases} \dfrac{F_0}{k}[1-\cos(\omega_n t)], & 0<t\leqslant t_1 \\ \dfrac{F_0}{k}\{\cos[\omega_n(t-t_1)]-\cos(\omega_n t)\}, & t\leqslant t_1 \end{cases} \tag{3-56}$$

由式（3-56）可以发现，在时间 $t\leqslant t_1$ 时，系统以 $x_{st}=F_0/k$ 为平衡位置进行振动，而当时间 $t\geqslant t_1$ 时，由于外力的消失，系统又恢复到以 $x_{st}=0$ 为平衡位置进行振动。

当然，也可以把图 3-18 所示的阶跃函数激励分解为两个激励：一个激励是在 $t=0$ 时刻开始的稳态力 F_0；另一个激励是在 $t=t_1$ 时刻施加稳态力 $-F_0$，如图 3-19 所示。

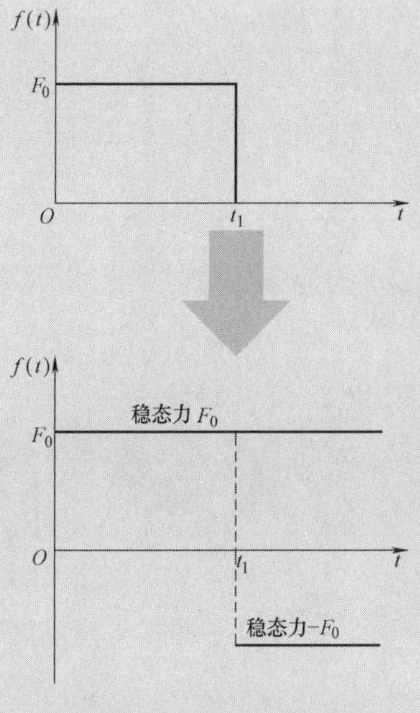

图 3-19 阶跃函数激励分解为两个稳态激励之和

由图 3-19 结合式（3-38）可以发现，对于第一个激励力的响应 $x_1(t)$ 可表示为

$$x_1(t)=\frac{F_0}{k}[1-\cos(\omega_n t)],\ 0<t<\infty \tag{3-57}$$

同理，对于第二个激励力的响应 $x_2(t)$ 可表示为

$$x_2(t)=\begin{cases}0, & 0<t\leqslant t_1\\ -\frac{F_0}{k}\{1-\cos[\omega_n(t-t_1)]\}, & t\geqslant t_1\end{cases} \tag{3-58}$$

系统的完整响应为 $x(t)=x_1(t)+x_2(t)$，与式（3-56）完全一致。

例 3-8 设有一无阻尼单自由度系统，其初始位移和初始速度均为零，通过 MATLAB 编程计算该系统在 $t=0$ 时刻受到阶跃函数激励时的响应。

解：显然，该系统的响应可以通过式（3-57）和式（3-58）进行求解，由于该系统的物理参数和阶跃函数参数未知，所以需要通过对话框输入相应参数。设系统的默认参数为：质量 $m=2\text{kg}$，刚度 $k=8\text{N/m}$，阶跃函数幅值为 $F_0=1\text{N}$，持续时间 $t_1=10\text{s}$。具体 MATLAB 程序如下：

```
clear all,close all;
prompt={'Enter stiffness:','Enter mass:',...
    'Enter force amplitude F0:','Enter step time t:'};
dlg_title='Input';
num_lines=1;
def={'8','2','1','10'};
```

```
answer = inputdlg( prompt, dlg_title, num_lines, def) ;
if isempty( answer) = = 1
    break,
else
    k = str2double( answer{1} ) ;
    m = str2double( answer{2} ) ;
    F0 = str2double( answer{3} ) ;
    t0 = str2double( answer{4} ) ;
end
wn = sqrt( k/m) ;
tend = 20;
t1 = linspace( 0, t0, 1e3) ;
t2 = linspace( t0, tend, 1e3) ;
x1 = F0/k * ( 1-cos( wn * t1) ) ;
x2 = F0/k * ( cos( wn * ( t2-t0) ) -cos( wn * t2) ) ;

tt = [ t1 t2] ;
xt = [ x1 x2] ;
figure( 1) ,
plot( tt, xt, 'k', 'linewidth', 2)
xlabel('{\itt}/s'), ylabel('{\itx}({\itt})/m')
```


运行上述程序，在默认参数时的结果如图 3-20 所示。

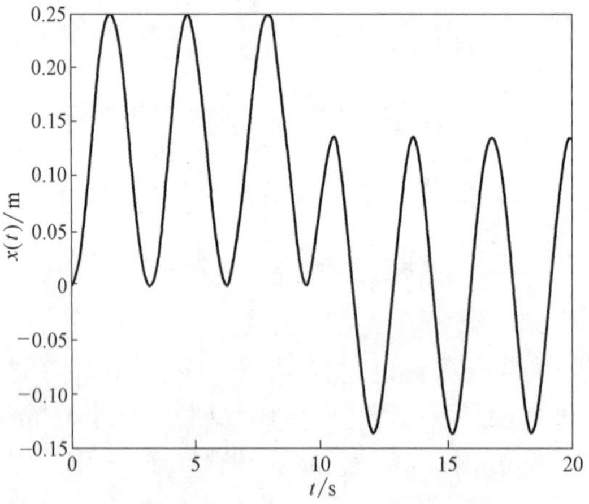

图 3-20　例 3-8 的计算结果

例 3-9　在例 3-8 的基础上，求解欠阻尼单自由度系统受到阶跃激励时的响应。

解：由图 3-19 可知，阶跃激励分解为两个稳态激励之和，而稳态激励可通过式（3-40）进行计算，即

$$x_1(t)=\frac{F_0}{k}\left[1-\frac{\exp(-\zeta\omega_n t)}{\sqrt{1-\zeta^2}}\cos(\omega_d t-\phi)\right],\quad 0<t<t_0$$

$$x_2(t)=\frac{F_0}{k}\left[1-\frac{\exp(-\zeta\omega_n(t-t_0))}{\sqrt{1-\zeta^2}}\cos[\omega_d(t-t_0)-\phi]\right],\quad t\geqslant t_0$$

式中，$\phi=\arctan\dfrac{\zeta}{\sqrt{1-\zeta^2}}$。

显然，系统的完整响应为 $x(t)=x_1(t)+x_2(t)$，即

$$x_1(t)=\frac{F_0}{k}\left[1-\frac{\exp(-\zeta\omega_n t)}{\sqrt{1-\zeta^2}}\cos(\omega_d t-\phi)\right],\quad 0<t<t_0$$

$$x_2(t)=\frac{F_0\exp(-\zeta\omega_n t)}{k\sqrt{1-\zeta^2}}\{\exp(\zeta\omega_n t_0)\cos[\omega_d(t-t_0)-\phi]-\cos(\omega_d t-\phi)\},\quad t\geqslant t_0$$

结合例 3-5 和例 3-8，可得阻尼单自由度系统受到阶跃激励时响应计算的 MATLAB 程序如下：


```
clear all,close all;
prompt={'Enter stiffness:','Enter mass:',...
    'Enter force amplitude F0:','Enter step time t:','Enter damping ratio:'};
dlg_title='Input';
num_lines=1;
def={'8','2','1','10','0.05'};
answer=inputdlg(prompt,dlg_title,num_lines,def);
if isempty(answer)==1
    break,
else
    k=str2double(answer{1});
    m=str2double(answer{2});
    F0=str2double(answer{3});
    t0=str2double(answer{4});
    zeta=str2double(answer{5});
end
wn=sqrt(k/m);
wd=wn*sqrt(1-zeta^2);
tend=40;
t1=linspace(0,t0,1e3);
t2=linspace(t0,tend,1e3);

theta=atan2(zeta,sqrt(1-zeta^2));
x1=F0./k*(1-exp(-zeta*wn*t1)/sqrt(1-zeta^2).*cos(wd*(t1-theta)));
x2=F0*exp(-zeta*wn*t2)/k/sqrt(1-zeta^2).*(exp(zeta*wn*t0).*cos(wd*(t2-t0)-theta)- cos
(wd*t2-theta));
```

```
tt=[t1 t2];
xt=[x1 x2];
figure(1),
plot(tt,xt,'k','linewidth',2)
xlabel('{\itt}/s'),ylabel('{\itx}({\itt})/m')
```

运行上述程序，在默认参数时的结果如图 3-21a 所示。如果修改输入对话框中的参数，就可以得到不同结果，如图 3-21b～f 所示。

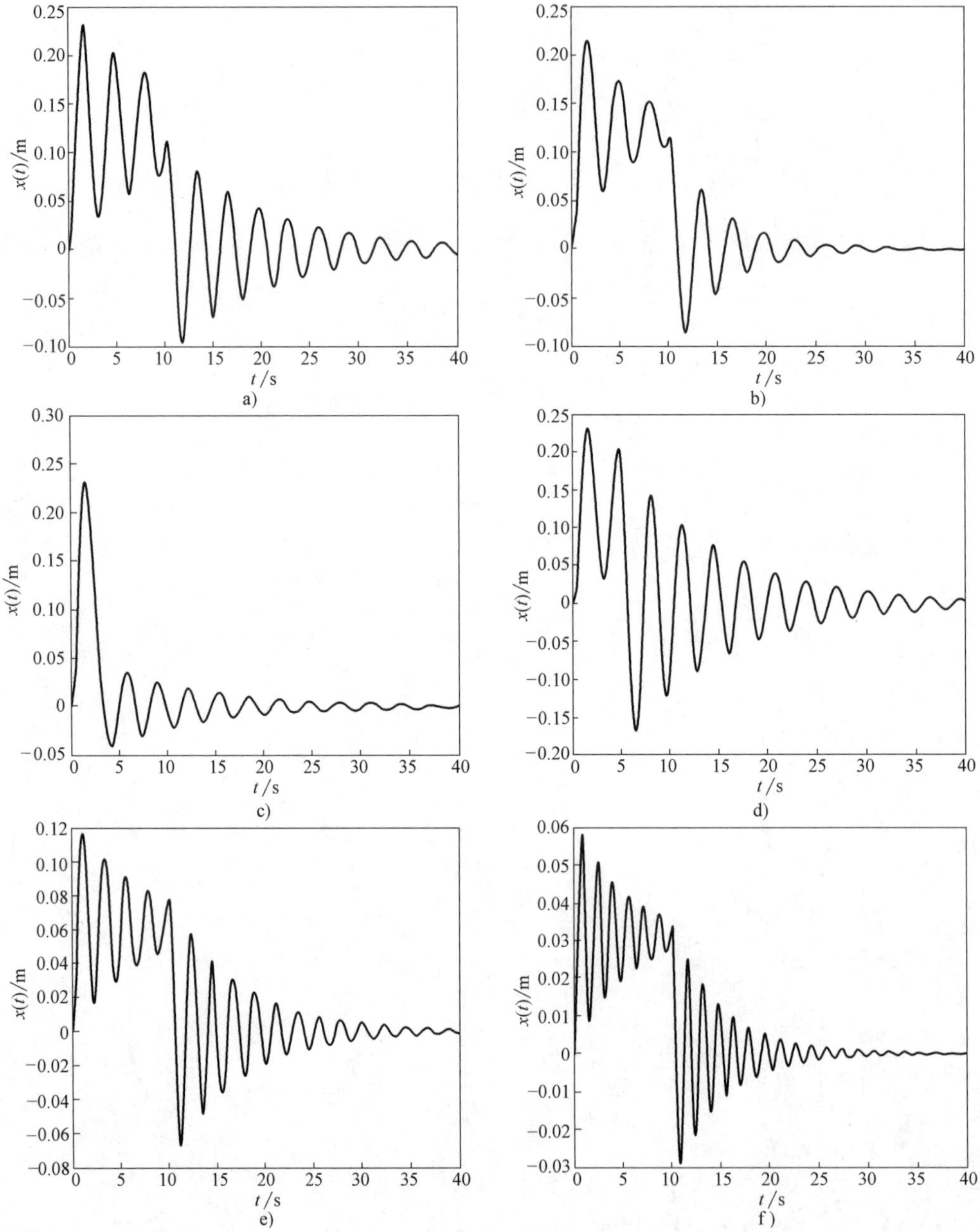

图 3-21　例 3-9 的计算结果

a）阻尼比=0.05　b）阻尼比=0.1　c）$t=3$s　d）$t=5$s　e）$k=16$N/m　f）$k=32$N/m

3.5 频率响应函数

在很多情况下，希望了解系统响应与激励频率之间的关系，在振动分析中，一般可以通过频率响应函数（frequency response function，简称频响函数）来实现。

频响函数可以通过对时域信号进行傅里叶变换或者拉普拉斯变换得出，在此简要介绍基于拉普拉斯变换的方法。

一个时域信号 $x(t)$ 的拉普拉斯变换定义为

$$X(s)=\mathfrak{J}[x(t)]=\int_0^{\infty}x(t)\exp(-st)\mathrm{d}t \tag{3-59}$$

式中，$s=\sigma+\mathrm{j}\omega$，为复变量；$\mathfrak{J}[\,]$为拉普拉斯算子。

而时域信号 $x(t)$ 对时间导数的拉普拉斯变换为

$$\mathfrak{J}\left[\frac{\mathrm{d}^n x(t)}{\mathrm{d}t^n}\right]=s^n X(s)-s^{n-1}x(0)-s^{n-2}\frac{\mathrm{d}x(0)}{\mathrm{d}t}-\cdots-\frac{\mathrm{d}^{n-1}x(0)}{\mathrm{d}t^{n-1}} \tag{3-60}$$

由式（3-60）可以发现，如果取 $n=1$ 时，则

$$\mathfrak{J}[\dot{x}(t)]=sX(s)-x(0) \tag{3-61}$$

如果取 $n=2$ 时，则

$$\mathfrak{J}[\ddot{x}(t)]=s^2X(s)-sx(0)-\dot{x}(0) \tag{3-62}$$

通过式（3-61）和式（3-62）可知，单自由度系统运动微分方程

$$\begin{cases}m\ddot{x}(t)+c\dot{x}(t)+kx(t)=f(t)\\ x(0)=x_0,\dot{x}(0)=v_0\end{cases} \tag{3-63}$$

的拉普拉斯变换可表示为

$$m[s^2X(s)-sx_0-v_0]+c[sX(s)-x_0]+kX(s)=F(s) \tag{3-64}$$

式中，$F(s)$ 为外激励力 $f(t)$ 的拉普拉斯变换。

式（3-64）可进一步表示为

$$X(s)=\frac{F(s)}{ms^2+cs+k}+\frac{(ms+c)x_0+mv_0}{ms^2+cs+k} \tag{3-65}$$

由于实际的振动系统一般都会有阻尼存在，系统因初始条件引起的自由振动响应会随时间的增加而趋于零，因此在很多情况下仅考虑系统的稳态响应部分，即在式（3-65）中设初始条件 $x_0=0$，$v_0=0$，则式（3-65）简化为

$$X(s)=\frac{F(s)}{ms^2+cs+k}=H(s)F(s) \tag{3-66}$$

式中，$H(s)=\dfrac{1}{ms^2+cs+k}$。

$H(s)$ 表示系统位移响应 $x(t)$ 的拉普拉斯变换与激振力 $f(t)$ 的拉普拉斯变换之比，称为传递函数。显然，传递函数仅与系统参数 m、k 和 c 有关，从而在拉普拉斯域中完整地描述了系统的动态特性。进一步令 $s=\sigma+\mathrm{j}\omega$ 中的 $\sigma=0$，则 $s=\mathrm{j}\omega$，此时传递函数 $H(s)$ 可表示为

$$H(s)\big|_{s=j\omega}=\frac{1}{k-\omega^2m+j\omega c}=H(\omega) \tag{3-67}$$

$H(\omega)$ 称为频率响应函数（频响函数）。显然，在线性系统中频响函数 $H(\omega)$ 与激励力的大小与相位无关。与传递函数类似，由于频响函数内也含有系统参数 m、k 和 c，故其完整地包含了系统的信息。

例 3-10 已知一单自由度系统的质量 $m=2\text{kg}$，刚度 $k=8\text{N/m}$，计算其阻尼系数 c 分别为 0.1N · s/m、0.3N · s/m、0.5N · s/m 和 0.7N · s/m 时的频响函数。

解： 由式（3-67）可知，系统的频响函数为

$$H(\omega)=\frac{1}{k-\omega^2m+j\omega c}=\frac{1}{8-2\omega^2+j\omega c},\quad c=0.1,\ 0.2,\ 0.3,\ 0.4$$

频响函数的 MATLAB 编程相当简单，MATLAB 源程序如下：

```
clear all, close all
k=8;
m=2;
w=linspace(0,5,1e3);
c=[0.1 0.3 0.5 0.7];
i=sqrt(-1);
for n=1:length(c)
    H(n,:)=1./(k-m*w.^2+i*w*c(n));
end
figure(1), subplot(2,1,1)
f=w/2/pi;
semilogy(f,abs(H(1,:)),'k','linewidth',2), hold on
semilogy(f,abs(H(2,:)),'k:','linewidth',2)
semilogy(f,abs(H(3,:)),'k-.','linewidth',2)
semilogy(f,abs(H(4,:)),'k--','linewidth',2)
xlabel('频率/Hz')
ylabel('幅值/m')
legend('{\itc}=0.1N·s/m','{\itc}=0.3N·s/m','{\itc}=0.5N·s/m','{\itc}=0.7N·s/m')
subplot(2,1,2)
plot(f,angle(H(1,:))*180/pi,'k','linewidth',2), hold on
plot(f,angle(H(2,:))*180/pi,'k:','linewidth',2)
plot(f,angle(H(3,:))*180/pi,'k-.','linewidth',2)
plot(f,angle(H(4,:))*180/pi,'k--','linewidth',2)
xlabel('频率/Hz')
ylabel('相位/(\circ)')
```

运行上述程序，可以得到如图 3-22 所示的结果。需要指出的是，频响函数包含幅值和相位两部分信息，分别反映响应的幅频特性和相频特性。从图 3-22 中可以发现：

1）在激励力频率 ω 远小于系统固有频率 ω_n 时，频响函数的相位接近 0°，表示激励力

与响应的相位差接近 0°。

2）当激励力频率 ω 等于系统固有频率 ω_n 时，激励力与响应的相位差为 90°，此时响应随着阻尼的增加而降低。

3）当激励力频率 ω 远大于系统固有频率 ω_n 时，激励力与响应的相位差为 180°，而且响应随着激励力频率的增加而降低。

4）当激励力频率 ω 远大于或者小于系统固有频率 ω_n 时，阻尼的变化对响应基本没有影响。

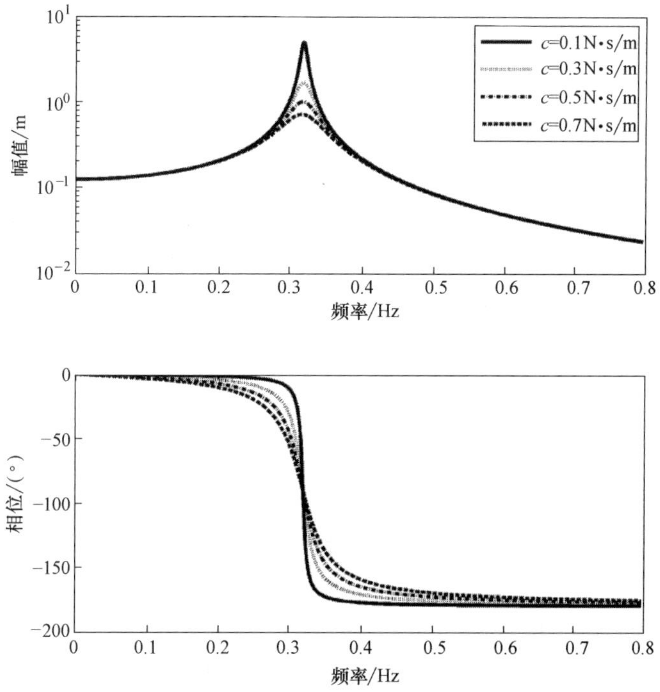

图 3-22 例 3-10 的频响函数

由式（3-66）和式（3-67）可知，单自由度系统的频响函数也可表示为

$$H(s)=\frac{1}{ms^2+cs+k}，\ s=\mathrm{j}\omega \tag{3-68}$$

在 MATLAB 软件中，也可以通过函数 tf 结合 bode 函数直接来计算和绘制如式（3-68）所示形式的频响函数曲线，tf 函数的典型用法如下：

```
SYS=tf(NUM,DEN)
```

表示建立名称为“SYS”的传递函数。

bode 函数的常用用法如下：

```
bode(SYS)
```

表示绘制传递函数 SYS 的频率响应曲线（即 bode 图），此时频率范围由软件自动选择。

```
bode(SYS,{WMIN,WMAX})
```

表示绘制传递函数 SYS 的在频率 WMIN 到 WMAX 之间的频率响应曲线，注意频率 WMIN 和 WMAX 的单位为 rad/s。

```
[MAG,PHASE]=bode(SYS,W)
```

表示把传递函数 SYS 在频率 W 时的幅值和相位分别保存到变量 MAG 和 PHASE 中，此时不再显示频率响应曲线。

为了进一步说明上述 MATLAB 命令的用法，以例 3-10 中频响函数为例，当取阻尼系数 $c=0.1\text{N}\cdot\text{s/m}$ 时，该系统的频响函数为

$$H(\omega)=\frac{1}{8-2\omega^2+0.1\mathrm{j}\omega}=\frac{1}{2s^2+0.1s+8},\quad s=\mathrm{j}\omega$$

在 MATLAB 的命令窗口中输入：

```
>> Hs=tf(1,[2 0.1 8])
```

可以得到如下结果：

```
Hs =
            1
-----------------
2 s^2 + 0.1 s + 8
Continuous-time transfer function.
```


表示建立了名为“Hs”的传递函数，继续在命令窗口中输入：

```
>> bode (Hs)
```

可以得到如图 3-23 所示的结果，图 3-23 表示传递函数 Hs 的频响曲线（即 bode 图）。注意到图中横坐标为对数坐标的角频率（单位为 rad/s），幅频曲线的纵坐标为分贝（dB），所以图 3-23 与图 3-22 看起来有所区别。但是可以通过在 bode 图上右击打开其参数设置对话框（图 3-24a），设置响应的频率范围及单位、幅值形式（dB、绝对值）等，例如把横坐标频率设置为线性（单位为 Hz），纵坐标设置为绝对值的对数坐标，计算结果如图 3-24b 所示，此时与图 3-22 中阻尼系数 $c=0.1\text{N}\cdot\text{s/m}$ 时的曲线完全相同。

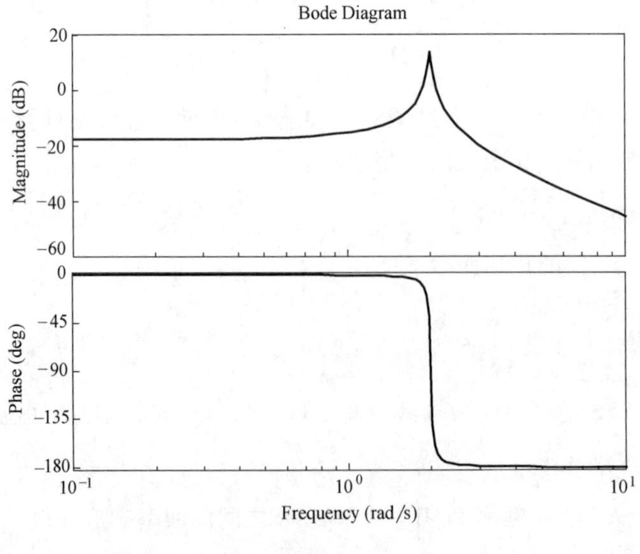

图 3-23　传递函数 Hs 的 bode 图

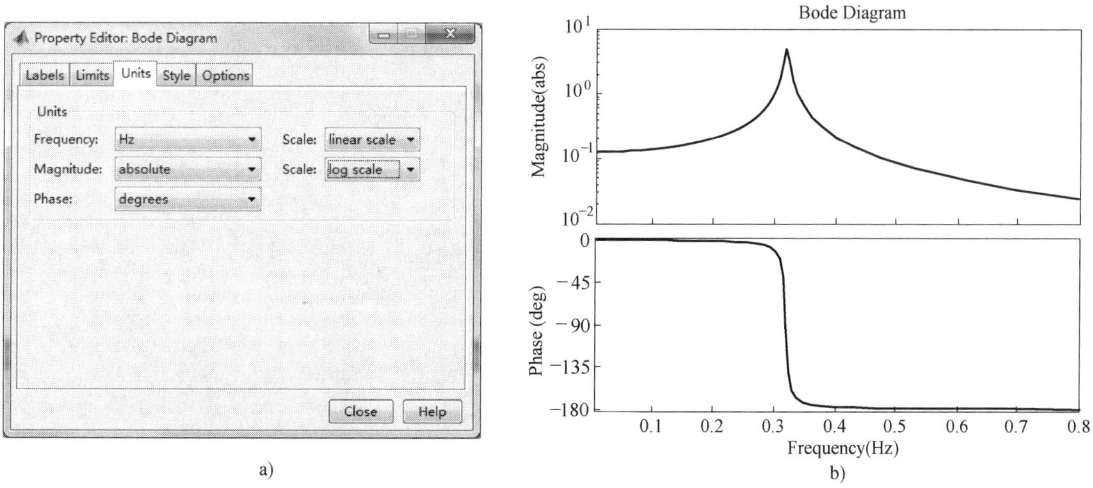

图 3-24 重新设置图形参数后传递函数 Hs 的 bode 图
a）bode 图参数设置对话框 b）bode 图

3.6 单自由度系统的强迫振动的数值求解

对于不同的外激励形式，如果要通过数值方法求解单自由度系统响应，步骤与第 2 章的数值方法完全一致。为了便于读者阅读，在此简要列出相关公式。首先把运动微分方程 $m\ddot{x}(t)+c\dot{x}(t)+kx(t)=f(t)$ 转换为一阶微分方程组，即

$$v(t)=\dot{x}(t) \tag{3-69a}$$

$$\dot{v}(t)=\frac{1}{m}f(t)-\frac{c}{m}v(t)-\frac{k}{m}x(t) \tag{3-69b}$$

定义向量 $\boldsymbol{y}=\begin{pmatrix}y_1(t)\\y_2(t)\end{pmatrix}=\begin{pmatrix}x(t)\\v(t)\end{pmatrix}=\begin{pmatrix}x(t)\\\dot{x}(t)\end{pmatrix}$，对向量 $\boldsymbol{y}$ 进行求导，可得

$$\dot{\boldsymbol{y}}=\begin{pmatrix}\dot{y}_1(t)\\\dot{y}_2(t)\end{pmatrix}=\begin{pmatrix}\dot{x}(t)\\\ddot{x}(t)\end{pmatrix}=\begin{pmatrix}y_2(t)\\\frac{1}{m}f(t)-\frac{c}{m}y_2(t)-\frac{k}{m}y_1(t)\end{pmatrix} \tag{3-70}$$

注意到式（3-70）中的 $f(t)$ 可以为任意激励。下面以方波、锯齿波和阶跃激励为例，分别求解单自由度系统的响应。

例 3-11 已知一单自由度系统的质量 $m=2\text{kg}$，刚度 $k=8\text{N/m}$，阻尼系数 $c=0.5\text{N}\cdot\text{s/m}$，假设该系统受到周期为 1s、幅值为 1N 的周期方波激励，计算该系统在零初始条件时的响应。

解：由题意可知，方波的周期为 1s，所以该方波的频率 $\omega=2\pi$ rad/s。首先编写一个函数文件 ex3_10_fun.m 用于保存式（3-70）等号右侧的向量，具体 MATLAB 程序如下：

```
function yp=ex3_10_fun(t,y)
m=2;
k=8;
```

```
c=0.5;
w=2*pi;
f=sign(sin(w*t));
yp=[y(2);(f/m-((c/m)*y(2))-((k/m)*y(1)))];
```

下一步，编写名为“ex3_10_main.m”的主程序来调用上述函数文件，具体如下：

```
clear all, close all
tspan=linspace(0,40,1e3);
y0=[0;0];
[t,y]=ode45('ex3_10_fun',tspan,y0);
figure(1)
plot(t,y(:,1),'k','linewidth',2);
xlabel('时间/s')
ylabel('位移/m')
```


运行上述程序，所得结果如图 3-25 所示。如果把方波的频率修改为 π rad/s 和 2rad/s，则其响应如图 3-26 所示。在方波频率为 2rad/s 时，系统发生共振，其响应明显增加。

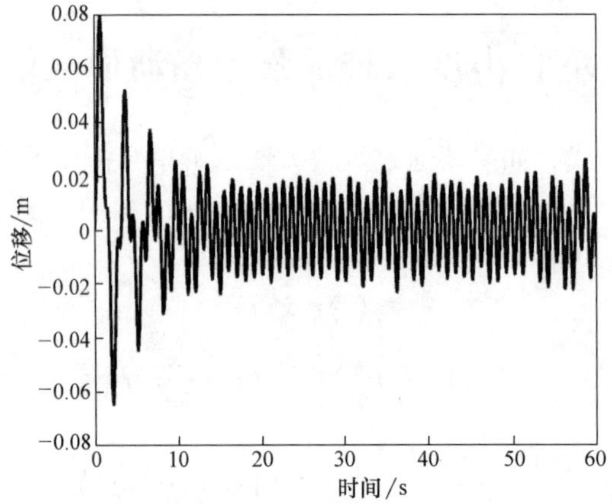

图 3-25　方波激励下的响应

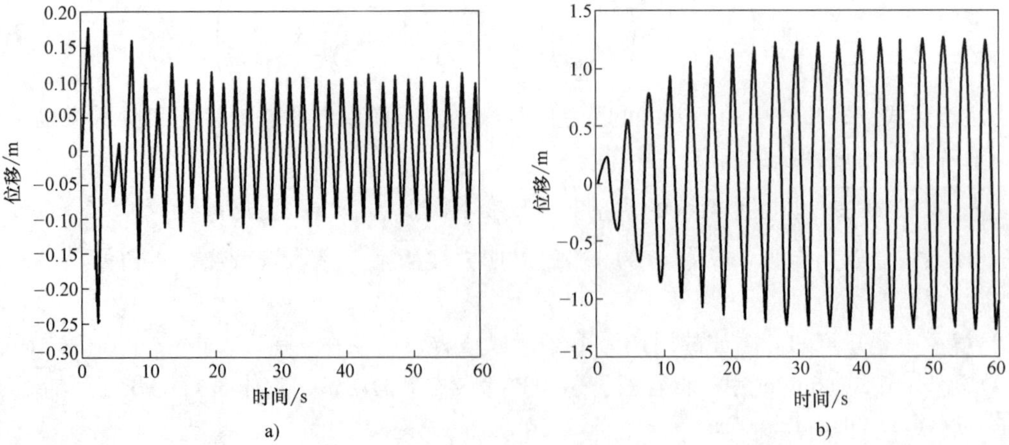

图 3-26　不同方波周期时的响应

a）方波频率为 π rad/s　b）方波频率为 2rad/s

例 3-12 在例 3-11 中，假设该系统受到周期为 1s、幅值为 1N 的周期锯齿波激励，计算该系统在零初始条件时的响应。

解：对于锯齿波，其函数可表示为

$$f(t)=\frac{F_0}{T}t,\ -\frac{T}{2}\leqslant t\leqslant\frac{T}{2}$$

在 MATLAB 中，提供了 sawtooth 函数用于计算锯齿波，sawtooth 函数的用法与 sin 函数或者 cos 函数相同。与例 3-11 相比较可知，本例只是改变了系统的外激励，所以只要把函数文件 "ex3_10_fun. m" 中

```
f=sign(sin(w*t));
```

修改为

```
f=sawtooth(w*t);
```

即可得到系统在周期锯齿波激励下的响应，所得结果如图 3-27 所示。

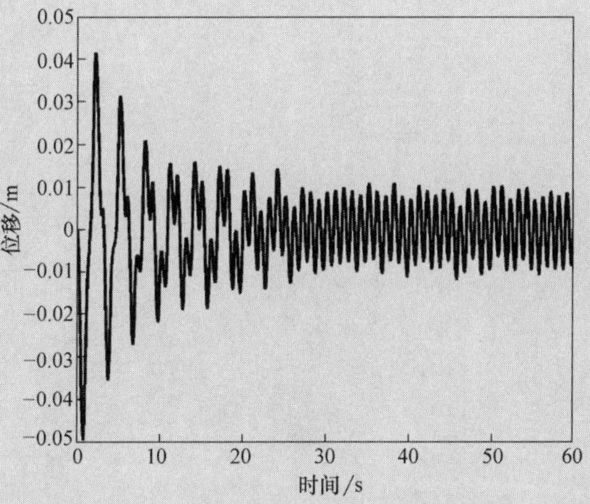

图 3-27 系统在周期锯齿波激励下的响应

如果系统受到其他激励（如阶跃激励或者矩形脉冲激励等），同样，只要修改外激励函数即可得到对应的系统响应。

3.7 状态空间方法

也可以通过状态空间方法求解任意激励下单自由度系统的响应，步骤与第 2 章完全相同，为了便于阅读，在此简要列出状态空间方程如下：

$$\dot{\boldsymbol{x}}=\begin{pmatrix}\dot{x}\\ \ddot{x}\end{pmatrix}=\begin{pmatrix}0 & 1\\ -\dfrac{c}{m} & -\dfrac{k}{m}\end{pmatrix}\begin{pmatrix}x\\ \dot{x}\end{pmatrix}+\begin{pmatrix}0\\ \dfrac{1}{m}\end{pmatrix}f(t)=\boldsymbol{A}\boldsymbol{x}+\boldsymbol{B}u \tag{3-71}$$

式中，状态矩阵 $\boldsymbol{A}=\begin{pmatrix} 0 & 1 \\ -\dfrac{c}{m} & -\dfrac{k}{m} \end{pmatrix}$；输入矩阵 $\boldsymbol{B}=\begin{pmatrix} 0 \\ \dfrac{1}{m} \end{pmatrix}$；$u=f(t)$；$\boldsymbol{x}=\begin{pmatrix} x(t) \\ \dot{x}(t) \end{pmatrix}$。

如果要输出位移响应，则输出矩阵 $\boldsymbol{C}=(1,0)$，即

$$y_{\mathrm{d}}=(1,0)\begin{pmatrix} x \\ \dot{x} \end{pmatrix}=x \tag{3-72}$$

如果要输出速度响应，则输出矩阵 $\boldsymbol{C}=(0,1)$，即

$$y_v=(0,1)\begin{pmatrix} x \\ \dot{x} \end{pmatrix}=\dot{x} \tag{3-73}$$

例 3-13 重新通过状态空间方法计算例 3-11 和例 3-12。

解： 通过状态空间方法计算例 3-11 和例 3-12 的 MATLAB 程序如下：

```
clear all, close all
m=2; c=0.5; k=8; w=sqrt(k/m);
A=[0 1;-k/m -c/m];
C=[1 0];
B=[0; 1/m];
D=[];
sys=ss(A,B,C,D);
t=linspace(0,60,1e4);
w=2*pi;
u1=sign(sin(w*t));
u2=sawtooth(w*t);
x0=[0, 0.];
[y1,t]=lsim(sys,u1,t,x0);
[y2,t]=lsim(sys,u2,t,x0);
figure(1)
plot(t,y1,'k','linewidth',2)
xlabel('时间/s'), ylabel('位移/m')
title('方波激励')
figure(2)
plot(t,y2,'k','linewidth',2)
xlabel('时间/s'), ylabel('位移/m')
title('锯齿波激励')
```

运行上述程序，所得结果如图 3-28 所示，与图 3-25 和图 3-27 比较，可以发现状态空间方法计算结果与 3.6 节的数值计算结果完全一致。

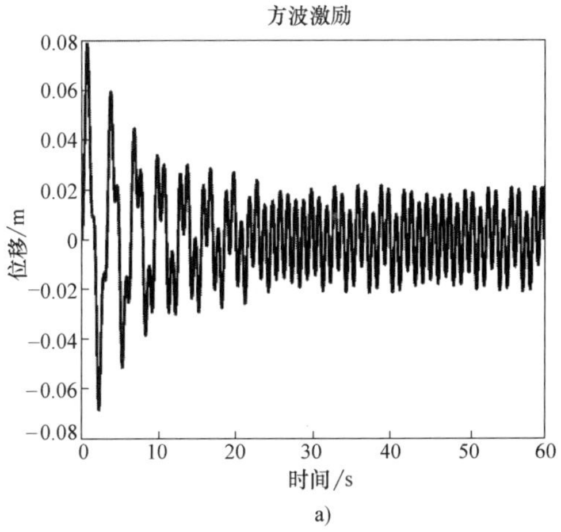

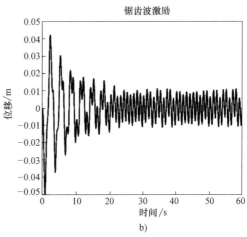

图 3-28 不同激励下系统的响应

a）方波激励 b）锯齿波激励

例 3-14 设有一无阻尼单自由度系统，质量 $m=2\text{kg}$，刚度 $k=8\text{N/m}$，受到幅值 $F_0=1\text{N}$ 的矩形脉冲激励，该激励持续时间为 10s。系统初始位移和初始速度均为零，系统的阻尼比分别为 0、0.05 和 0.1，通过状态空间方法比较不同阻尼比时该系统的响应。

解：显然，可以在例 3-13 的基础上，对例 3-13 的 MATLAB 程序稍做改动，即可得到矩形脉冲激励响应，具体程序如下：

```
clear all, close all
m=2;  k=8;
Damp=[0 0.05 0.1];
t=linspace(0,40,1e4);
u=zeros(1,1e4);
for HH=1:1e4
    if t(HH)<=10 u(HH)=1; end
end
x0=[0, 0.];

for HH=1:3
    nnn=Damp(HH);
    c=2*nnn*sqrt(m*k);
    A=[0 1;-k/m -c/m];
    C=[1 0];
    B=[0; 1/m];
    D=[];
    sys=ss(A,B,C,D);
    [y,t]=lsim(sys,u,t,x0);
    figure(HH)
```

```
        plot(t,y,'k','linewidth',2)
        xlabel('时间/s'), ylabel('位移/m')
        title('方波激励')
end
legend('阻尼比 = 0','阻尼比 = 0.05','阻尼比 = 0.1')
```

运行上述程序，即可得到图 3-29 所示的结果。从图 3-29 中可以发现，随着阻尼比的增加，系统的响应迅速下降。

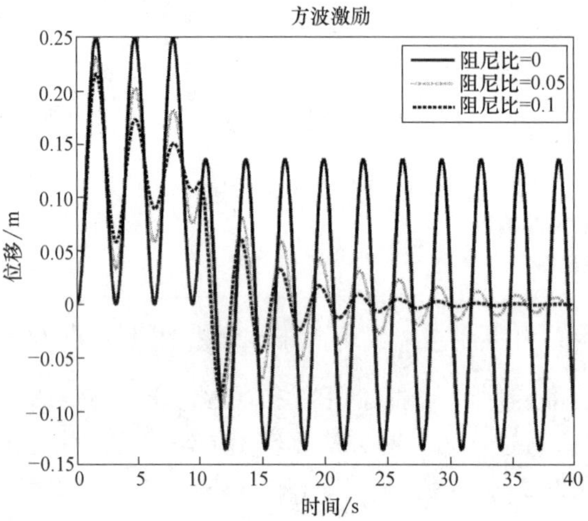

图 3-29　不同阻尼比时矩形脉冲激励下的响应

3.8　阻尼减振典型案例

通过对单自由度系统的振动分析可知，阻尼对振动系统的响应有非常重要的影响。对于欠阻尼自由振动和强迫振动系统而言，恰当增加阻尼耗散振动能量是降低结构振动的一种重要方法。工程结构的振动控制中，铺设阻尼材料和安装阻尼器的方法被广泛地用以改善结构的动力学性能。上述阻尼控制方法不需提供外界能源供给，被认为是较为简单、容易实现、经济性与可靠性较好的一种被动振动控制技术。阻尼减振能有效地减少结构的振动幅度，以提高结构的稳定性，在航空航天、车辆工程、建筑、船舶等领域中得到了广泛的应用。在被控结构上布置阻尼材料，常见的阻尼材料有金属橡胶阻尼、沥青阻尼、颗粒阻尼等。图 3-30 所示为钢轨的阻尼减振示意图。通过在铁路钢轨上布置阻尼层，从而降低钢轨纵向波浪形磨耗，使得机车和轨道的中高频振动噪声及振动疲劳问题大幅减少。通过布置钢轨阻尼，在提高机车运行品质的同时，也降低了钢轨的运行维护成本。

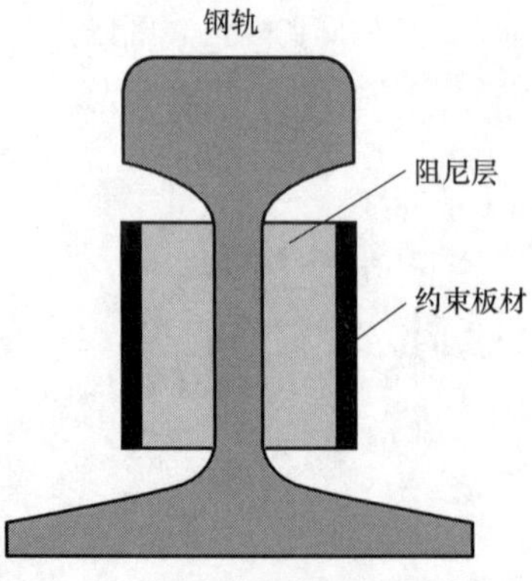

图 3-30　钢轨的阻尼减振示意图

近年来，颗粒阻尼技术具有结构简单、制造方便、可靠性高、安装简便、维护简单、能在复杂环境下工作等优点，受到众多学者的广泛关注。注意到有 1/3 以上的航空电子设备故障是由于振动和冲击造成的，所以有必要降低航空电子设备的振动幅值，以确保其振幅在可承受的范围之内。图 3-31a 所示为通过颗粒阻尼器控制航空电子设备中印制电路板振动的试验照片。该颗粒阻尼器质量为 50g。图 3-31b 所示为安装颗粒阻尼器前后的振幅变化。从图中可以发现，安装颗粒阻尼器后，振动加速度幅值从 $40m/s^2$ 下降到 $27m/s^2$。在激励力消失后，其振动衰减时间也相应缩短。这说明在电路板上安装颗粒阻尼器能有效降低其振动，从而减少电子设备由于振动引起的故障。

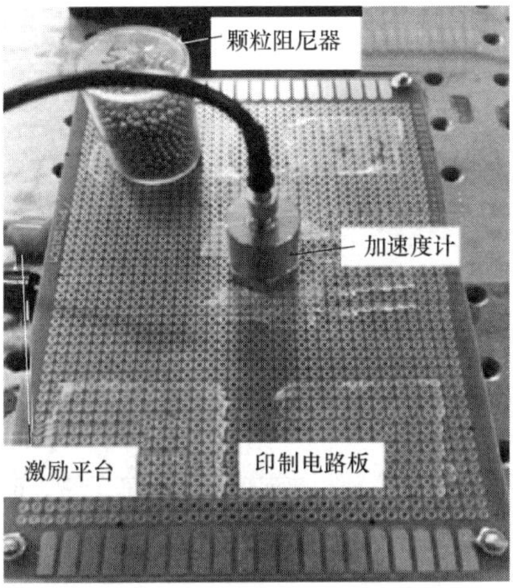

a)

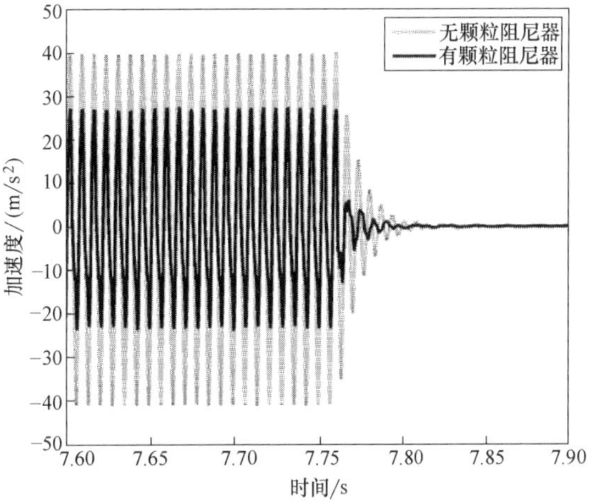

b)

图 3-31　通过颗粒阻尼器控制航空电子设备中印制电路板振动

a）颗粒阻尼器控制电路板试验照片　b）安装颗粒阻尼器前后的振幅变化

压电智能材料的发展也为结构减振带来了新的思想。其中，压电分流阻尼技术在结构振动控制中的应用越来越引起关注。该方法的基本原理是通过压电式作动器把振动结构的机械能转换为电能，然后通过分流电路中的电阻把电能消耗掉。典型的 *RL* 串联和 *RL* 并联分流电路如图 3-32 所示，通过把电阻（*R*）和电感（*L*）串联（或者并联）分流电路连接在压电式作动器（PZT）上，可以产生阻尼来控制结构振动。压电分流电路可以看作是一个与频率相关的阻尼，为了得到最优化的控制效果，分流电路的固有频率必须接近或等于所要控制模

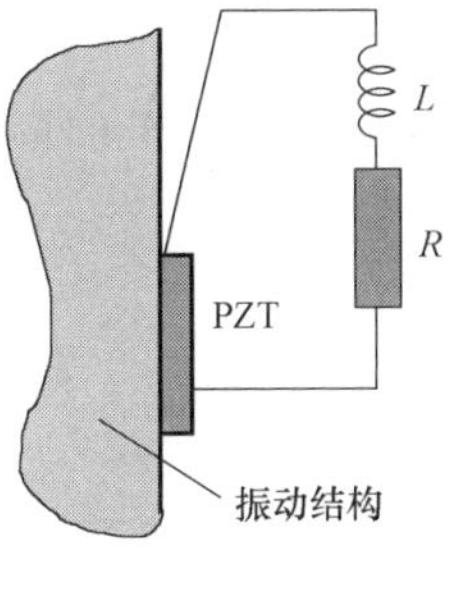

a)

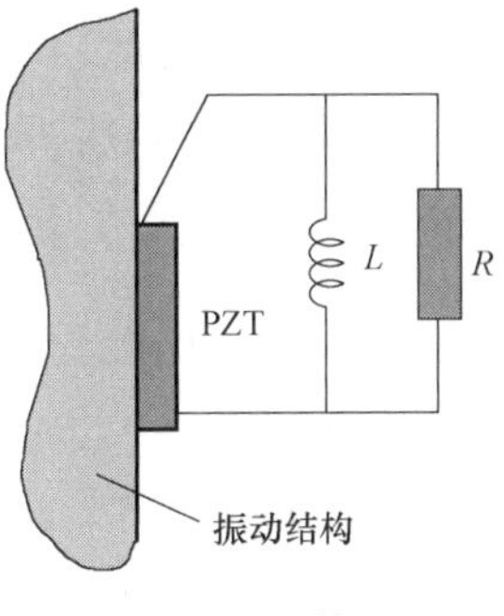

b)

图 3-32　两种典型的压电分流电路

a）*RL* 串联　b）*RL* 并联

态的固有频率。由于这种控制方法是阻尼控制方法（没有引入额外的控制能量），所以其稳定性可以保证。压电分流阻尼方法具有不需要传感器以及功率放大器等优点，被认为是一种简单、低价、易实现的结构振动控制方法。

图 3-33a 所示为以四边固定薄钢板为例研究 *RL* 串联与 *RL* 并联压电分流电路对结构振动的控制效果。试验所用的钢板长 200mm，宽 200mm，高 2mm。图 3-33b 比较了 *RL* 串联和 *RL* 并联分流电路的控制效果，从图中可以发现，这两种分流电路的控制效果基本相同，结构振动降低了 9dB 左右。

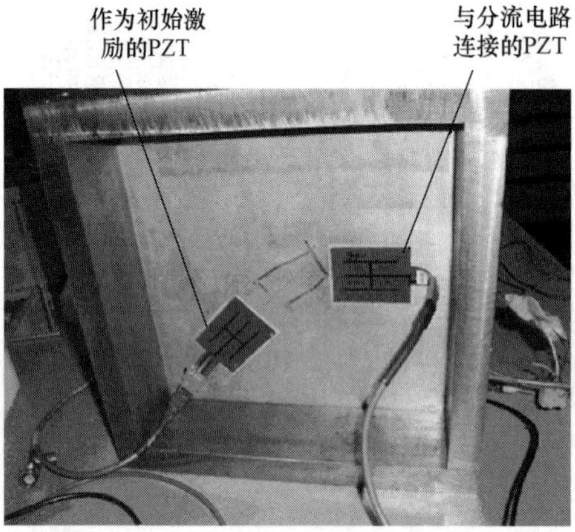

a)

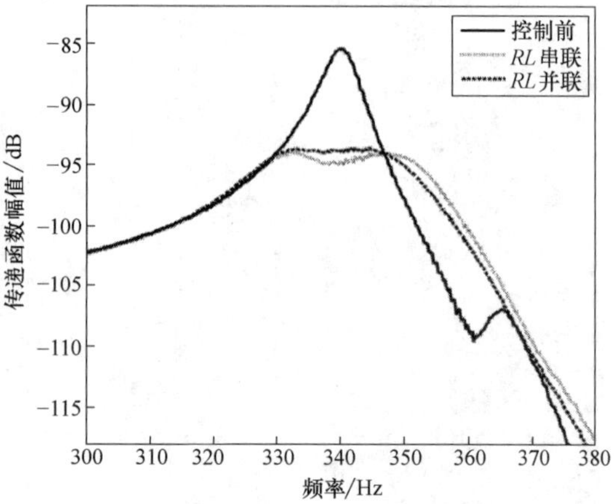

b)

图 3-33　压电分流阻尼试验照片及控制效果

a）压电分流阻尼试验照片　b）压电分流阻尼控制效果

习　题

3-1　假设有一单自由度系统受到单位冲击激励，如下式所示：

$$3\ddot{x}(t)+12\dot{x}(t)+12x(t)=3\delta(t)$$

计算该系统在如下初始条件时的响应：

a）假设初始条件为零。

b）假设初始条件为 $x(0)=0.01\text{m}$，$v(0)=0\text{m/s}$。

3-2　计算如下单自由度系统的响应，设初始条件为 $x(0)=0.01\text{m}$，$v(0)=1\text{m/s}$。

$$3\ddot{x}(t)+6\dot{x}(t)+12x(t)=3\delta(t)-\delta(t-1)$$

3-3　设有一单自由度系统，其所受激励力 $f(t)$ 如图 3-34 所示，而且激励力 $f(t)=F_0\sin t$，假设该系统为欠阻尼，求解该系统的响应。

3-4　一欠阻尼单自由度系统，已知 $m=1\text{kg}$，$k=1\text{N/m}$，$t_1=4\text{s}$，$F_0=20\text{N}$，假设该系统受到的激励力可表示为

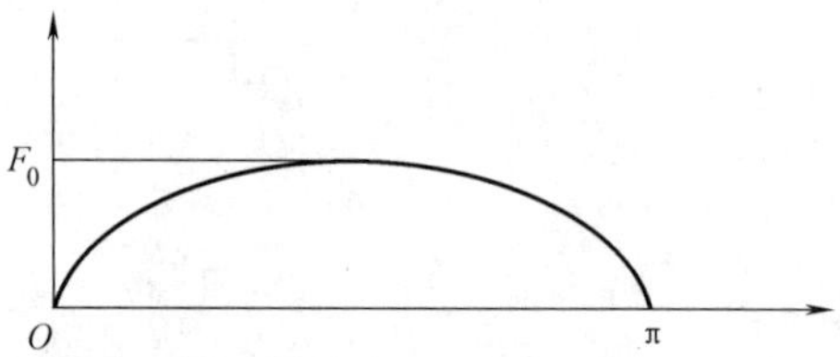

图 3-34　激励力 $f(t)$

$$f(t)=\begin{cases}\dfrac{F_0 t}{t_1}, & 0\leqslant t\leqslant t_1\\ F_0, & t>t_1\end{cases}$$

计算其响应。

3-5 一欠阻尼单自由度系统，已知 $m=1\text{kg}$，$k=100\text{N/m}$，激励力可表示为 $f(t)=F_0 t$，并且 $F_0=50\text{N}$，计算其响应。

3-6 设有一设备安置在弹性支承上，简化为只考虑竖直方向振动的一无阻尼单自由度系统，已知 $m=5000\text{kg}$，$k=1.5\times10^3\text{N/m}$。弹性支承受到如图 3-35 所示的激励，计算设备的振动响应。

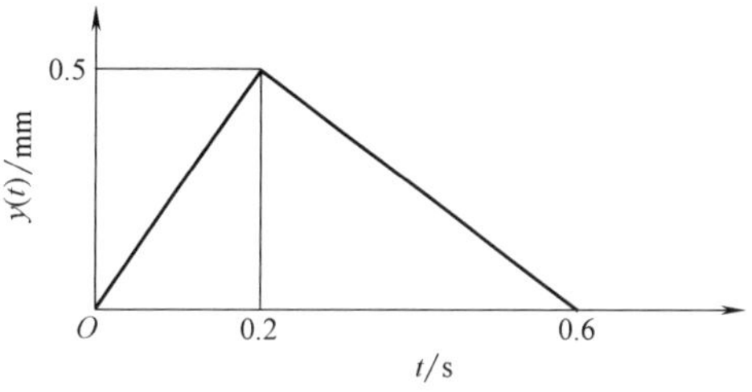

图 3-35 激励

3-7 已知一周期函数，该函数的某一周期可表示为 $f(t)=\begin{cases}0, & -\pi\leqslant t\leqslant 0\\ F_0, & 0\leqslant t\leqslant \pi\end{cases}$，计算该函数的傅里叶级数。

3-8 计算如图 3-36 所示锯齿波的傅里叶级数。

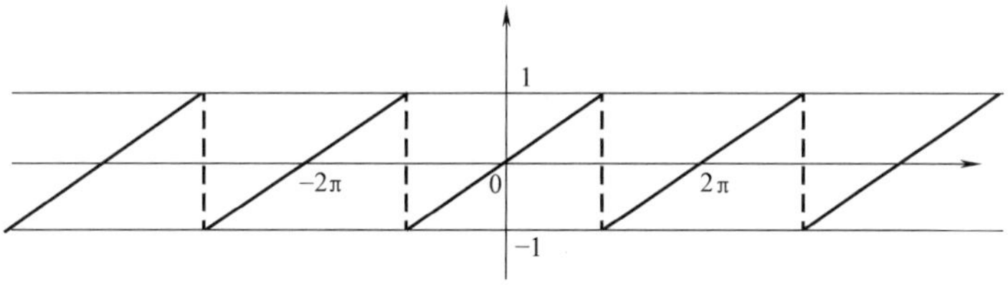

图 3-36 锯齿波

3-9 计算弹簧-质量-阻尼系统的完整响应，已知 $m=100\text{kg}$，阻尼比 $\zeta=0.1$，$k=1000\text{N/m}$。外激励为周期等于 2π、幅值等于 1N 的方波。

3-10 计算在受到阶跃函数激励时弹簧-质量-阻尼系统的完整响应。

3-11 通过拉普拉斯变换，计算 $m\ddot{x}(t)+c\dot{x}(t)+kx(t)=\delta(t)$ 的响应。假设其阻尼系数 $c=1.5\text{N}\cdot\text{s/m}$，质量 $m=1\text{kg}$，刚度 $k=100\text{N/m}$。

3-12 通过拉普拉斯变换，计算 $m\ddot{x}(t)+c\dot{x}(t)+kx(t)=F_0\exp(-at)$ 的响应。假设系统为欠阻尼，并且 $a>0$，初始条件为零。

3-13 通过拉普拉斯变换，计算 $100\ddot{x}(t)+2000x(t)=50\delta(t)$ 的响应，假设其初始条件为零。

3-14 已知一欠阻尼系统的质量 $m=100\text{kg}$，刚度 $k=1000\text{N/m}$，阻尼系数 $c=20\text{N}\cdot\text{s/m}$。该系统受到阶跃函数 $F(t)=\begin{cases}0\text{N}, & t<1\text{s}\\ 30\text{N}, & t\geqslant 1\text{s}\end{cases}$ 的激励，通过数值方法计算其在零初始条件下的响应，并与理论解进行比较。

3-15 已知一系统的质量 $m=150\text{kg}$，刚度 $k=4000\text{N/m}$，初始条件为 $x_0=0.01\text{m}$，$v_0=0.1\text{m/s}$，该系统受到阶跃函数 $F(t)=\begin{cases}0\text{N}, & t<1\text{s}\\ 15\text{N}, & t\geqslant 1\text{s}\end{cases}$ 的激励，计算该系统在不同阻尼比时的响

应。如果要求系统响应在 3s 内把幅值下降到原来的 0.1%，系统的最小阻尼比应该为多少？

3-16　通过状态空间方法重新计算习题 3-4。

3-17　通过状态空间方法重新计算习题 3-5。

3-18　通过状态空间方法重新计算习题 3-6。

3-19　分别通过数值计算方法和状态空间方法计算如下系统的响应：

$$10\ddot{x}(t)+20\dot{x}(t)+1500x(t)=20\sin(25t)+10\sin(15t)+20\sin(2t)$$

假设该系统的初始条件为 $x_0=0.01\text{m}$，$v_0=1.0\text{m/s}$。

第4章

多自由度系统的自由振动

一个振动系统，如果该系统在任意时刻的运动状态需要用多个独立的广义坐标来描述，则该系统就是多自由度系统。工程上比较复杂的振动问题大多需要多自由度系统的振动理论来解决。本章介绍多自由度系统的自由振动问题。从最简单的二自由度系统开始，着重讨论多自由度系统固有频率与模态的计算，并讨论多自由度系统自由振动响应问题的求解。多自由度系统的强迫振动问题将在第 5 章中详细讨论。

4.1　无阻尼二自由度系统的自由振动

为了便于阐述，首先以无阻尼二自由度系统为例，介绍其固有频率、模态等概念。需要指出的是，二自由度系统与单自由度系统相比，虽然只多了一个自由度，但是二自由度系统具有的基本特征与规律在单自由度系统中并不存在；另外，多自由度系统与二自由度系统相比，没有本质的区别，它们的振动特性分析和求解步骤完全相同，但是二自由度系统作为最简单的多自由度系统，在数学处理上相对简单。因此，讨论二自由度系统的振动问题，对于读者掌握多自由度系统的基本概念会有很大帮助。

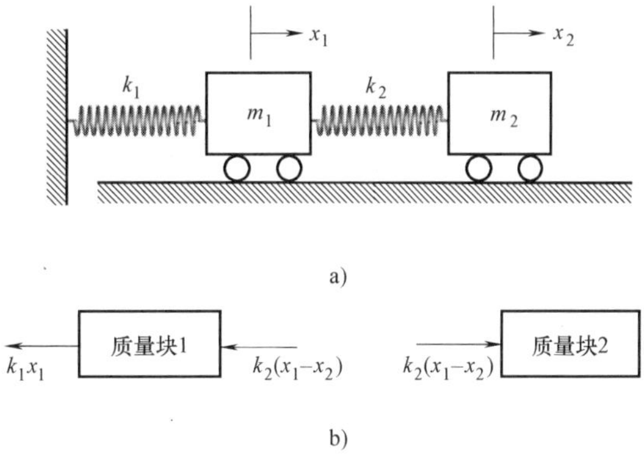

图 4-1　无阻尼二自由度振动系统及其受力分析图

a）无阻尼二自由度振动系统　b）受力分析

图 4-1a 所示为一个典型的无阻尼二自由度振动系统，分别对其质量块进行受力分析，如图 4-1b 所示。

从图 4-1b 中的受力分析可知，质量块的运动微分方程可表示为

$$m_1\ddot{x}_1(t)=-k_1x_1(t)-k_2[x_1(t)-x_2(t)]\quad（质量块 1）\tag{4-1a}$$

$$m_2\ddot{x}_2(t)=k_2[x_1(t)-x_2(t)]\quad（质量块 2）\tag{4-1b}$$

把式（4-1）重新表示为矩阵形式，即

$$\begin{pmatrix}m_1 & 0\\0 & m_2\end{pmatrix}\begin{pmatrix}\ddot{x}_1(t)\\\ddot{x}_2(t)\end{pmatrix}+\begin{pmatrix}k_1+k_2 & -k_2\\-k_2 & k_2\end{pmatrix}\begin{pmatrix}x_1(t)\\x_2(t)\end{pmatrix}=\begin{pmatrix}0\\0\end{pmatrix}\tag{4-2}$$

假设该振动系统受到初始条件影响，开始产生振动，存在一个问题：无阻尼二自由度系统中的 m_1 和 m_2 能否在相同频率和相同相位下做简谐振动？当然它们的振动幅值不一定相同。为此可以假设 m_1 和 m_2 在频率 ω、相位 ϕ 下振动，则式（4-2）的解可表示为

$$x_1(t)=X_1\sin(\omega t+\phi) \tag{4-3a}$$

$$x_2(t)=X_2\sin(\omega t+\phi) \tag{4-3b}$$

把式（4-3）代入式（4-2），可得

$$\begin{pmatrix} m_1 & 0 \\ 0 & m_2 \end{pmatrix}\begin{pmatrix} -\omega^2 X_1 \\ -\omega^2 X_2 \end{pmatrix}\sin(\omega t+\phi)+\begin{pmatrix} k_1+k_2 & -k_2 \\ -k_2 & k_2 \end{pmatrix}\begin{pmatrix} X_1 \\ X_2 \end{pmatrix}\sin(\omega t+\phi)$$

$$=\left[\begin{pmatrix} -\omega^2 m_1 & 0 \\ 0 & -\omega^2 m_2 \end{pmatrix}+\begin{pmatrix} k_1+k_2 & -k_2 \\ -k_2 & k_2 \end{pmatrix}\right]\begin{pmatrix} X_1 \\ X_2 \end{pmatrix}$$

$$=\begin{pmatrix} -\omega^2 m_1+k_1+k_2 & -k_2 \\ -k_2 & -\omega^2 m_2+k_2 \end{pmatrix}\begin{pmatrix} X_1 \\ X_2 \end{pmatrix}=\begin{pmatrix} 0 \\ 0 \end{pmatrix} \tag{4-4}$$

由式（4-4）可以发现，$X_1=X_2=0$ 是其一组解，但是 $X_1=X_2=0$ 意味着系统静止，故舍去这组解。因此对于 X_1 或者 X_2 有非零解的必要条件是其系数矩阵的行列式为零，即

$$\det\begin{pmatrix} -\omega^2 m_1+k_1+k_2 & -k_2 \\ -k_2 & -\omega^2 m_2+k_2 \end{pmatrix}=0 \tag{4-5}$$

式中，det( ) 表示求矩阵的行列式。

由式（4-5）可以整理得到

$$(-\omega^2 m_1+k_1+k_2)(-\omega^2 m_2+k_2)-k_2^2=0 \tag{4-6}$$

式（4-5）或式（4-6）称为频率方程（frequency equation）或者特征方程（characteristic equation），因为该方程的解只与系统的结构弹性和惯性特性有关，而与初始条件、外激励力等无关。为了便于说明，假设图 4-1 中 $k_1=k_2=k$，$m_1=m_2=m$，则式（4-6）可简化为

$$m\omega^4-3km\omega^2+k^2=0 \tag{4-7}$$

显然，由式（4-7）可以得到系统的特征值，即

$$\omega_1^2=\frac{3-\sqrt{5}}{2}\frac{k}{m}=0.382\frac{k}{m} \tag{4-8a}$$

$$\omega_2^2=\frac{3+\sqrt{5}}{2}\frac{k}{m}=2.618\frac{k}{m} \tag{4-8b}$$

由上述分析可以发现，如果无阻尼二自由度系统的振动频率等于其特征方程的解，则该系统中的 m_1 和 m_2 会以相同频率和在相同相位下做简谐振动。仿照研究单自由度系统的术语，将这两个频率从小到大依次称为系统的第一阶固有频率和第二阶固有频率，相应的振动分别称为系统的第一阶固有振动和第二阶固有振动。特征方程的解为系统的固有频率，按照从小到大排列为 ω_1 和 ω_2。由于振动系统的固有频率总是大于或等于 0，所以 $\omega_1=\sqrt{0.382\frac{k}{m}}$ 和 $\omega_2=\sqrt{2.618\frac{k}{m}}$。上述分析说明，二自由度无阻尼系统具有两种不同频率 ω_1 或 ω_2 的同步自由振动，而式（4-7）表明这两个频率仅取决于原系统的弹性和惯性特性。

在得到系统固有频率后，进一步求解在固有频率时的系统振动响应幅值 X_1 和 X_2。为了

便于阐述，令 $X_1^{(1)}$ 和 $X_2^{(1)}$ 为第一阶固有频率 ω_1 时的幅值，而 $X_1^{(2)}$ 和 $X_2^{(2)}$ 为第一阶固有频率 ω_2 时的幅值。令 $r_1=X_2^{(1)}/X_1^{(1)}$，$r_2=X_2^{(2)}/X_1^{(2)}$，把式（4-8a）和式（4-8b）分别代入式（4-4），可得

$$r_1=\frac{X_2^{(1)}}{X_1^{(1)}}=\frac{-m\omega_1^2+2k}{k}=\frac{1+\sqrt{5}}{2}=1.618 \tag{4-9a}$$

$$r_2=\frac{X_2^{(2)}}{X_1^{(2)}}=\frac{-m\omega_2^2+2k}{k}=\frac{1-\sqrt{5}}{2}=-0.618 \tag{4-9b}$$

整理式（4-9），即

$$\boldsymbol{X}^{(1)}=\begin{pmatrix}X_1\\X_2\end{pmatrix}^{(1)}=\begin{pmatrix}1\\r_1\end{pmatrix}X_1^{(1)}=\begin{pmatrix}1\\1.618\end{pmatrix}X_1^{(1)}，当\ \omega_1=\sqrt{0.382\frac{k}{m}}时 \tag{4-10a}$$

$$\boldsymbol{X}^{(2)}=\begin{pmatrix}X_1\\X_2\end{pmatrix}^{(2)}=\begin{pmatrix}1\\r_2\end{pmatrix}X_1^{(2)}=\begin{pmatrix}1\\-0.618\end{pmatrix}X_1^{(2)}，当\ \omega_2=\sqrt{2.618\frac{k}{m}}时 \tag{4-10b}$$

式（4-10）中，$\boldsymbol{X}^{(1)}$ 和 $\boldsymbol{X}^{(2)}$ 为系统对应固有频率的模态，例如当系统的振动频率在第一阶固有频率 $\omega_1=\sqrt{0.382\frac{k}{m}}=0.618\sqrt{\frac{k}{m}}$ 时，系统振幅之比为 $X_2^{(1)}/X_1^{(1)}=1.618$，即 m_1 和 m_2 同相运动，而它们的幅值比为 1.618；当系统的振动频率为第二阶固有频率 $\omega_2=\sqrt{2.618\frac{k}{m}}=1.618\sqrt{\frac{k}{m}}$ 时，系统振幅之比为 $X_2^{(1)}/X_1^{(1)}=-0.618$，即 m_1 和 m_2 反相运动，而它们的幅值比为 0.618。它们在固有频率时的响应如图 4-2 所示。

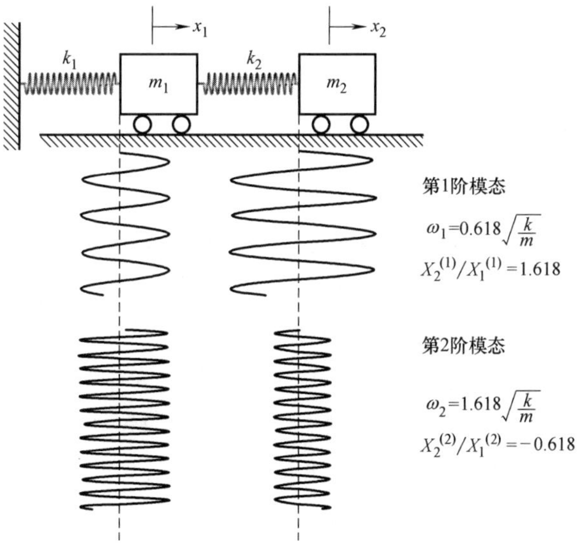

图 4-2 当 $m_1=m_2$，$k_1=k_2$ 时图 4-1 所示二自由度系统的固有频率及响应

图 4-3 所示为该系统的模态形状，需要指出的是，模态形状表示质量块 m_1 和 m_2 之间的振动幅值之比，而不是其振动幅值绝对值。

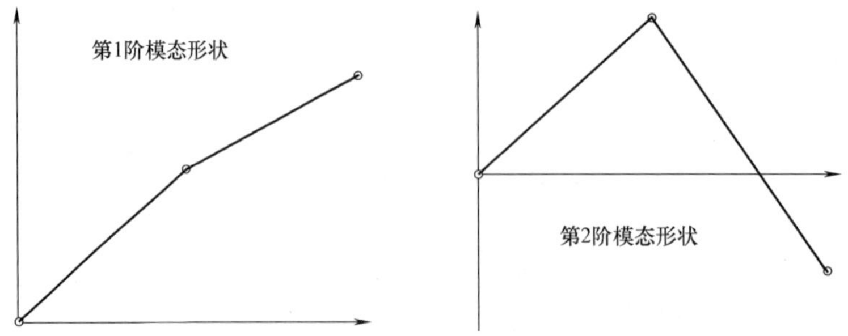

图 4-3　当 $m_1=m_2$，$k_1=k_2$ 时图 4-1 所示二自由度系统的模态形状

4.2　通过 MATLAB 计算系统固有频率及其模态

在 4.1 节中，以二自由度系统为例，介绍了多自由度系统固有频率及其模态形状的计算过程。显然，对于多自由度系统，如果要通过手工计算，其频率方程或者特征方程的求解难度会随着自由度的增加而急遽增加，所以有必要通过 MATLAB 软件编程计算得到多自由度系统的固有频率及其模态。

对于多自由度无阻尼自由振动系统，系统的运动微分方程可统一表示为

$$\boldsymbol{M}\ddot{\boldsymbol{x}}(t)+\boldsymbol{K}\boldsymbol{x}(t)=\boldsymbol{0} \tag{4-11}$$

式中，$\boldsymbol{M}$ 为 $n\times n$ 的质量矩阵（n 为系统自由度）；$\boldsymbol{K}$ 为 $n\times n$ 的刚度矩阵；$\boldsymbol{x}(t)$ 为系统的位移响应向量。

注意到在固有频率下振动时，系统在相同频率和相同相位下做简谐振动，所以可以假设系统位移响应 $\boldsymbol{x}(t)$ 的形式为

$$\boldsymbol{x}(t)=\boldsymbol{X}\sin(\omega t+\phi) \tag{4-12}$$

把式（4-12）代入式（4-11），可得

$$-\boldsymbol{M}\boldsymbol{X}\omega^2\sin(\omega t+\phi)+\boldsymbol{K}\boldsymbol{X}\sin(\omega t+\phi)=\boldsymbol{0} \tag{4-13}$$

为了便于计算，设 $\lambda=\omega^2$，注意到式（4-13）中，包含正弦函数的项不可能在任意时刻为零，为使式（4-13）成立，必须满足：

$$\lambda\boldsymbol{M}\boldsymbol{X}=\boldsymbol{K}\boldsymbol{X}\ \text{或者}\quad (\boldsymbol{K}-\lambda\boldsymbol{M})\boldsymbol{X}=\boldsymbol{0} \tag{4-14}$$

式（4-14）能够成立的必要条件是系数矩阵（$\boldsymbol{K}-\lambda\boldsymbol{M}$）的行列式为零，即

$$\det(\boldsymbol{K}-\lambda\boldsymbol{M})=0 \tag{4-15}$$

式（4-15）为多自由度系统的特征方程，满足 $\lambda\boldsymbol{M}\boldsymbol{X}=\boldsymbol{K}\boldsymbol{X}$ 的 $\boldsymbol{X}$ 和 λ 被称为广义特征向量（generalized eigenvector）和广义特征值（generalized eigenvalue）。通过求解式（4-15），即可得到系统的固有频率，因为 $\omega_i=\sqrt{\lambda_i}$，而所得特征向量 $\boldsymbol{X}_k$ 即为系统的第 k 阶模态形状。

如果只需要计算系统固有频率，可以通过如下 MATLAB 命令来实现：

```
d=eig(K,M)
```

该命令行返回向量 $\boldsymbol{d}$，在向量 $\boldsymbol{d}$ 中包含所有满足特征方程 $\lambda\boldsymbol{M}\boldsymbol{X}=\boldsymbol{K}\boldsymbol{X}$ 的特征值 λ（对于 n 自由度系统，存在 n 个特征值），随后就可以得到系统固有频率，即 $\omega_i=\sqrt{\lambda_i}$。

例 4-1 设有一个四自由度弹簧-质量系统，如图 4-4 所示。已知弹簧刚度 $k_1=k_2=k_3=k_4=k_5=1000\text{N/m}$，质量 $m_1=m_2=m_3=m_4=1\text{kg}$，计算其固有频率。

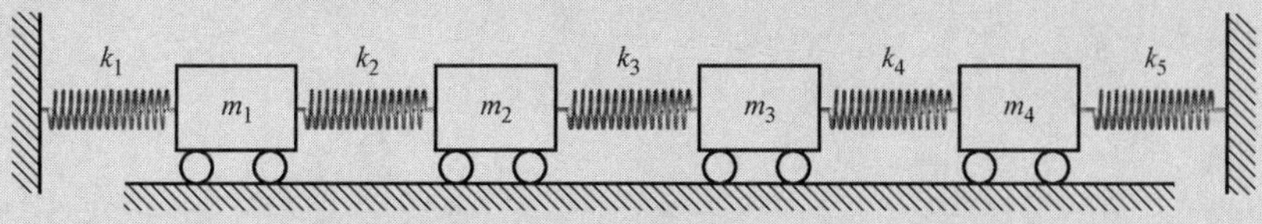

图 4-4　四自由度弹簧-质量系统

解：由图 4-4 结合题意可知，该系统的质量矩阵 $\boldsymbol{M}$ 和刚度矩阵 $\boldsymbol{K}$ 分别为

$$\boldsymbol{M}=\begin{pmatrix} m_1 & 0 & 0 & 0 \\ 0 & m_2 & 0 & 0 \\ 0 & 0 & m_3 & 0 \\ 0 & 0 & 0 & m_4 \end{pmatrix}=\begin{pmatrix} 1 & 0 & 0 & 0 \\ 0 & 1 & 0 & 0 \\ 0 & 0 & 1 & 0 \\ 0 & 0 & 0 & 1 \end{pmatrix}$$

$$\boldsymbol{K}=\begin{pmatrix} k_1+k_2 & -k_2 & 0 & 0 \\ -k_2 & k_2+k_3 & -k_3 & 0 \\ 0 & -k_3 & k_3+k_4 & -k_4 \\ 0 & 0 & -k_4 & k_4+k_5 \end{pmatrix}=\begin{pmatrix} 2000 & -1000 & 0 & 0 \\ -1000 & 2000 & -1000 & 0 \\ 0 & -1000 & 2000 & -1000 \\ 0 & 0 & -1000 & 2000 \end{pmatrix}$$

在 MATLAB 命令窗口中输入如下命令：

```
>>  M=[1 0 0 0; 0 1 0 0; 0 0 1 0; 0 0 0 1], K=[2e3 -1e3 0 0; -1e3 2e3 -1e3 0; 0 -1e3 2000 -1e3;
0 0 -1e3 2e3]
```

可建立图 4-4 所示四自由度系统的质量矩阵和刚度矩阵，即

```
M =
     1     0     0     0
     0     1     0     0
     0     0     1     0
     0     0     0     1
K =
        2000       -1000           0           0
       -1000        2000       -1000           0
           0       -1000        2000       -1000
           0           0       -1000        2000
```

再通过 MATLAB 函数 eig 进行求解，输入如下命令：

```
d=eig(K,M), wn=sqrt(d)
```

可得结果如下，其中 d 即为特征值向量，而 wn 为系统固有频率（单位为 rad/s）。需要指出的是，在通过 MATLAB 计算特征值时，其特征值（以及对应固有频率）会自动从小到大排列。

```
>> d=eig(K,M),wn=sqrt(d)
d =
    1.0e+03 *
    0.3820
    1.3820
    2.6180
    3.6180
wn =
    19.5440
    37.1748
    51.1667
    60.1501
```

如果需要同时得到系统的特征值及对应特征向量，可通过如下命令来实现：

```
[V,D]=eig(K,M)
```

该命令返回 2 个矩阵 **V** 和 **D**，其中 **V** 矩阵的每一列对应特征向量 **X**；而 **D** 矩阵的对角元素对应特征值 λ。为了提取第 i 阶固有频率及其对应模态，可使用下列 MATLAB 命令：

```
omega=sqrt(D(i,i))
X=V(:,i)
```


例 4-2 还是以图 4-4 所示的四自由度系统为例，弹簧刚度 $k_1=k_2=k_3=k_4=k_5=1000\text{N/m}$，质量 $m_1=m_2=m_3=m_4=1\text{kg}$，计算其固有频率及其对应模态。

解： 以下 MATLAB 程序可用于计算其固有频率及其对应模态。

```
clear all,
m1=1; m2=1; m3=1; m4=1;
k1=1e3; k2=1e3; k3=1e3; k4=1e3; k5=1e3;
M=[m1  0  0  0
   0  m2  0  0
   0  0  m3  0
   0  0  0  m4];
K=[k1+k2 -k2 0 0
   -k2  k2+k3  -k3  0
   0  -k3  k3+k4  -k4
   0  0  -k4  k4+k5];
[V,D]=eig(K,M);
for i=1 :4
display(['The ' num2str(i)' mode'])
omega=sqrt(D(i,i))
X=V(:,i)
end
```

```
x=1:1e-3:4;
y1=0:1e-3:1;
y2=-1:1e-3:1;
figure(1),
subplot(2,2,1), plot(V(:,1),'k-o','linewidth',2)
hold on, plot(x,0*x,'k'),plot(ones(1,length(y1)),y1,'k'),axis off
title('第 1 阶模态')

subplot(2,2,2), plot(V(:,2),'k-o','linewidth',2)
hold on, plot(x,0*x,'k'),plot(ones(1,length(y2)),y2,'k'),axis off
title('第 2 阶模态')

subplot(2,2,3), plot(V(:,3),'k-o','linewidth',2)
hold on, plot(x,0*x,'k'),plot(ones(1,length(y2)),y2,'k'),axis off
title('第 3 阶模态')

subplot(2,2,4), plot(V(:,4),'k-o','linewidth',2)
hold on, plot(x,0*x,'k'),plot(ones(1,length(y2)),y2,'k'),axis off
title('第 4 阶模态')
```

运行的结果如下：


```
    The 1 mode
    omega =
        19.5440
    X =
        0.3717
        0.6015
        0.6015
        0.3717
    The 2 mode
    omega =
        37.1748
    X =
        -0.6015
        -0.3717
        0.3717
        0.6015
    The 3 mode
    omega =
        51.1667
    X =
        -0.6015
        0.3717
```

```
        0.3717
       -0.6015
The 4 mode
omega =
        60.1501
X =
       -0.3717
        0.6015
       -0.6015
        0.3717
```

显然，第 1 阶固有频率为 $\omega_1 = 19.5440\text{rad/s}$，对应模态为 $X_1 = (0.3717, 0.6015, 0.6015, 0.3717)^T$；第 2 阶固有频率为 $\omega_2 = 37.1748\text{rad/s}$，对应模态为 $X_2 = (-0.6015, -0.3717, 0.3717, 0.6015)^T$。第 3 阶固有频率为 $\omega_3 = 51.1667\text{rad/s}$，对应模态为 $X_3 = (-0.6015, 0.3717, 0.3717, -0.6015)^T$。第 4 阶固有频率为 $\omega_4 = 60.1501\text{rad/s}$，对应模态为 $X_4 = (-0.3717, 0.6015, -0.6015, 0.3717)^T$。其模态形状如图 4-5 所示。

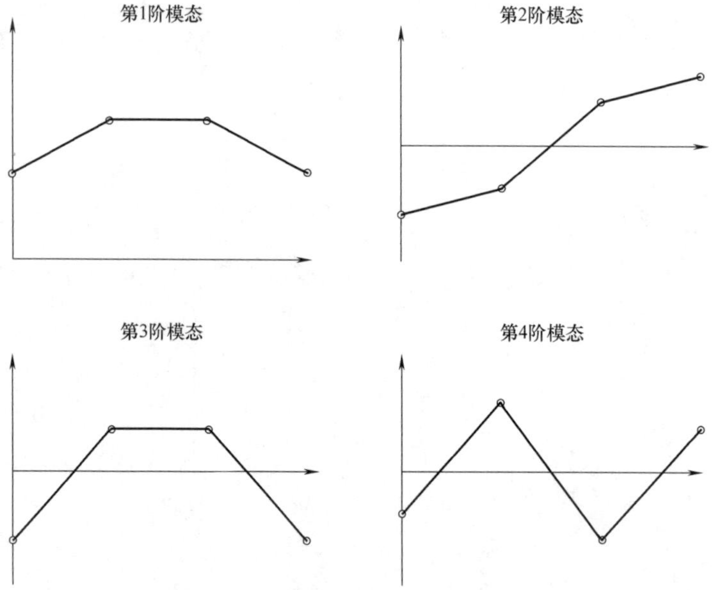

图 4-5　例 4-2 计算所得模态形状

4.3　模态的正交性与正则化

4.3.1　模态的正交性

在 4.2 节，讨论了多自由度系统的固有频率及其模态的计算方法，现在介绍模态的一个重要性质——正交性。由式（4-14）可知，对于第 i 阶和第 j 阶固有频率及其对应模态满足

$$KX_i = \omega_i^2 MX_i \tag{4-16a}$$

$$KX_j = \omega_j^2 MX_j \tag{4-16b}$$

分别对式（4-16a）和式（4-16b）左乘 X_j^T 和 X_i^T 可得

$$X_j^T Kx_i = \omega_i^2 X_j^T MX_i \tag{4-17a}$$

$$X_i^T KX_j = \omega_j^2 X_i^T MX_j \tag{4-17b}$$

由于刚度矩阵 K 和质量矩阵 M 具有对称性，所以

$$X_j^T KX_i = X_i^T KX_j \tag{4-18a}$$

$$X_j^T MX_i = X_i^T MX_j \tag{4-18b}$$

式（4-17b）与式（4-17a）相减，并利用式（4-18），可得

$$\omega_i^2 X_j^T MX_i - \omega_j^2 X_i^T MX_j = (\omega_i^2 - \omega_j^2) X_j^T MX_i = X_j^T KX_i - X_i^T KX_j = 0 \tag{4-19}$$

一般情况下 $\omega_i^2 \neq \omega_j^2$，所以由式（4-19）可知

$$X_j^T MX_i = 0,\ i \neq j \tag{4-20}$$

同理可得

$$X_j^T KX_i = 0,\ i \neq j \tag{4-21}$$

式（4-20）和式（4-21）表示模态 X_j 和 X_i 关于质量矩阵和刚度矩阵均为正交。当 $i=j$ 时，则

$$X^T MX = M_m \tag{4-22a}$$

$$X^T KX = K_m \tag{4-22b}$$

而系统的第 n 阶固有频率可表示为 $\omega_n = \sqrt{\dfrac{K_m(n,n)}{M_m(n,n)}}$。

由模态正交性可知，M_m 和 K_m 均为对角矩阵，其第（i，i）个对角元素表示第 i 阶模态质量和模态刚度。

4.3.2 模态的正则化

模态从数学意义上而言，代表一组特征向量。特征向量中单独一个元素的值没有意义，因为特征向量乘以任意非零值还是特征向量，但是特征向量元素之间的比例为定值，所以理论上模态（特征向量）存在无数种解。为了便于分析和比较，通常需要对模态进行正则化。常见的模态正则化方法包括：

1）使得特征向量中最大元素为 1，而其他元素为 $X_j(k) = \dfrac{X_j(k)}{\max(X_j)}$。

2）质量正则化，即 $X_j^T MX_k = \delta_{jk} = \begin{cases} 1,\ j=k \\ 0,\ j \neq k \end{cases}$。

为了便于分析，在以下的讨论中，正则化模态均指质量正则化。对应任意一阶模态 X_j，其正则化模态 X_j 为

$$X_j = \frac{1}{\sqrt{M_m(j,j)}} X_j \tag{4-23}$$

式（4-23）也可表示为矩阵形式，即

$$X_j = X_j(M_m)^{-\frac{1}{2}} \tag{4-24}$$

把式（4-24）代入式（4-22），可得

$$X^{\mathrm{T}}MX = I \tag{4-25a}$$

$$X^{\mathrm{T}}KX = \Omega \tag{4-25b}$$

式中，I 为单位矩阵；Ω 为对角矩阵，它的第 n 个对角元素为 ω_n^2。

例 4-3 在例 4-2 中通过 MATLAB 函数 eig 得到的模态是否为质量正则化模态？

解： 通过 MATLAB 函数 eig 得到的模态矩阵和固有频率矩阵分别为

$$X = \begin{pmatrix} 0.3717 & -0.6015 & -0.6015 & -0.3717 \\ 0.6015 & -0.3717 & 0.3717 & 0.6015 \\ 0.6015 & 0.3717 & 0.3717 & -0.6015 \\ 0.3717 & 0.6015 & -0.6015 & 0.3717 \end{pmatrix}, \quad \Omega = \begin{pmatrix} 382 & 0 & 0 & 0 \\ 0 & 1382 & 0 & 0 \\ 0 & 0 & 2618 & 0 \\ 0 & 0 & 0 & 3618 \end{pmatrix}$$

按照质量正则化定义，把通过 MATLAB 函数 eig 得到的模态代入式（4-25a）和式（4-25b），可得

$$X^{\mathrm{T}}MX = \begin{pmatrix} 0.3717 & -0.6015 & -0.6015 & -0.3717 \\ 0.6015 & -0.3717 & 0.3717 & 0.6015 \\ 0.6015 & 0.3717 & 0.3717 & -0.6015 \\ 0.3717 & 0.6015 & -0.6015 & 0.3717 \end{pmatrix}^{\mathrm{T}} \begin{pmatrix} 1 & 0 & 0 & 0 \\ 0 & 1 & 0 & 0 \\ 0 & 0 & 1 & 0 \\ 0 & 0 & 0 & 1 \end{pmatrix}$$
$$\begin{pmatrix} 0.3717 & -0.6015 & -0.6015 & -0.3717 \\ 0.6015 & -0.3717 & 0.3717 & 0.6015 \\ 0.6015 & 0.3717 & 0.3717 & -0.6015 \\ 0.3717 & 0.6015 & -0.6015 & 0.3717 \end{pmatrix}$$
$$= \begin{pmatrix} 1 & 0 & 0 & 0 \\ 0 & 1 & 0 & 0 \\ 0 & 0 & 1 & 0 \\ 0 & 0 & 0 & 1 \end{pmatrix} = I$$

$$X^{\mathrm{T}}KX = \begin{pmatrix} 0.3717 & -0.6015 & -0.6015 & -0.3717 \\ 0.6015 & -0.3717 & 0.3717 & 0.6015 \\ 0.6015 & 0.3717 & 0.3717 & -0.6015 \\ 0.3717 & 0.6015 & -0.6015 & 0.3717 \end{pmatrix}^{\mathrm{T}}$$
$$\begin{pmatrix} 2000 & -1000 & 0 & 0 \\ -1000 & 2000 & -1000 & 0 \\ 0 & -1000 & 2000 & -1000 \\ 0 & 0 & -1000 & 2000 \end{pmatrix} \begin{pmatrix} 0.3717 & -0.6015 & -0.6015 & -0.3717 \\ 0.6015 & -0.3717 & 0.3717 & 0.6015 \\ 0.6015 & 0.3717 & 0.3717 & -0.6015 \\ 0.3717 & 0.6015 & -0.6015 & 0.3717 \end{pmatrix}$$
$$= \begin{pmatrix} 382 & 0 & 0 & 0 \\ 0 & 1382 & 0 & 0 \\ 0 & 0 & 2618 & 0 \\ 0 & 0 & 0 & 3618 \end{pmatrix} = \Omega$$

显然，从上述计算中可以发现，通过 MATLAB 函数 eig 得到的模态即为质量正则化模态。

例 4-4 已知下列向量也是例 4-2 中的模态，请问如何进行质量正则化？

$$\boldsymbol{X}=\begin{pmatrix}0.37363 & -0.36180 & -0.44721 & -0.82706\\ 0.60455 & -0.22361 & 0.27639 & 1.33821\\ 0.60455 & 0.22361 & 0.27639 & -1.33821\\ 0.37363 & 0.36180 & -0.44721 & 0.82706\end{pmatrix}$$

解： 首先通过式（4-22a）计算其模态质量，即

$$\boldsymbol{M}_m=\boldsymbol{X}^{\mathrm{T}}\boldsymbol{M}\boldsymbol{X}=\begin{pmatrix}0.37363 & -0.36180 & -0.44721 & -0.82706\\ 0.60455 & -0.22361 & 0.27639 & 1.33821\\ 0.60455 & 0.22361 & 0.27639 & -1.33821\\ 0.37363 & 0.36180 & -0.44721 & 0.82706\end{pmatrix}^{\mathrm{T}}$$

$$\begin{pmatrix}1 & 0 & 0 & 0\\ 0 & 1 & 0 & 0\\ 0 & 0 & 1 & 0\\ 0 & 0 & 0 & 1\end{pmatrix}\begin{pmatrix}0.37363 & -0.36180 & -0.44721 & -0.82706\\ 0.60455 & -0.22361 & 0.27639 & 1.33821\\ 0.60455 & 0.22361 & 0.27639 & -1.33821\\ 0.37363 & 0.36180 & -0.44721 & 0.82706\end{pmatrix}$$

$$=\begin{pmatrix}1.01016 & 0 & 0 & 0\\ 0 & 0.36180 & 0 & 0\\ 0 & 0 & 0.55278 & 0\\ 0 & 0 & 0 & 4.94967\end{pmatrix}$$

由式（4-24），对模态矩阵进行正则化处理，即

$$\boldsymbol{X}=\boldsymbol{X}\left(\boldsymbol{M}_m\right)^{-\frac{1}{2}}$$

$$=\begin{pmatrix}0.37363 & -0.36180 & -0.44721 & -0.82706\\ 0.60455 & -0.22361 & 0.27639 & 1.33821\\ 0.60455 & 0.22361 & 0.27639 & -1.33821\\ 0.37363 & 0.36180 & -0.44721 & 0.82706\end{pmatrix}$$

$$\begin{pmatrix}1.01016 & 0 & 0 & 0\\ 0 & 0.36180 & 0 & 0\\ 0 & 0 & 0.55278 & 0\\ 0 & 0 & 0 & 4.94967\end{pmatrix}^{-\frac{1}{2}}$$

$$=\begin{pmatrix}0.3717 & -0.6015 & -0.6015 & -0.3717\\ 0.6015 & -0.3717 & 0.3717 & 0.6015\\ 0.6015 & 0.3717 & 0.3717 & -0.6015\\ 0.3717 & 0.6015 & -0.6015 & 0.3717\end{pmatrix}$$

显然，正则化后得到的模态矩阵与例 4-3 中通过 MATLAB 计算得到的模态矩阵完全一致。

4.4 无阻尼多自由度系统的自由振动响应

由模态的定义可知，结构的响应可表示为模态与一组广义坐标向量的组合，即

$$\boldsymbol{x}(t)=\boldsymbol{X}\boldsymbol{\eta}(t) \tag{4-26}$$

把式（4-26）代入多自由度无阻尼自由振动系统的运动微分方程［式（4-11）］，可得

$$\boldsymbol{M}\boldsymbol{X}\ddot{\boldsymbol{\eta}}(t)+\boldsymbol{K}\boldsymbol{X}\boldsymbol{\eta}(t)=\boldsymbol{0} \tag{4-27}$$

在式（4-27）前乘模态的转置矩阵 $\boldsymbol{X}^{\mathrm{T}}$，可得

$$\boldsymbol{X}^{\mathrm{T}}\boldsymbol{M}\boldsymbol{X}\ddot{\boldsymbol{\eta}}(t)+\boldsymbol{X}^{\mathrm{T}}\boldsymbol{K}\boldsymbol{X}\boldsymbol{\eta}(t)=\boldsymbol{0} \tag{4-28}$$

根据式（4-25）中归一化模态的定义（$\boldsymbol{X}^{\mathrm{T}}\boldsymbol{M}\boldsymbol{X}=\boldsymbol{I}$，$\boldsymbol{X}^{\mathrm{T}}\boldsymbol{K}\boldsymbol{X}=\boldsymbol{\Omega}$），式（4-28）可进一步表示为

$$\ddot{\boldsymbol{\eta}}(t)+\boldsymbol{\Omega}\boldsymbol{\eta}(t)=\boldsymbol{0} \tag{4-29a}$$

利用式（4-26），此时的初始条件为

$$\boldsymbol{\eta}(0)=\boldsymbol{X}^{-1}\boldsymbol{x}(0),\ \dot{\boldsymbol{\eta}}(0)=\boldsymbol{X}^{-1}\dot{\boldsymbol{x}}(0) \tag{4-29b}$$

由于 $\boldsymbol{\Omega}$ 为对角矩阵，对于 N 自由度系统，式（4-29）也可表示为

$$\ddot{\eta}_n(t)+\omega_n^2\eta_n(t)=0,\ n=1,2,\cdots,N \tag{4-30}$$

式（4-30）意味着可以通过模态坐标把多自由度系统解耦为 N 个单自由度系统，如图 4-6 所示，这使得多自由度系统的计算难度大为下降。根据初始条件计算得到 $\eta_n(t)$，再把计算得到的 $\eta_n(t)$ 代入式（4-26），即可得到系统自由振动的响应。而第 i 个质量块的响应为

$$x_i(t)=\sum_{n=1}^{N}X(n,i)\eta_n(t) \tag{4-31}$$

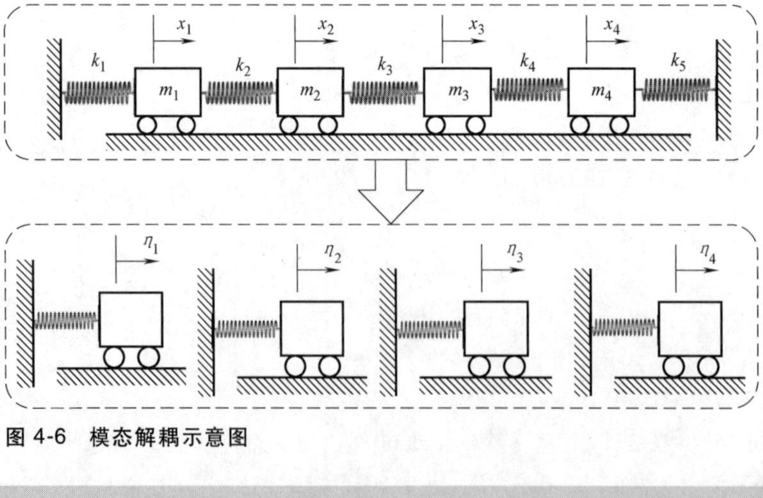

图 4-6 模态解耦示意图

例 4-5 设有如图 4-7 所示的二自由度系统，已知 $m_1=m_2=10\mathrm{kg}$，$k_1=k_3=10\mathrm{N/m}$，$k_2=20\mathrm{N/m}$，初始条件为 $\boldsymbol{x}(0)=\begin{pmatrix}1\\-1\end{pmatrix}$，$\dot{\boldsymbol{x}}(0)=\boldsymbol{v}(0)=\begin{pmatrix}1\\0\end{pmatrix}$，计算其响应。

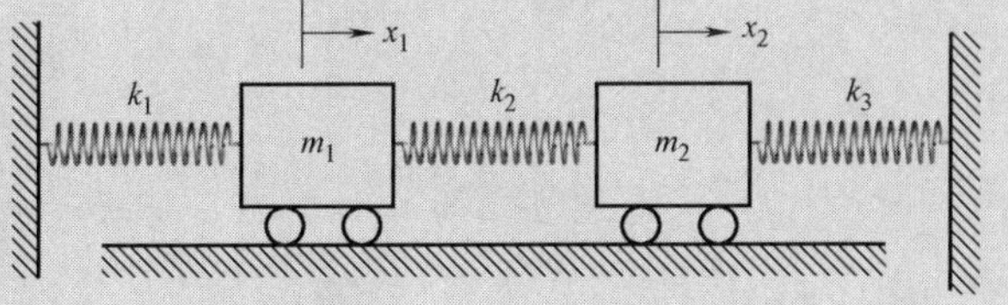

图 4-7　二自由度系统

解：系统的运动微分方程为

$$\boldsymbol{M}\ddot{\boldsymbol{x}}(t)+\boldsymbol{K}\boldsymbol{x}(t)=\boldsymbol{0}$$

显然，图 4-7 所示二自由度系统的质量矩阵和刚度矩阵分布为

$$\boldsymbol{M}=\begin{pmatrix} m_1 & 0 \\ 0 & m_2 \end{pmatrix}=\begin{pmatrix} 10 & 0 \\ 0 & 10 \end{pmatrix},\ \boldsymbol{K}=\begin{pmatrix} k_1+k_2 & -k_2 \\ -k_2 & k_2+k_3 \end{pmatrix}=\begin{pmatrix} 30 & -20 \\ -20 & 30 \end{pmatrix}$$

通过 MATLAB 函数 eig，可以得到固有频率矩阵和模态矩阵，即

$$\boldsymbol{\Omega}=\begin{pmatrix} \omega_1^2 & 0 \\ 0 & \omega_2^2 \end{pmatrix}=\begin{pmatrix} 1 & 0 \\ 0 & 5 \end{pmatrix},\ \boldsymbol{X}=\begin{pmatrix} -0.2236 & -0.2236 \\ -0.2236 & 0.2236 \end{pmatrix}$$

由式（4-26）可知，结构的响应可表示为模态与一组广义模态坐标向量的组合，即 $\boldsymbol{x}=\boldsymbol{X}\boldsymbol{\eta}(t)$，结合式（4-30），系统的运动微分方程可解耦为

$$\ddot{\eta}_n(t)+\omega_n^2\eta_n(t)=0,n=1,\ 2$$

把计算得到的固有频率代入上式，即

$$\begin{cases} \ddot{\eta}_1(t)+\eta_1(t)=0 \\ \ddot{\eta}_2(t)+5\eta_2(t)=0 \end{cases}$$

把初始条件也表示为模态坐标，即

$$\boldsymbol{x}(t=0)=\boldsymbol{X}\boldsymbol{\eta}(t=0),\ \dot{\boldsymbol{x}}(t=0)=\boldsymbol{X}\dot{\boldsymbol{\eta}}(t=0)$$

通过上式可以将初始条件转换为模态坐标，即

$$\boldsymbol{\eta}(t=0)=\boldsymbol{X}^{-1}\boldsymbol{x}(t=0)=\begin{pmatrix} -0.2236 & -0.2236 \\ -0.2236 & 0.2236 \end{pmatrix}^{-1}\begin{pmatrix} 1 \\ -1 \end{pmatrix}=\begin{pmatrix} 0 \\ -4.4721 \end{pmatrix}$$

$$\dot{\boldsymbol{\eta}}(t=0)=\boldsymbol{X}^{-1}\dot{\boldsymbol{x}}(t=0)=\begin{pmatrix} -0.2236 & -0.2236 \\ -0.2236 & 0.2236 \end{pmatrix}^{-1}\begin{pmatrix} 1 \\ 0 \end{pmatrix}=\begin{pmatrix} -2.236 \\ -2.236 \end{pmatrix}$$

利用第 1 章单自由度系统的自由响应公式（1-7），可知系统的模态响应为

$$\eta_n(t)=\frac{\dot{\eta}_n(t=0)}{\omega_n}\sin(\omega_n t)+\eta_n(t=0)\cos(\omega_n t),n=1,\ 2$$

把初始条件和固有频率代入上式，可得

$$\eta_1(t)=-2.236\sin(t)$$

$$\eta_2(t)=\frac{-2.236}{\sqrt{5}}\sin(\sqrt{5}t)-4.4721\cos(\sqrt{5}t)=-\sin(\sqrt{5}t)-4.4721\cos(\sqrt{5}t)$$

把 $\eta_1(t)$ 和 $\eta_2(t)$ 代入式（4-26），即可得到系统响应

$$\boldsymbol{x}(t)=\boldsymbol{X}\boldsymbol{\eta}(t)=\begin{pmatrix}-0.2236 & -0.2236\\ -0.2236 & 0.2236\end{pmatrix}\begin{pmatrix}\eta_1(t)\\ \eta_2(t)\end{pmatrix}$$

$$=\begin{pmatrix}-0.2236 & -0.2236\\ -0.2236 & 0.2236\end{pmatrix}\begin{pmatrix}-2.236\sin(t)\\ -\sin(\sqrt{5}t)-4.4721\cos(\sqrt{5}t)\end{pmatrix}$$

$$=\begin{pmatrix}0.5\sin(t)+0.224\sin(\sqrt{5}t)+\cos(\sqrt{5}t)\\ 0.5\sin(t)-0.224\sin(\sqrt{5}t)-\cos(\sqrt{5}t)\end{pmatrix}$$

所以系统的响应为

$$\begin{cases}x_1(t)=0.5\sin(t)+0.224\sin(\sqrt{5}t)+\cos(\sqrt{5}t)\\ x_2(t)=0.5\sin(t)-0.224\sin(\sqrt{5}t)-\cos(\sqrt{5}t)\end{cases}$$

由上式可以发现，二自由度无阻尼系统的自由振动一般是两种不同频率固有振动的线性叠加，一般不是简谐振动，甚至可能是非周期的振动。例 4-5 的响应如图 4-8 所示。

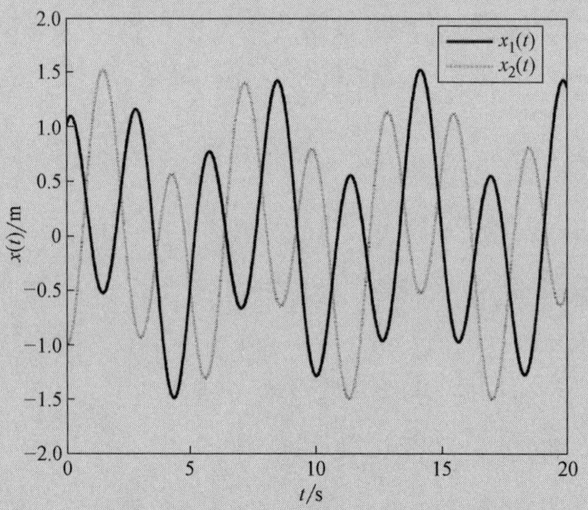

图 4-8　例 4-5 的响应

需要指出的是，在某些特殊初始条件时，系统可以只在某一频率下做简谐振动。如果初始位移与模态形状成正比，而初始速度为零，则系统会以对应的固有频率进行振动。例如，把初始条件修改为：$\boldsymbol{x}(0)=(1,1)^{\mathrm{T}}$，$\boldsymbol{v}(0)=(0,0)^{\mathrm{T}}$，则 $t=0$ 时刻的模态坐标就变成

$$\boldsymbol{\eta}(t=0)=\boldsymbol{X}^{-1}\boldsymbol{x}(t=0)=\begin{pmatrix}-0.2236 & -0.2236\\ -0.2236 & 0.2236\end{pmatrix}^{-1}\begin{pmatrix}1\\ 1\end{pmatrix}=\begin{pmatrix}-4.4721\\ 0\end{pmatrix}$$

$$\dot{\boldsymbol{\eta}}(t=0)=\boldsymbol{X}^{-1}\dot{\boldsymbol{x}}(t=0)=\begin{pmatrix}-0.2236 & -0.2236\\ -0.2236 & 0.2236\end{pmatrix}^{-1}\begin{pmatrix}0\\ 0\end{pmatrix}=\begin{pmatrix}0\\ 0\end{pmatrix}$$

通过初始条件和固有频率，可得 $\eta_1(t)=-4.4721\sin(t)$，$\eta_2(t)=0$。把 $\eta_1(t)$ 和 $\eta_2(t)$ 代入式（4-26），即可得到系统响应

$$\boldsymbol{x}(t)=\boldsymbol{X}\boldsymbol{\eta}(t)=\begin{pmatrix}-0.2236 & -0.2236\\-0.2236 & 0.2236\end{pmatrix}\begin{pmatrix}\eta_1(t)\\\eta_2(t)\end{pmatrix}$$

$$=\begin{pmatrix}-0.2236 & -0.2236\\-0.2236 & 0.2236\end{pmatrix}\begin{pmatrix}-4.4721\sin(t)\\0\end{pmatrix}=\begin{pmatrix}\sin(t)\\\sin(t)\end{pmatrix}$$

显然，系统此时以第 1 阶固有频率（1rad/s）振动，而且质量块 m_1 和 m_2 同相振动，而且幅值相等，如图 4-9a 所示。

如果把初始条件修改为：$\boldsymbol{x}(0)=(1,-1)^{\mathrm{T}}$，$\boldsymbol{v}(0)=(0,0)^{\mathrm{T}}$，则 $t=0$ 时刻的模态坐标为

$$\boldsymbol{\eta}(t=0)=\boldsymbol{X}^{-1}\boldsymbol{x}(t=0)=\begin{pmatrix}0\\-4.4721\end{pmatrix},\ \dot{\boldsymbol{\eta}}(t=0)=\begin{pmatrix}0\\0\end{pmatrix}$$

通过初始条件和固有频率，可得 $\eta_1(t)=0$，$\eta_2(t)=-4.4721\sin(\sqrt{5}t)$，$\eta_2(t)=0$。把 $\eta_1(t)$和 $\eta_2(t)$代入式（4-26），即可得到系统响应

$$\boldsymbol{x}(t)=\boldsymbol{X}\boldsymbol{\eta}(t)=\begin{pmatrix}-0.2236 & -0.2236\\-0.2236 & 0.2236\end{pmatrix}\begin{pmatrix}\eta_1(t)\\\eta_2(t)\end{pmatrix}$$

$$=\begin{pmatrix}-0.2236 & -0.2236\\-0.2236 & 0.2236\end{pmatrix}\begin{pmatrix}0\\-4.4721\sin(\sqrt{5}t)\end{pmatrix}=\begin{pmatrix}\sin(\sqrt{5}t)\\-\sin(\sqrt{5}t)\end{pmatrix}$$

显然，系统此时以第 2 阶固有频率（2.236rad/s）振动，而且质量块 m_1 和 m_2 反相振动，而且幅值相等，如图 4-9b 所示。

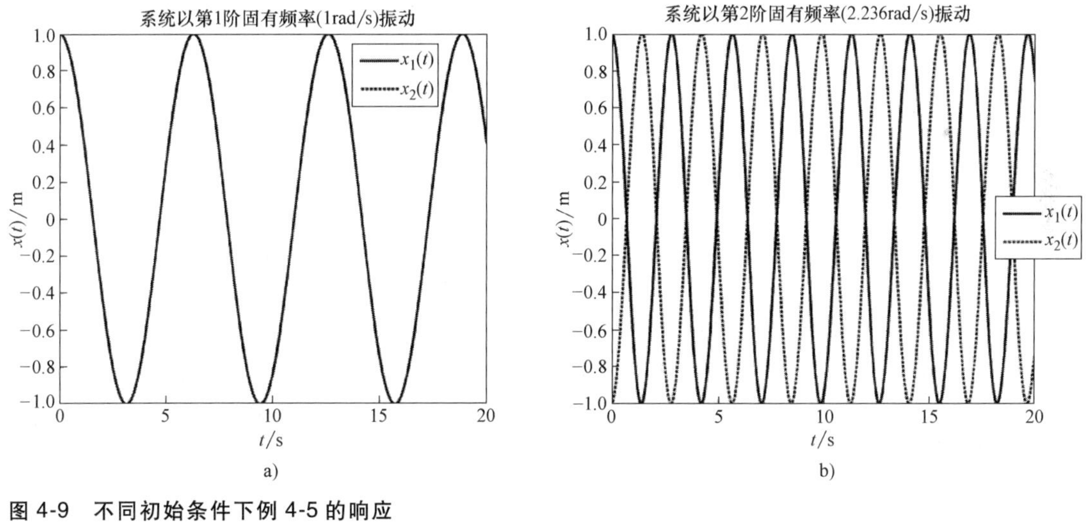

图 4-9 不同初始条件下例 4-5 的响应

a) $\boldsymbol{x}(0)=(1,1)^{\mathrm{T}}$，$\boldsymbol{v}(0)=(0,0)^{\mathrm{T}}$ b) $\boldsymbol{x}(0)=[1,-1]^{\mathrm{T}}$，$\boldsymbol{v}(0)=(0,0)^{\mathrm{T}}$

用于计算图 4-9a 的 MATLAB 程序如下所示，如果把该程序第 2 行的初始位移修改为“x_0=[1 -1].';”，则可得到图 4-9b 的结果。

```
clear all, close all
x_0=[1 1].';
v_0=[0 0].';
t=linspace(0, 20, 1e3);
```

```
M=[10 0; 0 10];
K=[30 -20; -20 30];
[V,D]=eig(K,M);
Dof=length(D);
xm=V^(-1) * x_0;
vm=V^(-1) * v_0;
for n=1:Dof
    omega_n=sqrt(D(n, n));
    C(n)=sqrt(xm(n)^2 + (vm(n)/omega_n)^2);
    phi(n)=atan2(xm(n) * omega_n, vm(n));
    X(n,:)=C(n) * sin(omega_n * t+phi(n));
    X(n,:)=xm(n) * cos(omega_n * t)+vm(n)/omega_n * sin(omega_n * t);
end
xr=V * X;


figure(1),
for n=1:Dof
    plot(t,xr,'linewidth',2), hold on,
end
xlabel('{\itt}/s')
ylabel('{\itx}({\itt})/m')
legend('{\itx}_1({\itt})','{\itx}_2({\itt})')
```


通过上述分析可知，多自由度系统自由振动响应的计算步骤可归纳如下：

1）建立运动微分方程，得到质量矩阵 $\boldsymbol{M}$ 和刚度矩阵 $\boldsymbol{K}$。

2）利用特征方程（$\boldsymbol{K}-\lambda\boldsymbol{M}$）= $\boldsymbol{0}$ 计算得到系统的特征值（固有频率的二次方）和特征向量（模态）。

3）对模态进行正则化，使得 $\boldsymbol{X}^{\mathrm{T}}\boldsymbol{M}\boldsymbol{X}=\boldsymbol{I}$，$\boldsymbol{X}^{\mathrm{T}}\boldsymbol{K}\boldsymbol{X}=\boldsymbol{\Omega}$。

4）利用模态解耦，得到解耦的运动微分方程 $\ddot{\boldsymbol{\eta}}(t)+\boldsymbol{\Omega}\boldsymbol{\eta}(t)=\boldsymbol{0}(\boldsymbol{x}(t)=\boldsymbol{X}\boldsymbol{\eta}(t))$。

5）把初始条件转换为模态坐标，即 $\boldsymbol{\eta}(t=0)=\boldsymbol{X}^{-1}\boldsymbol{x}(t=0)$，$\dot{\boldsymbol{\eta}}(t=0)=\boldsymbol{X}^{-1}\dot{\boldsymbol{x}}(t=0)$。

6）利用单自由度系统的自由振动响应公式，计算得到 $\boldsymbol{\eta}(t)$。

7）利用公式 $\boldsymbol{x}(t)=\boldsymbol{X}\boldsymbol{\eta}(t)$，得到系统响应。

例 4-6 如图 4-10 所示的双摆，其运动微分方程可表示为

$$\begin{pmatrix} m_1L_1 & 0 \\ L_1 & L_2 \end{pmatrix}\begin{pmatrix} \ddot{\theta}_1(t) \\ \ddot{\theta}_2(t) \end{pmatrix}+\begin{pmatrix} (m_1+m_2)g & -m_2g \\ 0 & g \end{pmatrix}\begin{pmatrix} \theta_1(t) \\ \theta_2(t) \end{pmatrix}=\begin{pmatrix} 0 \\ 0 \end{pmatrix}$$

假设该双摆的 $m_1=1\text{kg}$，$m_2=2\text{kg}$，$L_1=L_2=1\text{m}$，已知该双摆的初始条件为$\begin{pmatrix} \theta_1(0) \\ \theta_2(0) \end{pmatrix}=$

$\begin{pmatrix}0\\0.01\end{pmatrix}$，$\begin{pmatrix}\dot{\theta}_1(0)\\\dot{\theta}_2(0)\end{pmatrix}=\begin{pmatrix}0\\0\end{pmatrix}$，计算其响应。

解：由题意可得，该双摆的运动微分方程为

$$\begin{pmatrix}1 & 0\\1 & 1\end{pmatrix}\begin{pmatrix}\ddot{\theta}_1(t)\\\ddot{\theta}_2(t)\end{pmatrix}+\begin{pmatrix}3g & -2g\\0 & g\end{pmatrix}\begin{pmatrix}\theta_1(t)\\\theta_2(t)\end{pmatrix}=\begin{pmatrix}0\\0\end{pmatrix}$$

取重力加速度 $g=9.8\text{m/s}^2$，只要把例 4-5 程序中的第 2~6 行修改为

```
x_0=[0 0.01].';
v_0=[0 0].';
t=linspace(0, 10, 1e3);
M=[1 0; 1 1];
K=[3*9.8 -2*9.8; 0 9.8];
```

即可得到本例的计算程序。需要指出的是，虽然本例中双摆的质量矩阵和刚度矩阵均不是对称矩阵，但是求解过程还是相同的。运行该程序，即可整理得到该双摆的响应，即

$$\begin{cases}\theta_1(t)=0.0041\cos(\sqrt{5.3950}\,t)-0.0041\cos(\sqrt{53.4050}\,t)\\\theta_2(t)=0.0050\cos(\sqrt{5.3950}\,t)+0.0050\cos(\sqrt{53.4050}\,t)\end{cases}$$

该双摆的响应曲线如图 4-11 所示。

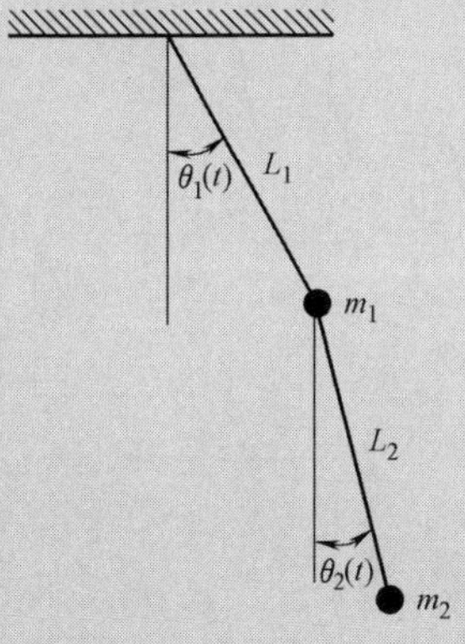

图 4-10 以 θ_1 和 θ_2 建立坐标系的双摆

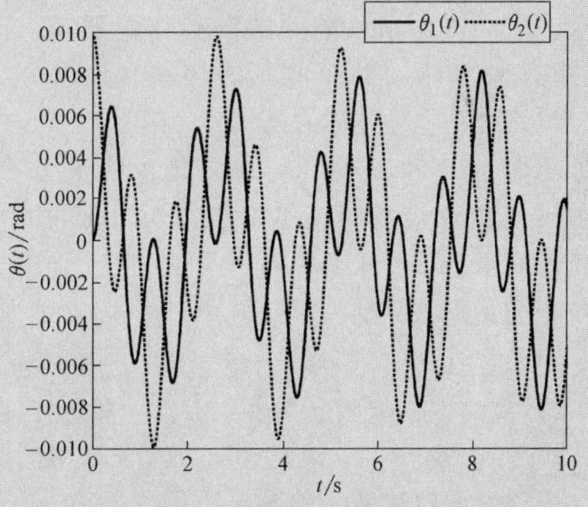

图 4-11 例 4-6 的计算结果

例 4-7 如图 4-12 所示的三自由度系统，已知 $m_1=m_3=1\text{kg}$，$m_2=2\text{kg}$，$k_1=k_2=5\text{N/m}$，计算该系统在如下初始条件时的响应。

$$\boldsymbol{x}(0)=\begin{pmatrix}x_1(0)\\x_2(0)\\x_3(0)\end{pmatrix}=\begin{pmatrix}1\\0\\0\end{pmatrix},\ \dot{\boldsymbol{x}}(0)=\begin{pmatrix}v_1(0)\\v_2(0)\\v_3(0)\end{pmatrix}=\begin{pmatrix}1\\0\\0\end{pmatrix}$$

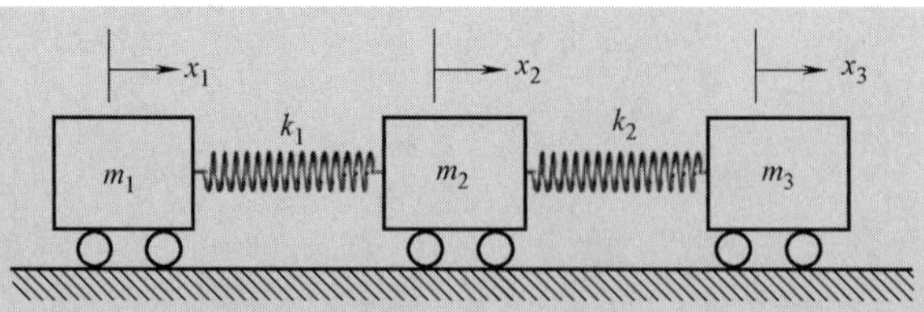

图 4-12　三自由度系统

解：该三自由度系统的运动微分方程可表示为

$$M\ddot{x}(t)+Kx(t)=0$$

式中，$M=\begin{pmatrix}1&0&0\\0&2&0\\0&0&1\end{pmatrix}$，$K=\begin{pmatrix}5&-5&0\\-5&10&-5\\0&-5&5\end{pmatrix}$。

把例 4-5 程序中的第 2~6 行修改为

```
x_0=[1 0 0].';
v_0=[1 0 0].';
t=linspace(0, 20, 1e3);
M=[1 0 0; 0 2 0; 0 0 1];
K=[5 -5 0; -5 10 -5; 0 -5 5];
```


运行修改后的程序，可得该系统的响应，结果如图 4-13 所示。从图 4-13 中可以发现，由于该振动系统两端没有弹簧固定，并在初始时刻 m_1 具有向右的位移和速度，所以该系统是在整体向右运动。

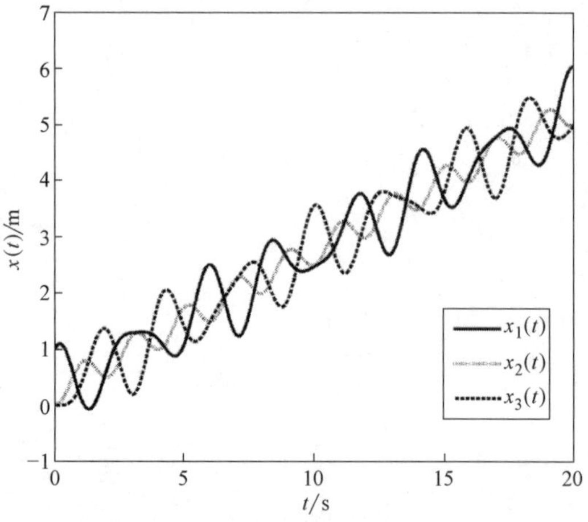

图 4-13　例 4-7 的计算结果

由图 4-12 和图 4-13 可以发现，该系统的静平衡位置会随时间变化，进一步通过 MATLAB 函数 eig 可以得到该系统的特征值和特征向量矩阵分别为

$$\Omega=\begin{pmatrix}0&0&0\\0&5&0\\0&0&10\end{pmatrix},\ X=\begin{pmatrix}0.5&-0.707&-0.5\\0.5&0&0.5\\0.5&0.707&-0.5\end{pmatrix}$$

显然，此时该系统的第 1 阶固有频率为 $0(\omega_1=0)$，系统产生了无弹性变形的刚体运动，一般将这种零固有频率及相应的刚体运动振型称为**刚体模态**。

由于零固有频率的存在，在程序中出现了 sin(0)/0 的情况，但是 MATLAB 内置函数能够在保证精度的情况下自动计算出正确结果。

当然也可以利用解耦的运动微分方程式（4-30），把 $\omega_1=0$ 代入该方程，可得

$$\ddot{\eta}_1(t)=0$$

显然，上式的解为

$$\eta_1(t)=\eta_1(0)t+\dot{\eta}_1(0)$$

通过式（4-29b）可得

$$\boldsymbol{\eta}(0)=\boldsymbol{X}^{-1}\boldsymbol{x}_0=\begin{pmatrix}0.5 & -0.707 & -0.5\\0.5 & 0 & 0.5\\0.5 & 0.707 & -0.5\end{pmatrix}^{-1}\begin{pmatrix}1\\0\\0\end{pmatrix}=\begin{pmatrix}0.5\\-0.707\\-0.5\end{pmatrix}$$

$$\dot{\boldsymbol{\eta}}(0)=\boldsymbol{X}^{-1}\dot{\boldsymbol{x}}_0=\begin{pmatrix}0.5 & -0.707 & -0.5\\0.5 & 0 & 0.5\\0.5 & 0.707 & -0.5\end{pmatrix}^{-1}\begin{pmatrix}1\\0\\0\end{pmatrix}=\begin{pmatrix}0.5\\-0.707\\-0.5\end{pmatrix}$$

从上式可得，$\eta_1(0)=0.5$，$\dot{\eta}_1(0)=0.5$，所以

$$\eta_1(t)=0.5t+0.5$$

所以，也可以把例 4-5 中程序的第 13 行修改为

```
if n==1
    X(1,:)=0.5*t+0.5;
else
    X(n,:)=xm(n)*cos(omega_n*t)+vm(n)/omega_n*sin(omega_n*t);
end
```

运行修改后的程序可以发现，结果与图 4-13 完全相同。这意味着只要通过修改质量矩阵、刚度矩阵和初始条件，例 4-5 中的程序可以计算任意无阻尼多自由度系统的自由振动响应。

4.5 阻尼多自由度系统的响应

4.5.1 比例阻尼

在实际的振动系统中，总是存在阻尼，使系统的自由振动不断衰减，最后处于静止状态。对于阻尼多自由度系统的自由振动，系统的运动微分方程可统一表示为

$$\boldsymbol{M}\ddot{\boldsymbol{x}}(t)+\boldsymbol{C}\dot{\boldsymbol{x}}(t)+\boldsymbol{K}\boldsymbol{x}(t)=\boldsymbol{0} \tag{4-32}$$

式中，$\boldsymbol{C}$ 为阻尼矩阵。

为了便于分析，假设阻尼为比例阻尼，即阻尼矩阵可表示为

$$\boldsymbol{C}=\alpha\boldsymbol{M}+\beta\boldsymbol{K} \tag{4-33}$$

式中，α 和 β 均为实常数。

把式（4-33）代入式（4-32），则系统的运动微分方程可表示为

$$\boldsymbol{M}\ddot{\boldsymbol{x}}(t)+(\alpha\boldsymbol{M}+\beta\boldsymbol{K})\dot{\boldsymbol{x}}(t)+\boldsymbol{K}\boldsymbol{x}(t)=\boldsymbol{0} \tag{4-34}$$

类似无阻尼系统，同样把结构的响应表示为模态与模态坐标的组合，即

$$\boldsymbol{x}(t)=\boldsymbol{X}\boldsymbol{\eta}(t) \tag{4-35}$$

把式（4-35）代入式（4-34），可得

$$\boldsymbol{M X}\ddot{\boldsymbol{\eta}}(t)+(\alpha \boldsymbol{M}+\beta \boldsymbol{K})\boldsymbol{X}\dot{\boldsymbol{\eta}}(t)+\boldsymbol{K X}\boldsymbol{\eta}(t)=\boldsymbol{0} \tag{4-36}$$

用 $\boldsymbol{X}^{\mathrm{T}}$ 左乘式（4-36），利用正则化模态性质（$\boldsymbol{X}^{\mathrm{T}}\boldsymbol{M X}=\boldsymbol{I}$，$\boldsymbol{X}^{\mathrm{T}}\boldsymbol{K X}=\boldsymbol{\Omega}$），则式（4-36）可重新表示为

$$\ddot{\boldsymbol{\eta}}(t)+(\alpha \boldsymbol{I}+\beta \boldsymbol{\Omega})\dot{\boldsymbol{\eta}}(t)+\boldsymbol{\Omega}\boldsymbol{\eta}(t)=\boldsymbol{0} \tag{4-37}$$

由于 $\boldsymbol{I}$ 和 $\boldsymbol{\Omega}$ 为对角矩阵，也就是说，对于比例阻尼，$\boldsymbol{X}^{\mathrm{T}}\boldsymbol{C X}$ 也是对角矩阵。对于 N 自由度系统，式（4-37）也可表示为

$$\ddot{\eta}_n(t)+(\alpha+\beta\omega_n^2)\dot{\eta}_n(t)+\omega_n^2\eta_n(t)=0, n=1,2,\cdots N \tag{4-38}$$

为了便于表述，定义第 n 阶模态的阻尼系数 c_n 及其对应阻尼系数 ζ_n 为

$$c_n=\alpha+\beta\omega_n^2, \zeta_n=\frac{c_n}{2\omega_n}=\frac{\alpha+\beta\omega_n^2}{2\omega_n} \tag{4-39}$$

利用式（4-39），则式（4-38）可进一步表示为

$$\ddot{\eta}_n(t)+2\omega_n\zeta_n\dot{\eta}_n(t)+\omega_n^2\eta_n(t)=0, n=1,2,\cdots,N \tag{4-40}$$

显然，式（4-40）解耦为单自由度阻尼系统，对于欠阻尼系统（$0<\eta_n<1$），则式（4-40）的解为

$$\eta_n(t)=A_n\exp(-\zeta_n\omega_n t)\sin(\omega_{\mathrm{d},n}t+\phi_n) \tag{4-41}$$

式中，$\omega_{\mathrm{d},n}$ 为第 n 阶模态的阻尼固有频率，$\omega_{\mathrm{d},n}=\sqrt{1-\zeta_n^2}\,\omega_n$。

而幅值 A_n 和相位 ϕ_n 可表示为

$$A_n=\sqrt{\eta_n^2(0)+\left[\frac{\dot{\eta}_n(0)+\zeta_n\omega_n\eta_n(0)}{\omega_{\mathrm{d},n}^2}\right]^2}, \quad \phi_n=\arctan\frac{\eta_n(0)\omega_{\mathrm{d},n}}{\dot{\eta}_n(0)+\zeta_n\omega_n\eta_n(0)} \tag{4-42}$$

式中，$\eta_n(0)$ 和 $\dot{\eta}_n(0)$ 分别表示在模态坐标下的初始位移和初始速度，即

$$\boldsymbol{\eta}(0)=\boldsymbol{X}^{-1}\boldsymbol{x}(0), \dot{\boldsymbol{\eta}}(0)=\boldsymbol{X}^{-1}\dot{\boldsymbol{x}}(0) \tag{4-43}$$

把通过式（4-41）计算得到的 $\eta_n(t)$ 代入式（4-35），即可得到系统在物理坐标下的解。

例 4-8 设有一弹簧-质量-阻尼系统，如图 4-14 所示，已知 $m_1=m_2=1\mathrm{kg}$，$k_1=k_2=k_3=1\mathrm{N/m}$，$c_1=c_2=c_3=0.1\mathrm{N\cdot s/m}$，$F_1(t)=F_2(t)=0\mathrm{N}$，计算该系统在如下初始条件时的响应。

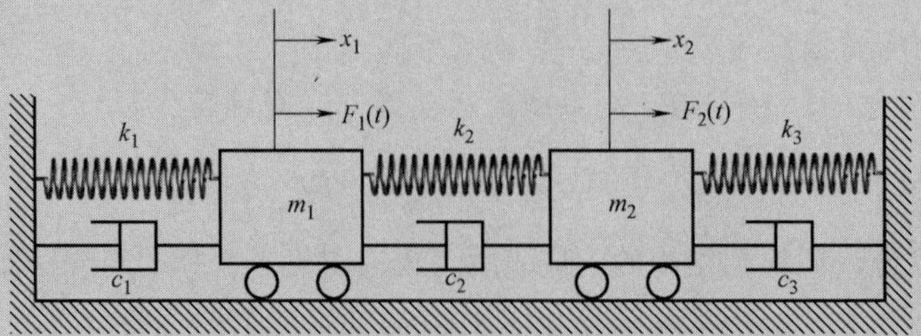

图 4-14 弹簧-质量-阻尼系统

$$\begin{pmatrix} x_1(0) \\ x_2(0) \end{pmatrix} = \begin{pmatrix} 1 \\ -1 \end{pmatrix},\ \begin{pmatrix} \dot{x}_1(0) \\ \dot{x}_2(0) \end{pmatrix} = \begin{pmatrix} 0 \\ 1 \end{pmatrix}$$

解：该系统的运动微分方程可表示为

$$\begin{pmatrix} m_1 & 0 \\ 0 & m_2 \end{pmatrix}\begin{pmatrix} \ddot{x}_1(t) \\ \ddot{x}_2(t) \end{pmatrix} + \begin{pmatrix} c_1+c_2 & -c_2 \\ -c_2 & c_2+c_3 \end{pmatrix}\begin{pmatrix} \dot{x}_1(t) \\ \dot{x}_2(t) \end{pmatrix} + \begin{pmatrix} k_1+k_2 & -k_2 \\ -k_2 & k_2+k_3 \end{pmatrix}\begin{pmatrix} x_1(t) \\ x_2(t) \end{pmatrix} = \begin{pmatrix} F_1(t) \\ F_2(t) \end{pmatrix}$$

把已知参数代入上式，可得

$$\begin{pmatrix} 1 & 0 \\ 0 & 1 \end{pmatrix}\begin{pmatrix} \ddot{x}_1(t) \\ \ddot{x}_2(t) \end{pmatrix} + \begin{pmatrix} 0.2 & -0.1 \\ -0.1 & 0.2 \end{pmatrix}\begin{pmatrix} \dot{x}_1(t) \\ \dot{x}_2(t) \end{pmatrix} + \begin{pmatrix} 2 & -1 \\ -1 & 2 \end{pmatrix}\begin{pmatrix} x_1(t) \\ x_2(t) \end{pmatrix} = \begin{pmatrix} 0 \\ 0 \end{pmatrix}$$

利用 MATLAB 函数 eig 可得该系统的特征值和特征向量矩阵分别为

$$\boldsymbol{\Omega} = \begin{pmatrix} 1 & 0 \\ 0 & 3 \end{pmatrix},\ \boldsymbol{X} = \begin{pmatrix} -0.7071 & -0.7071 \\ -0.7071 & 0.7071 \end{pmatrix}$$

利用 $\boldsymbol{x}(t) = \boldsymbol{X\eta}(t)$，并左乘 $\boldsymbol{X}^{\mathrm{T}}$，可得

$$\begin{pmatrix} \ddot{\eta}_1(t) \\ \ddot{\eta}_2(t) \end{pmatrix} + \begin{pmatrix} 0.1 & 0 \\ 0 & 0.3 \end{pmatrix}\begin{pmatrix} \dot{\eta}_1(t) \\ \dot{\eta}_2(t) \end{pmatrix} + \begin{pmatrix} 1 & 0 \\ 0 & 3 \end{pmatrix}\begin{pmatrix} \eta_1(t) \\ \eta_2(t) \end{pmatrix} = \begin{pmatrix} 0 \\ 0 \end{pmatrix}$$

显然，该系统的阻尼为比例阻尼，上式可进一步解耦为两个单自由度阻尼系统，即

$$\ddot{\eta}_1(t) + 0.1\dot{\eta}_1(t) + \eta_1(t) = 0$$

$$\ddot{\eta}_2(t) + 0.3\dot{\eta}_1(t) + 3\eta_2(t) = 0$$

利用式（4-39），可得模态阻尼和阻尼比分别为

$$c_1 = 0.1,\ \zeta_1 = \frac{c_1}{2\omega_1} = 0.05$$

$$c_2 = 0.5,\ \zeta_2 = \frac{c_2}{2\omega_2} = 0.087$$

而模态坐标下的初始位移和初始速度为

$$\boldsymbol{\eta}(0) = \boldsymbol{X}^{-1}\boldsymbol{x}(0) = \begin{pmatrix} -0.7071 & -0.7071 \\ -0.7071 & 0.7071 \end{pmatrix}^{-1}\begin{pmatrix} 1 \\ -1 \end{pmatrix} = \begin{pmatrix} 0 \\ -1.4142 \end{pmatrix}$$

$$\dot{\boldsymbol{\eta}}(0) = \boldsymbol{X}^{-1}\dot{\boldsymbol{x}}(0) = \begin{pmatrix} -0.7071 & -0.7071 \\ -0.7071 & 0.7071 \end{pmatrix}^{-1}\begin{pmatrix} 0 \\ 1 \end{pmatrix} = \begin{pmatrix} -0.7071 \\ 0.7071 \end{pmatrix}$$

上述分析可以通过如下 MATLAB 程序进行计算，结果如图 4-15 所示。

```
clear all, close all
x_0=[1 -1].';
v_0=[0 1].';
t=linspace(0, 100, 1e3);
```

```
M=[1 0; 0 1];
K=[2 -1; -1 2];
C=[0.2 -0.1; -0.1 0.2];
[V,D]=eig(K,M);
Cm=V'*C*V;

Dof=length(D);
xm=V^(-1)*x_0;
vm=V^(-1)*v_0;
for n=1:Dof
    wn=sqrt(D(n, n));
    zeta=Cm(n,n)/(2*wn);
    wd=wn*sqrt(1-zeta^2);
    xo=xm(n); vo=vm(n);
    A=(1/wd)*(sqrt(((vo+zeta*wn*xo)^2)+((xo*wd)^2)));
    if xo==0 && vo==0
        ang=0;
    else
        ang=atan2((xo*wd),(vo+zeta*wn*xo));
    end
    X(n,:)=A*sin(t*wd+ang).*exp(-zeta*t*wn);
  end
xr=V*X;

figure(1),
plot(t,xr,'linewidth',2)
xlabel('{\itt})/s')
ylabel('{\itx}({\itt})/m')
legend('{\itx}_1','{\itx}_2')
```


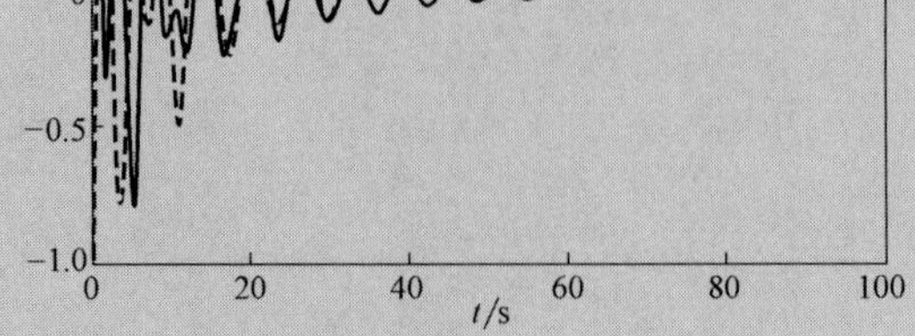

图 4-15　例 4-8 的计算结果

4.5.2 非比例阻尼

对于非比例阻尼的情况，阻尼矩阵 $\boldsymbol{C}$ 不能表示为式（4-33）的形式，即 $\boldsymbol{X}^{\mathrm{T}}\boldsymbol{C}\boldsymbol{X}$ 不能保证为对角矩阵，为了求解具有非比例阻尼的多自由度系统，首先需要对运动微分方程进行变换。对于 N 自由度系统，假设

$$\boldsymbol{v}(t)=\dot{\boldsymbol{x}}(t) \tag{4-44}$$

显然，

$$\dot{\boldsymbol{v}}(t)=\ddot{\boldsymbol{x}}(t) \tag{4-45}$$

则式（4-32）可重新表示为

$$\boldsymbol{M}\dot{\boldsymbol{v}}(t)+\boldsymbol{C}\boldsymbol{v}(t)+\boldsymbol{K}\boldsymbol{x}(t)=\boldsymbol{0} \tag{4-46}$$

式（4-46）可进一步表示为

$$\begin{pmatrix}\boldsymbol{I}_{N\times N} & \boldsymbol{0}_{N\times N}\\ \boldsymbol{0}_{N\times N} & \boldsymbol{M}\end{pmatrix}\begin{pmatrix}\dot{\boldsymbol{x}}(t)\\ \dot{\boldsymbol{v}}(t)\end{pmatrix}+\begin{pmatrix}\boldsymbol{0}_{N\times N} & -\boldsymbol{I}_{N\times N}\\ \boldsymbol{K} & \boldsymbol{C}\end{pmatrix}\begin{pmatrix}\boldsymbol{x}(t)\\ \boldsymbol{v}(t)\end{pmatrix}=\boldsymbol{0}_{2N\times 1} \tag{4-47}$$

假设 $\boldsymbol{Q}=\begin{pmatrix}\boldsymbol{I}_{N\times N} & \boldsymbol{0}_{N\times N}\\ \boldsymbol{0}_{N\times N} & \boldsymbol{M}\end{pmatrix}$，$\boldsymbol{D}=\begin{pmatrix}\boldsymbol{0}_{N\times N} & -\boldsymbol{I}_{N\times N}\\ \boldsymbol{K} & \boldsymbol{C}\end{pmatrix}$，$\boldsymbol{y}(t)=\begin{pmatrix}\boldsymbol{x}(t)\\ \boldsymbol{v}(t)\end{pmatrix}$，则式（4-47）进一步简化为

$$\boldsymbol{Q}\dot{\boldsymbol{y}}(t)+\boldsymbol{D}\boldsymbol{y}(t)=0 \tag{4-48}$$

这样，就可以把多自由度系统转换为一阶微分方程，可以把式（4-48）的解进一步表示为

$$\boldsymbol{y}(t)=\boldsymbol{U}\exp(-\boldsymbol{\lambda}t) \tag{4-49}$$

式中，$\boldsymbol{U}$ 为常系数向量；$\boldsymbol{\lambda}$ 为常数。

把式（4-49）代入式（4-48），可得

$$-\boldsymbol{Q}\boldsymbol{\lambda}\boldsymbol{U}\exp(-\lambda t)+\boldsymbol{D}\boldsymbol{U}\exp(-\lambda t)=\boldsymbol{0} \tag{4-50}$$

显然，式（4-50）可简化为

$$(\boldsymbol{D}-\boldsymbol{\lambda}\boldsymbol{Q})\boldsymbol{U}=\boldsymbol{0} \tag{4-51}$$

与无阻尼系统相同，式（4-51）的特征值问题可以直接通过之前的 MATLAB 程序来计算。需要指出的是，式（4-51）的解比较复杂，对于阻尼系统，$\boldsymbol{U}$ 和 $\boldsymbol{\lambda}$ 的值有可能为复数。基于欧拉方程，$\boldsymbol{\lambda}$ 可表示为

$$\boldsymbol{\lambda}=\zeta\pm\mathrm{i}\omega,\ \mathrm{i}=\sqrt{-1} \tag{4-52}$$

式中，ζ 和 ω 为实正数。

由于 $\boldsymbol{D}$ 和 $\boldsymbol{Q}$ 为 $2N\times 2N$ 矩阵，所以式（4-51）的解可表示为

$$\boldsymbol{y}(t)=\sum_{i=1}^{2n}\left[a_i\boldsymbol{U}_i\exp(-\boldsymbol{\lambda}_i t)\right] \tag{4-53}$$

式中，a_i 为未知系数，由初始条件决定。

系数 a_i 由初始条件决定，初始条件可表示为

$$\boldsymbol{y}_0=\begin{pmatrix}\boldsymbol{x}_0\\ \boldsymbol{v}_0\end{pmatrix}=\sum_{i=1}^{n}(a_i\boldsymbol{U}_i)=\boldsymbol{U}\boldsymbol{a} \tag{4-54}$$

式中，$\boldsymbol{U}=(\boldsymbol{U}_1, \boldsymbol{U}_2, \cdots, \boldsymbol{U}_n)$；$\boldsymbol{a}=(a_1, a_2, \cdots, a_n)^{\mathrm{T}}$。

所以 $\boldsymbol{a}$ 的解可表示为

$$\boldsymbol{a}=\boldsymbol{U}^{-1}\boldsymbol{y}_0 \tag{4-55}$$

例 4-9 当初始条件为 $\boldsymbol{x}(0)=\begin{pmatrix}1\\1\end{pmatrix}$，$\dot{\boldsymbol{x}}(0)=\boldsymbol{v}(0)=\begin{pmatrix}0\\0\end{pmatrix}$ 时，通过式（4-53）重新计算例 4-8 的解。

解： 由例 4-8 可知，该系统的运动微分方程可表示为

$$\begin{pmatrix}1&0\\0&1\end{pmatrix}\begin{pmatrix}\ddot{x}_1(t)\\ \ddot{x}_2(t)\end{pmatrix}+\begin{pmatrix}1&-0.5\\-0.5&1\end{pmatrix}\begin{pmatrix}\dot{x}_1(t)\\ \dot{x}_2(t)\end{pmatrix}+\begin{pmatrix}2&-1\\-1&2\end{pmatrix}\begin{pmatrix}x_1(t)\\ x_2(t)\end{pmatrix}=\begin{pmatrix}0\\0\end{pmatrix}$$

由式（4-47）和式（4-48）可知，上式可重新表示为

$$\boldsymbol{Q}\dot{\boldsymbol{y}}(t)+\boldsymbol{D}\boldsymbol{y}(t)=0$$

式中，$\boldsymbol{Q}=\begin{pmatrix}1&0&0&0\\0&1&0&0\\0&0&1&0\\0&0&0&1\end{pmatrix}$；$\boldsymbol{D}=\begin{pmatrix}0&0&-1&0\\0&0&0&-1\\2&-1&1&-0.5\\-1&2&-0.5&1\end{pmatrix}$；$\boldsymbol{y}(t)=\begin{pmatrix}x_1(t)\\x_2(t)\\v_1(t)\\v_2(t)\end{pmatrix}$。

通过 MATLAB 函数 eig 可以计算得到其特征值矩阵 $\boldsymbol{\Omega}$ 及特征向量矩阵 $\boldsymbol{U}$，即

$$\boldsymbol{\Omega}=\begin{pmatrix}0.75+1.561\mathrm{i}&0&0&0\\0&0.75-1.561\mathrm{i}&0&0\\0&0&0.25+0.968\mathrm{i}&0\\0&0&0&0.25-0.968\mathrm{i}\end{pmatrix},$$

$$\boldsymbol{U}=\begin{pmatrix}-0.315+0.335\mathrm{i}&-0.315-0.335\mathrm{i}&-0.434+0.566\mathrm{i}&-0.434-0.566\mathrm{i}\\0.315-0.335\mathrm{i}&0.315+0.335\mathrm{i}&-0.434+0.566\mathrm{i}&-0.434-0.566\mathrm{i}\\0.759+0.241\mathrm{i}&0.759-0.241\mathrm{i}&0.656+0.279\mathrm{i}&0.656-0.279\mathrm{i}\\-0.759-0.241\mathrm{i}&-0.759+0.241\mathrm{i}&0.656+0.279\mathrm{i}&0.656-0.279\mathrm{i}\end{pmatrix}$$

利用式（4-55），把初始条件重新表示为

$$\boldsymbol{a}=\boldsymbol{U}^{-1}\boldsymbol{y}_0=\begin{pmatrix}0\\0\\-0.283-0.666\mathrm{i}\\-0.283+0.666\mathrm{i}\end{pmatrix}$$

由式（4-53）可知，该系统的解可表示为

$$\boldsymbol{y}(t)=\begin{pmatrix}x(t)\\ \dot{x}(t)\end{pmatrix}=\sum_{i=1}^{2n}\left[a_i\boldsymbol{U}_i\exp(-\lambda_i t)\right]$$

$$=(-0.283-0.666\mathrm{i})\begin{pmatrix}-0.434+0.566\mathrm{i}\\ -0.434+0.566\mathrm{i}\\ 0.656+0.279\mathrm{i}\\ 0.656+0.279\mathrm{i}\end{pmatrix}\exp[(0.25+0.968\mathrm{i})t]+$$

$$(-0.283+0.666\mathrm{i})\begin{pmatrix}-0.434-0.566\mathrm{i}\\ -0.434-0.566\mathrm{i}\\ 0.656-0.279\mathrm{i}\\ 0.656-0.279\mathrm{i}\end{pmatrix}\exp[(0.25-0.968\mathrm{i})t]$$

显然，该系统的位移响应为

$$\boldsymbol{x}(t)=\begin{pmatrix}x_1(t)\\ x_2(t)\end{pmatrix}=(-0.283-0.666\mathrm{i})\begin{pmatrix}-0.434+0.566\mathrm{i}\\ -0.434+0.566\mathrm{i}\end{pmatrix}\exp[(0.25+0.968\mathrm{i})t]+$$

$$(-0.283+0.666\mathrm{i})\begin{pmatrix}-0.434-0.566\mathrm{i}\\ -0.434-0.566\mathrm{i}\end{pmatrix}\exp[(0.25-0.968\mathrm{i})t]$$

需要指出的是，尽管在计算过程中，$\boldsymbol{U}$ 和 $\boldsymbol{\Omega}$ 均为复数，但是最后得到系统的解为实数，因为虚数部分正好相互抵消。

图 4-16 所示为例 4-9 的计算结果，从图中可以发现，此时两个质量块的位移完全相等，所以图中两条曲线完全重合。如果改变初始条件，即可得到不同响应，如图 4-17 所示。

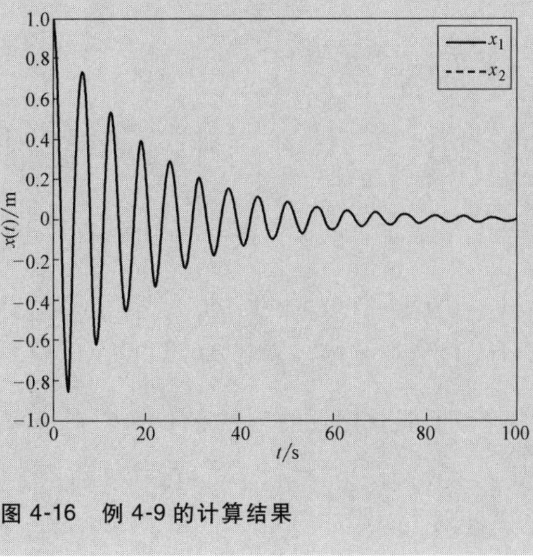

图 4-16 例 4-9 的计算结果

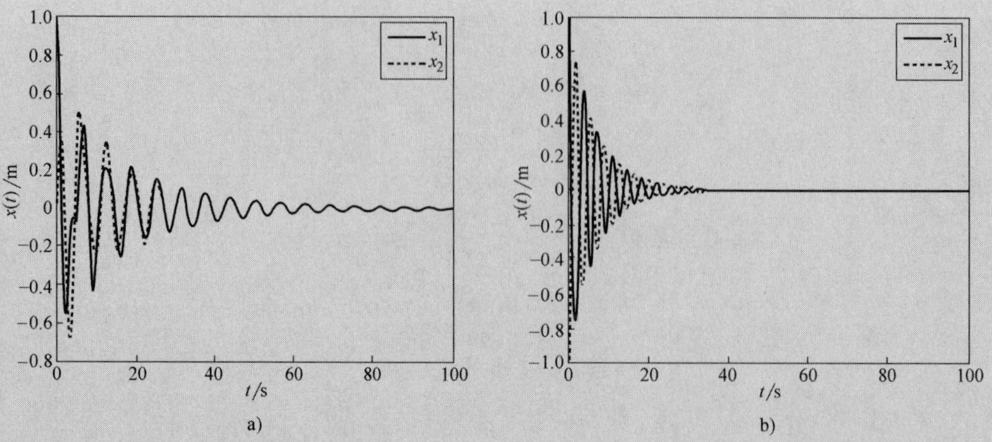

图 4-17　例 4-9 中改变初始条件后的计算结果

a) $x_1(0)=1$, $x_2(0)=0$, $v_1(0)=v_2(0)=0$　b) $x_1(0)=1$, $x_2(0)=-1$, $v_1(0)=v_2(0)=0$

例 4-10　计算如图 4-18 所示的二自由度系统的响应，其中 $m_1=1\text{kg}$，$m_2=2\text{kg}$，$k_1=k_2=k_3=10\text{N/m}$，$c=0.5\text{N}\cdot\text{s/m}$。初始条件为

$$\boldsymbol{x}(0)=\begin{pmatrix}1\\0\end{pmatrix},\ \dot{\boldsymbol{x}}(0)=\begin{pmatrix}0\\0\end{pmatrix}。$$

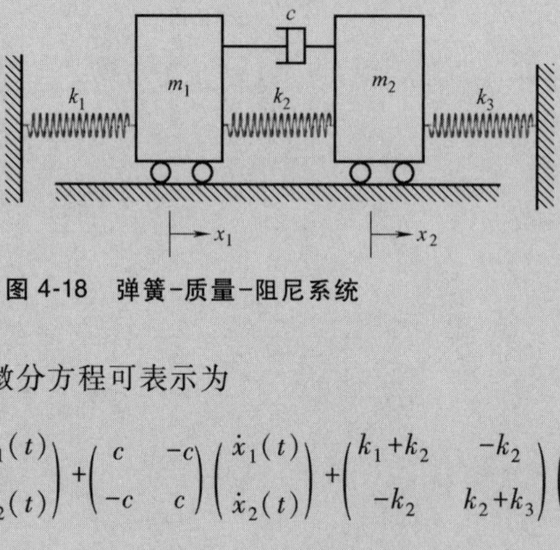

图 4-18　弹簧-质量-阻尼系统

解：该系统的运动微分方程可表示为

$$\begin{pmatrix}m_1 & 0\\0 & m_2\end{pmatrix}\begin{pmatrix}\ddot{x}_1(t)\\\ddot{x}_2(t)\end{pmatrix}+\begin{pmatrix}c & -c\\-c & c\end{pmatrix}\begin{pmatrix}\dot{x}_1(t)\\\dot{x}_2(t)\end{pmatrix}+\begin{pmatrix}k_1+k_2 & -k_2\\-k_2 & k_2+k_3\end{pmatrix}\begin{pmatrix}x_1(t)\\x_2(t)\end{pmatrix}=\begin{pmatrix}0\\0\end{pmatrix}$$

代入已知参数（$m_1=1\text{kg}$，$m_2=2\text{kg}$，$k_1=k_2=k_3=10\text{N/m}$，$c=0.5\text{N}\cdot\text{s/m}$），可得

$$\begin{pmatrix}1 & 0\\0 & 2\end{pmatrix}\begin{pmatrix}\ddot{x}_1(t)\\\ddot{x}_2(t)\end{pmatrix}+\begin{pmatrix}0.5 & -0.5\\-0.5 & 0.5\end{pmatrix}\begin{pmatrix}\dot{x}_1(t)\\\dot{x}_2(t)\end{pmatrix}+\begin{pmatrix}20 & -10\\-10 & 20\end{pmatrix}\begin{pmatrix}x_1(t)\\x_2(t)\end{pmatrix}=\begin{pmatrix}0\\0\end{pmatrix}$$

显然，该系统的阻尼不满足比例阻尼的充要条件 $\boldsymbol{CM}^{-1}\boldsymbol{K}=\boldsymbol{KM}^{-1}\boldsymbol{C}$，因为

$$\begin{pmatrix}0.5 & -0.5\\-0.5 & 0.5\end{pmatrix}\begin{pmatrix}1 & 0\\0 & 2\end{pmatrix}^{-1}\begin{pmatrix}20 & -10\\-10 & 20\end{pmatrix}=\begin{pmatrix}12.5 & -10\\-12.5 & 10\end{pmatrix}$$

$$\begin{pmatrix}20 & -10\\-10 & 20\end{pmatrix}\begin{pmatrix}1 & 0\\0 & 2\end{pmatrix}^{-1}\begin{pmatrix}0.5 & -0.5\\-0.5 & 0.5\end{pmatrix}=\begin{pmatrix}12.5 & -12.5\\-10 & 10\end{pmatrix}$$

把运动微分方程重新表示为式（4-48）所示的形式：

$$\boldsymbol{Q}\dot{\boldsymbol{y}}(t)+\boldsymbol{D}\boldsymbol{y}(t)=0$$

式中，$\boldsymbol{Q}=\begin{pmatrix}1 & 0 & 0 & 0\\0 & 1 & 0 & 0\\0 & 0 & 1 & 0\\0 & 0 & 0 & 2\end{pmatrix}$，$\boldsymbol{D}=\begin{pmatrix}0 & 0 & -1 & 0\\0 & 0 & 0 & -1\\20 & -10 & 0.5 & -0.5\\-10 & 20 & -0.5 & 0.5\end{pmatrix}$，$\boldsymbol{y}(t)=\begin{pmatrix}x_1(t)\\x_2(t)\\v_1(t)\\v_2(t)\end{pmatrix}$。

利用式（4-53）~式（4-55），就可以通过如下 MATLAB 程序来计算得到该系统的响应。

```
clear all, close all
Q=diag([1 1 1 2]);
D=[0 0 -1 0
    0 0 0 -1
    20 -10 0.5 -0.5
    -10 20 -0.5 0.5];
Y0=[1 0 0 0].';
[a,b]=eig(D,Q);
S=inv(a)*Y0;
ww=diag((-b));
as=0;
for t=0:0.01:20
    as=as+1;
    Y=a*diag(exp(ww*t))*S;
    Y1(as)=Y(1);
    Y2(as)=Y(2);
    tt(as)=t;
end
figure(1)
subplot(2,1,1)
plot(tt, real(Y1),'k','linewidth',2)
xlabel('时间/s'), ylabel('位移/m')
title('{\itm}_1 的响应')
subplot(2,1,2)
plot(tt, real(Y2),'k:','linewidth',2)
xlabel('时间/s'), ylabel('位移/m')
title('{\itm}_2 的响应')
```

运行上述程序，计算结果如图 4-19 所示。

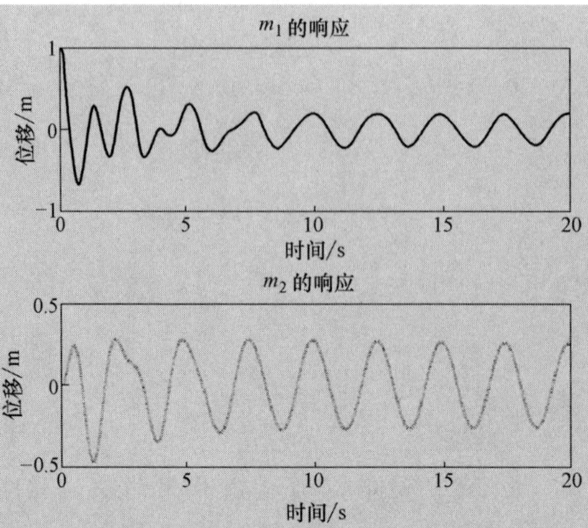

图 4-19 例 4-10 的计算结果

4.6 状态空间方法

与单自由度系统类似，可以借助 MATLAB 软件强大的计算功能，用状态空间方法来计算多自由度系统响应，这也是一种简便数值计算方法。

对于多自由度系统的自由振动方程 $\boldsymbol{M}\ddot{\boldsymbol{x}}(t)+\boldsymbol{C}\dot{\boldsymbol{x}}(t)+\boldsymbol{K}\boldsymbol{x}(t)=\boldsymbol{0}$，引入状态向量

$$\boldsymbol{y}(t)=\begin{pmatrix}\boldsymbol{x}(t)\\ \dot{\boldsymbol{x}}(t)\end{pmatrix} \tag{4-56}$$

则方程 $\boldsymbol{M}\ddot{\boldsymbol{x}}(t)+\boldsymbol{C}\dot{\boldsymbol{x}}(t)+\boldsymbol{K}\boldsymbol{x}(t)=\boldsymbol{0}$ 可表示为

$$\dot{\boldsymbol{y}}(t)=\begin{pmatrix}\dot{\boldsymbol{x}}(t)\\ \ddot{\boldsymbol{x}}(t)\end{pmatrix}=\begin{pmatrix}\boldsymbol{0}_{N\times N} & \boldsymbol{I}_{N\times N}\\ -\boldsymbol{M}^{-1}\boldsymbol{C} & -\boldsymbol{M}^{-1}\boldsymbol{K}\end{pmatrix}\begin{pmatrix}\boldsymbol{x}(t)\\ \dot{\boldsymbol{x}}(t)\end{pmatrix}=\boldsymbol{A}\boldsymbol{x}(t) \tag{4-57}$$

式中，状态矩阵 $\boldsymbol{A}=\begin{pmatrix}\boldsymbol{0}_{N\times N} & \boldsymbol{I}_{N\times N}\\ -\boldsymbol{M}^{-1}\boldsymbol{C} & -\boldsymbol{M}^{-1}\boldsymbol{K}\end{pmatrix}$；$\boldsymbol{I}_{N\times N}$ 表示 $N\times N$ 阶单位矩阵。

如果要输出位移响应，则输出矩阵 $\boldsymbol{C}=(\boldsymbol{I}_{1\times N},\ \boldsymbol{0}_{1\times N})$，即

$$\boldsymbol{y}_d(t)=(\boldsymbol{I}_{1\times N},\boldsymbol{0}_{1\times N})\begin{pmatrix}\boldsymbol{x}(t)\\ \dot{\boldsymbol{x}}(t)\end{pmatrix}=\boldsymbol{x}(t) \tag{4-58}$$

如果要输出速度响应，则输出矩阵 $\boldsymbol{C}=(\boldsymbol{0}_{1\times N},\ \boldsymbol{I}_{1\times N})$，即

$$\boldsymbol{y}_v(t)=(\boldsymbol{0}_{1\times N},\boldsymbol{I}_{1\times N})\begin{pmatrix}\boldsymbol{x}(t)\\ \dot{\boldsymbol{x}}(t)\end{pmatrix}=\dot{\boldsymbol{x}}(t) \tag{4-59}$$

由于系统为自由振动，所以输入矩阵 $\boldsymbol{B}$ 为空矩阵，而输出位移与 $\boldsymbol{D}$ 矩阵无关，所以 $\boldsymbol{D}$ 矩阵也为空矩阵。

例 4-11 通过状态空间方法重新计算例 4-10。

解： 由例 4-10 可知，该系统的运动微分方程为

$$\begin{pmatrix}1 & 0\\ 0 & 2\end{pmatrix}\begin{pmatrix}\ddot{x}_1(t)\\ \ddot{x}_2(t)\end{pmatrix}+\begin{pmatrix}0.5 & -0.5\\ -0.5 & 0.5\end{pmatrix}\begin{pmatrix}\dot{x}_1(t)\\ \dot{x}_2(t)\end{pmatrix}+\begin{pmatrix}20 & -10\\ -10 & 20\end{pmatrix}\begin{pmatrix}x_1(t)\\ x_2(t)\end{pmatrix}=\begin{pmatrix}0\\ 0\end{pmatrix}$$

即系统的质量矩阵、刚度矩阵和阻尼矩阵可表示为

$$\boldsymbol{M}=\begin{pmatrix}1 & 0\\ 0 & 2\end{pmatrix},\ \boldsymbol{K}=\begin{pmatrix}20 & -10\\ -10 & 20\end{pmatrix},\ \boldsymbol{C}=\begin{pmatrix}0.5 & -0.5\\ -0.5 & 0.5\end{pmatrix}$$

由式（4-57）可得该系统状态矩阵，进一步通过如下 MATLAB 程序进行计算，计算结果如图 4-20 所示。

```
clear all, close all
m1=1;m2=2;
d1=0; d2=0.5; d3=0;
k1=10; k2=10; k3=10;
m=[m1 0;0 m2]; d=[d1+d2 -d2; -d2 d2+d3]; k=[k1+k2 -k2;-k2 k2+k3];
A=[zeros(2,2),eye(2);-inv(m)*k,-inv(m)*d]; C=[eye(2),zeros(2,2)];
x0=[1 0 0 0];
sys=ss(A,[],C,[])
figure(1), subplot(2,1,1)
plot(t,y(:,1),'k','linewidth',2)
xlabel('时间/s'), ylabel('{\itm}_1 的位移/m'),
subplot(2,1,2)
plot(t,y(:,2),'k','linewidth',2)
xlabel('时间/s'), ylabel('{\itm}_2 的位移/m')
```

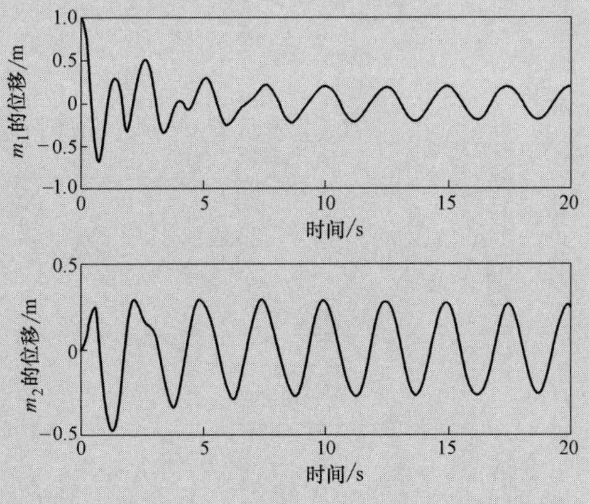

图 4-20　例 4-11 的计算结果

与单自由度系统类似，多自由度系统的状态空间方程也可以通过 ode45 函数进行求解。

例 4-12 通过 ode45 函数求解例 4-11 中的状态空间方程。

解：首先需要编写一个函数文件（MDOF_fun_1. m）用于保存状态矩阵 $\boldsymbol{A}$，该函数文件中的参数与例 4-11 相同，具体如下：

```
function y=MDOF_fun_1(t,x)
m1=1;m2=2;
d1=0; d2=0.5; d3=0;
k1=10; k2=10; k3=10;
m=[m1 0;0 m2]; d=[d1+d2 -d2;-d2 d2+d3]; k=[k1+k2 -k2;-k2 k2+k3];
A=[zeros(2,2),eye(2);-inv(m)*k,-inv(m)*d];
y=A*x;
```

随后编写主程序，调用上述函数文件，保存并运行该主程序，即可得到图 4-21 所示的计算结果，该结果与图 4-20 完全相同。

```
clear all, close all
tspan=linspace(0,20,1e3);
x0=[1 0 0 0];
[t,y]=ode45('MDOF_fun_1',tspan,x0);
figure(1), subplot(2,1,1)
plot(t,y(:,1),'k','linewidth',2);
xlabel('时间/s')
ylabel('位移/m')
title('{\itm}_1 的响应')
subplot(2,1,2)
plot(t,y(:,2),'k','linewidth',2);
xlabel('时间/s')
ylabel('位移/m')
title('{\itm}_2 的响应')
```


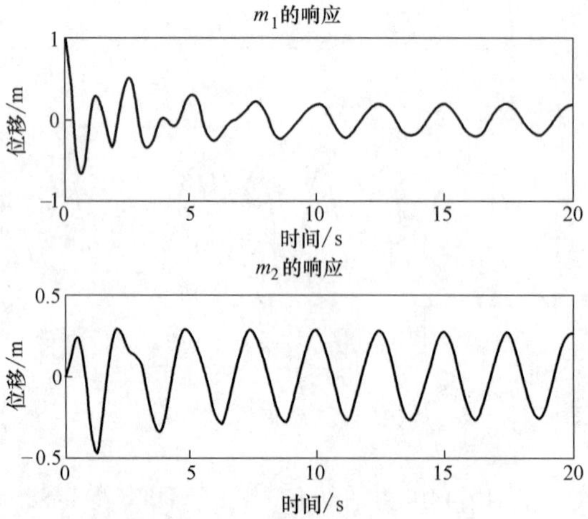

图 4-21　例 4-12 的计算结果

习　　题

4-1　推导图 4-22 所示系统的质量矩阵和刚度矩阵。

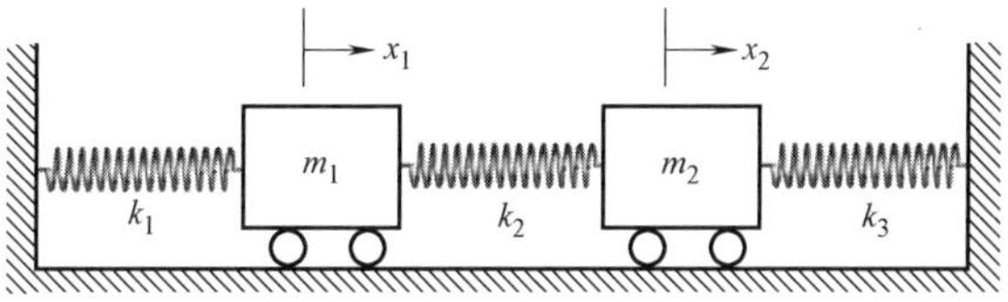

图 4-22　二自由度系统

4-2　在习题 4-1 和图 4-22 的基础上，如果已知 $m_1=9\text{kg}$，$m_2=1\text{kg}$，$k_1=24\text{N/m}$，$k_2=3\text{N/m}$，$k_3=3\text{N/m}$。请计算：

1）固有频率。

2）相应模态。

4-3　对于习题 4-2，如果初始条件为 $\begin{pmatrix} x_1(0) \\ x_2(0) \end{pmatrix}=\begin{pmatrix} 1 \\ 0 \end{pmatrix}\text{m}$，$\begin{pmatrix} \dot{x}_1(0) \\ \dot{x}_2(0) \end{pmatrix}=\begin{pmatrix} 0 \\ 0 \end{pmatrix}\text{m/s}$，计算其响应。

4-4　在习题 4-1 中，假设 $k_1=k_3=0$。

1）推导其质量矩阵和刚度矩阵。

2）在 1）的基础上，如果 $m_1=9\text{kg}$，$m_2=1\text{kg}$，$k_2=10\text{N/m}$，计算其固有频率及模态。

3）如果初始条件为 $\begin{pmatrix} x_1(0) \\ x_2(0) \end{pmatrix}=\begin{pmatrix} 1 \\ 0 \end{pmatrix}\text{m}$，$\begin{pmatrix} \dot{x}_1(0) \\ \dot{x}_2(0) \end{pmatrix}=\begin{pmatrix} 0 \\ 0 \end{pmatrix}\text{m/s}$，计算其响应。

4-5　对于习题 4-1，设 $m_1=m_2=1\text{kg}$，$k_1=k_3=1\text{N/m}$，$k_2=2\text{N/m}$。

1）如果初始条件为 $\begin{pmatrix} x_1(0) \\ x_2(0) \end{pmatrix}=\begin{pmatrix} 1 \\ 0 \end{pmatrix}\text{m}$，$\begin{pmatrix} \dot{x}_1(0) \\ \dot{x}_2(0) \end{pmatrix}=\begin{pmatrix} 0 \\ 0 \end{pmatrix}\text{m/s}$，计算其响应。

2）如果初始条件为 $\begin{pmatrix} x_1(0) \\ x_2(0) \end{pmatrix}=\begin{pmatrix} 1 \\ -1 \end{pmatrix}\text{m}$，$\begin{pmatrix} \dot{x}_1(0) \\ \dot{x}_2(0) \end{pmatrix}=\begin{pmatrix} 0 \\ 0 \end{pmatrix}\text{m/s}$，计算其响应。

4-6　对于图 4-23 所示的振动系统，计算其固有频率及模态。

4-7　设有两节车厢，简化为图 4-24 所示的二自由度系统，其中质量为 $m_1=m_2=2000\text{kg}$，通过刚度 $k=280000\text{N/m}$ 的弹簧连接，假设外力 $F_1=F_2=0$。

1）计算其固有频率与模态。

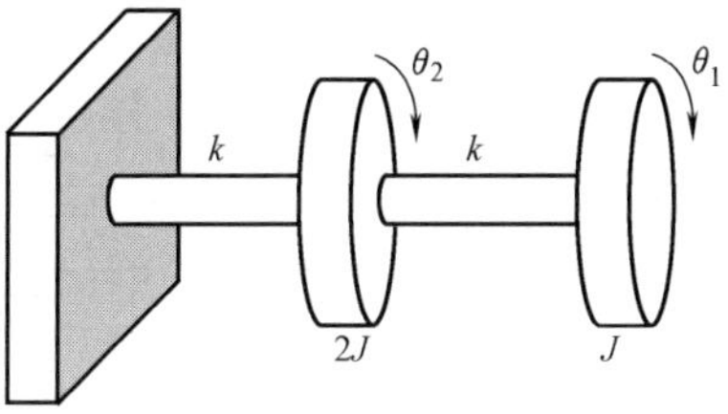

图 4-23　二自由度振动系统

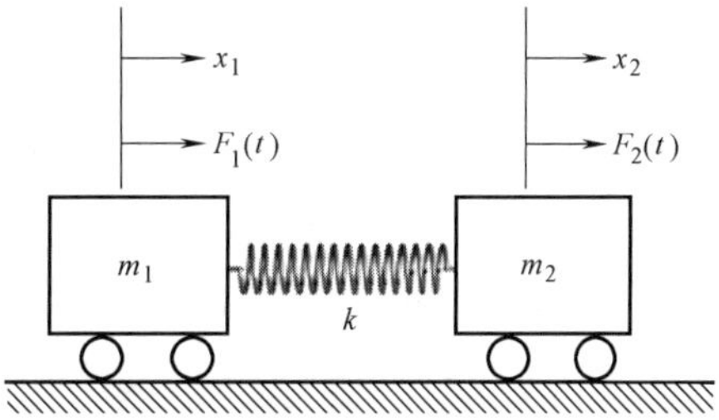

图 4-24　车厢简化模型

2）假设初始条件为$\begin{pmatrix} x_1(0) \\ x_2(0) \end{pmatrix} = \begin{pmatrix} 1 \\ 0.1 \end{pmatrix}$ m，$\begin{pmatrix} \dot{x}_1(0) \\ \dot{x}_2(0) \end{pmatrix} = \begin{pmatrix} 0 \\ 0 \end{pmatrix}$ m/s，计算其响应。

4-8　习题 4-1 中，假设 $m_1 = 9\text{kg}$，$m_2 = 1\text{kg}$，$k_1 = 24\text{N/m}$，$k_3 = 0\text{N/m}$。初始条件为$\begin{pmatrix} x_1(0) \\ x_2(0) \end{pmatrix} = \begin{pmatrix} 1 \\ 0 \end{pmatrix}$ m，$\begin{pmatrix} \dot{x}_1(0) \\ \dot{x}_2(0) \end{pmatrix} = \begin{pmatrix} 0 \\ 0 \end{pmatrix}$ m/s，当 k_2 分别为 0.3N/m、30N/m、300N/m 时，分别计算其响应，通过计算能得到什么结论？

4-9　已知 $\boldsymbol{M} = \begin{pmatrix} 3 & -0.1 \\ -0.1 & 2 \end{pmatrix}$，归一化如下向量：

① $\boldsymbol{x} = \begin{pmatrix} 1 \\ -2 \end{pmatrix}$；②$\boldsymbol{x} = \begin{pmatrix} 0 \\ 5 \end{pmatrix}$；③$\boldsymbol{x} = \begin{pmatrix} -0.1 \\ 0.1 \end{pmatrix}$，使得 $\boldsymbol{x}^{\mathrm{T}}\boldsymbol{M}\boldsymbol{x} = 1$。

4-10　已知无阻尼二自由度系统的质量矩阵 $\boldsymbol{M}$、刚度矩阵 $\boldsymbol{K}$，初始条件 $\boldsymbol{x}_0$ 和 $\boldsymbol{v}_0$ 分别为 $\boldsymbol{M} = \begin{pmatrix} 9 & 0 \\ 0 & 1 \end{pmatrix}$，$\boldsymbol{K} = \begin{pmatrix} 27 & -3 \\ -3 & 3 \end{pmatrix}$，$\boldsymbol{x}_0 = \begin{pmatrix} 1/6 \\ 1/2 \end{pmatrix}$ m，$\boldsymbol{v}_0 = \begin{pmatrix} 0 \\ 0 \end{pmatrix}$ m/s，计算该系统的响应。

4-11　在习题 4-6 中，假设初始条件为$\begin{pmatrix} x_1(0) \\ x_2(0) \end{pmatrix} = \begin{pmatrix} 0 \\ 1 \end{pmatrix}$ m，$\begin{pmatrix} \dot{x}_1(0) \\ \dot{x}_2(0) \end{pmatrix} = \begin{pmatrix} 0 \\ 0 \end{pmatrix}$ m/s，计算其响应。

4-12　在图 4-25 所示的耦合双摆中，假设 $m_1 = m_2 = m = 10\text{kg}$，$a = 0.1\text{m}$，$k = 20\text{N/m}$，$L = 0.5\text{m}$。

1）计算其固有频率和模态。

2）已知初始条件$\begin{pmatrix} x_1(0) \\ x_2(0) \end{pmatrix} = \begin{pmatrix} 0 \\ 1 \end{pmatrix}$ m，$\begin{pmatrix} \dot{x}_1(0) \\ \dot{x}_2(0) \end{pmatrix} = \begin{pmatrix} 0 \\ 0 \end{pmatrix}$ m/s，计算其响应。

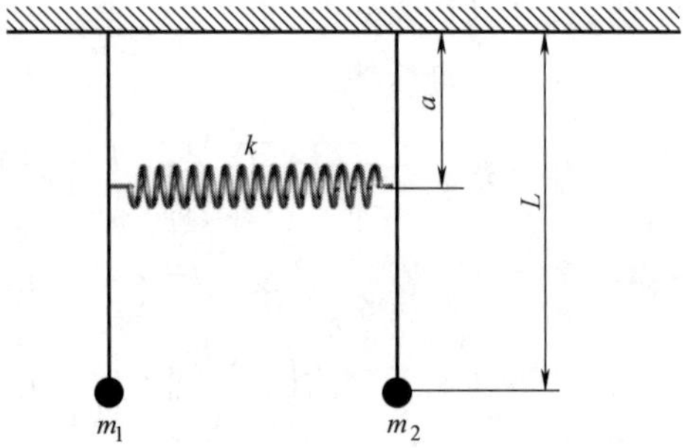

图 4-25　耦合双摆

4-13　习题 4-1 中，假设 $k_1 = 10000\text{N/m}$，$k_2 = 15000\text{N/m}$，$k_3 = 10000\text{N/m}$，$m_1 = m_2 = 100\text{kg}$，初始条件$\begin{pmatrix} x_1(0) \\ x_2(0) \end{pmatrix} = \begin{pmatrix} 1 \\ 0 \end{pmatrix}$ m，$\begin{pmatrix} \dot{x}_1(0) \\ \dot{x}_2(0) \end{pmatrix} = \begin{pmatrix} 0 \\ 0 \end{pmatrix}$ m/s，计算其响应。

4-14　已知一振动系统的质量矩阵 $\boldsymbol{M}$、刚度矩阵 $\boldsymbol{K}$、初始条件 $\boldsymbol{x}_0$ 和 $\boldsymbol{v}_0$ 分别为 $\boldsymbol{M} = \begin{pmatrix} 2000 & 0 \\ 0 & 50 \end{pmatrix}$，$\boldsymbol{K} = \begin{pmatrix} 1000 & -1000 \\ -1000 & 11000 \end{pmatrix}$，$\boldsymbol{x}_0 = \begin{pmatrix} 0 \\ 0.01 \end{pmatrix}$ m，$\boldsymbol{v}_0 = \begin{pmatrix} 0 \\ 0 \end{pmatrix}$ m/s，忽略该系统的阻尼，计算该系统的响应。

4-15　已知三自由度系统的质量矩阵 $\boldsymbol{M}$、刚度矩阵 $\boldsymbol{K}$ 和初始条件分别为 $\boldsymbol{M} = \begin{pmatrix} 75 & 0 & 0 \\ 0 & 100 & 0 \\ 0 & 0 & 3000 \end{pmatrix}$，$\boldsymbol{K} = \begin{pmatrix} 1 & -1 & 0 \\ -1 & 3 & -2 \\ 0 & -2 & 2 \end{pmatrix}$，$\boldsymbol{x}_0 = \begin{pmatrix} 0 \\ 0 \\ 0 \end{pmatrix}$ m，$\boldsymbol{v}_0 = \begin{pmatrix} 0 \\ 0 \\ 1 \end{pmatrix}$ m/s，计算该系统的响应。

4-16　已知一振动系统如图 4-26 所示，其运动微分方程可表示为

$$\begin{pmatrix} m_1 & 0 & 0 \\ 0 & m_2 & 0 \\ 0 & 0 & m_3 \end{pmatrix}\begin{pmatrix} \ddot{x}_1(t) \\ \ddot{x}_2(t) \\ \ddot{x}_3(t) \end{pmatrix}+\frac{EI}{l^3}\begin{pmatrix} \frac{9}{64} & \frac{1}{6} & \frac{13}{192} \\ \frac{1}{6} & \frac{1}{3} & \frac{1}{6} \\ \frac{13}{192} & \frac{1}{6} & \frac{9}{64} \end{pmatrix}\begin{pmatrix} x_1(t) \\ x_2(t) \\ x_3(t) \end{pmatrix}=\begin{pmatrix} 0 \\ 0 \\ 0 \end{pmatrix}$$

假设 $m_1=m_2=m_3=200\text{kg}$，$l=2\text{m}$，$E=6\times10^8\text{N/m}^2$，$I=4.17\times10^{-5}\text{m}^4$。如果在 m_2 上给一初始位移 0.05m，计算该系统的响应。

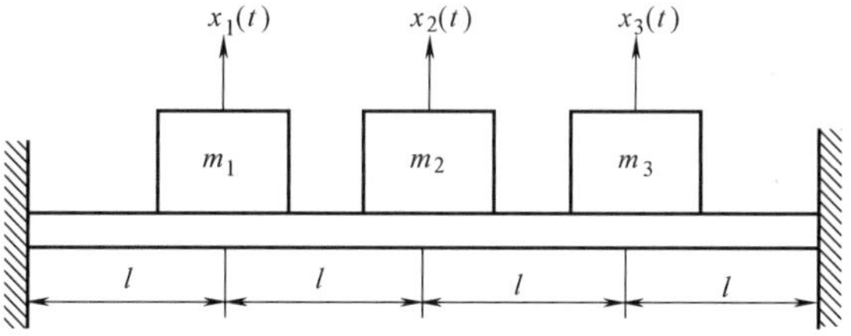

图 4-26 三自由度振动系统

4-17 在习题 4-16 中，如果 m_2 的质量改变为 2000kg，其余条件不变，重新计算该系统的响应，并比较 m_2 的质量改变对响应的影响。

4-18 已知一振动系统的运动微分方程如下：

$$\begin{pmatrix} 4 & 0 & 0 \\ 0 & 2 & 0 \\ 0 & 0 & 1 \end{pmatrix}\begin{pmatrix} \ddot{x}_1(t) \\ \ddot{x}_2(t) \\ \ddot{x}_3(t) \end{pmatrix}+\begin{pmatrix} 4 & -1 & 0 \\ -1 & 2 & -1 \\ 0 & -1 & 1 \end{pmatrix}\begin{pmatrix} x_1(t) \\ x_2(t) \\ x_3(t) \end{pmatrix}=\begin{pmatrix} 0 \\ 0 \\ 0 \end{pmatrix}$$

计算其固有频率及其归一化模态。

4-19 已知二自由度系统如图 4-27 所示，$m_1=1\text{kg}$，$m_2=4\text{kg}$，$k_1=240\text{N/m}$，$k_2=300\text{N/m}$，初始条件为 $\begin{pmatrix} x_1(0) \\ x_2(0) \end{pmatrix}=\begin{pmatrix} 1 \\ 0.01 \end{pmatrix}\text{m}$，$\begin{pmatrix} \dot{x}_1(0) \\ \dot{x}_2(0) \end{pmatrix}=\begin{pmatrix} 0 \\ 0 \end{pmatrix}\text{m/s}$，计算其响应。

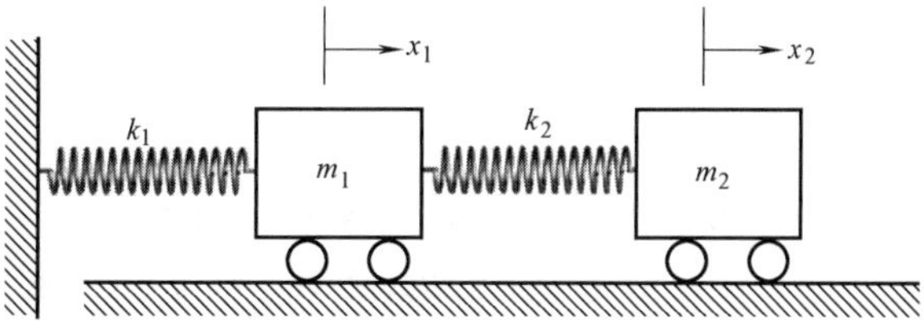

图 4-27 二自由度系统

4-20 有一运动微分方程：

$$\begin{pmatrix} 1 & 0 \\ 0 & 1 \end{pmatrix}\begin{pmatrix} \ddot{x}_1(t) \\ \ddot{x}_2(t) \end{pmatrix}+\begin{pmatrix} 5 & -3 \\ -3 & 3 \end{pmatrix}\begin{pmatrix} \dot{x}_1(t) \\ \dot{x}_2(t) \end{pmatrix}+\begin{pmatrix} 5 & -1 \\ -1 & 1 \end{pmatrix}\begin{pmatrix} x_1(t) \\ x_2(t) \end{pmatrix}=\begin{pmatrix} 0 \\ 0 \end{pmatrix}$$

请问该系统能否解耦？如果能，计算该系统的模态，并写出该系统解耦后的运动微分方程。

4-21 如果阻尼矩阵满足 $\boldsymbol{C}=\alpha\boldsymbol{M}+\beta\boldsymbol{K}$（其中 $\boldsymbol{M}$ 和 $\boldsymbol{K}$ 分别为质量矩阵和刚度矩阵），证明 $\boldsymbol{C}\boldsymbol{M}^{-1}\boldsymbol{K}=\boldsymbol{K}\boldsymbol{M}^{-1}\boldsymbol{C}$。

第5章 多自由度系统的强迫振动

5.1 无阻尼强迫振动

首先，讨论无阻尼多自由度振动系统的强迫振动问题。一个无阻尼 N 自由度系统的强迫振动的运动微分方程可表示为

$$\boldsymbol{M}\ddot{\boldsymbol{x}}+\boldsymbol{K}\boldsymbol{x}=\boldsymbol{f}(t) \tag{5-1}$$

式中，$\boldsymbol{f}(t)$ 为 $N\times1$ 外激励向量。

与第4章类似，由模态的定义可知，结构的响应可表示为模态函数 $\boldsymbol{X}$ 与一组广义坐标向量（模态坐标）的组合，即

$$\boldsymbol{x}=\boldsymbol{X}\boldsymbol{\eta}=\sum_{n=1}^{N}X_n\eta_n \tag{5-2}$$

把式（5-2）代入多自由度无阻尼强迫振动系统的运动微分方程［式（5-1）］，可得

$$\boldsymbol{M}\boldsymbol{X}\ddot{\boldsymbol{\eta}}+\boldsymbol{K}\boldsymbol{X}\boldsymbol{\eta}=\boldsymbol{f}(t) \tag{5-3}$$

将式（5-3）左乘模态的转置矩阵 $\boldsymbol{X}^{\mathrm{T}}$，可得

$$\boldsymbol{X}^{\mathrm{T}}\boldsymbol{M}\boldsymbol{X}\ddot{\boldsymbol{\eta}}+\boldsymbol{X}^{\mathrm{T}}\boldsymbol{K}\boldsymbol{X}\boldsymbol{\eta}=\boldsymbol{X}^{\mathrm{T}}\boldsymbol{f}(t) \tag{5-4}$$

根据式（4-25）中归一化模态的定义（$\boldsymbol{X}^{\mathrm{T}}\boldsymbol{M}\boldsymbol{X}=\boldsymbol{I}$，$\boldsymbol{X}^{\mathrm{T}}\boldsymbol{K}\boldsymbol{X}=\boldsymbol{\Omega}$），式（5-4）可进一步表示为

$$\ddot{\boldsymbol{\eta}}+\boldsymbol{\Omega}\boldsymbol{\eta}=\boldsymbol{F}(t) \tag{5-5}$$

式中，$\boldsymbol{F}(t)=\boldsymbol{X}^{\mathrm{T}}\boldsymbol{f}(t)$，称为模态坐标下的广义激励力。

利用式（5-2），可得此时的初始条件为

$$\boldsymbol{\eta}(0)=\boldsymbol{X}^{-1}\boldsymbol{x}(0),\dot{\boldsymbol{\eta}}(0)=\boldsymbol{X}^{-1}\dot{\boldsymbol{x}}(0) \tag{5-6}$$

由于 $\boldsymbol{\Omega}$ 为对角矩阵，对于 N 自由度系统，式（5-6）也可表示为

$$\ddot{\eta}_n+\omega_n^2\eta_n=F_n,\quad n=1,2,\cdots,N \tag{5-7}$$

与第4章类似，式（5-7）意味着可以通过模态坐标把多自由度系统解耦为 N 个相互独立的单自由度系统，这使得多自由度系统强迫振动的计算难度大为下降。

如果刚度矩阵 $\boldsymbol{K}$ 为正定矩阵，所有固有频率 ω_{n} 均为正实数，则式（5-7）的解可表示为

$$\eta_n=\frac{1}{\omega_n}\int_0^t N_n(t-\tau)\sin(\omega_n\tau)\mathrm{d}\tau+\eta_n(0)\cos(\omega_n t)+\frac{\dot{\eta}_n(0)}{\omega_n}\sin(\omega_n t) \tag{5-8}$$

如果刚度矩阵 $\boldsymbol{K}$ 为半正定矩阵，假设有固有频率 ω_j 为零，则此时式（5-7）可重新表示

为

$$\ddot{\eta}_j = F_j, \quad \omega_j = 0 \tag{5-9}$$

而式（5-9）的解可表示为

$$\eta_j = \frac{1}{\omega_j}\int_0^t \left[\int_0^\tau N_j(s)\,\mathrm{d}s\right]\mathrm{d}\tau + \eta_j(0) + \dot{\eta}_j(0)t \tag{5-10}$$

式（5-10）表示包含刚性模态振动系统的解。

如果外激励力为简谐激励，例如 $\boldsymbol{f}(t)=\boldsymbol{F}\sin(\omega t)$，其中 $\boldsymbol{F}$ 为 $N\times1$ 激励力幅值向量，ω 为激励力频率，则式（5-7）可重新表示为

$$\ddot{\eta}_n+\omega_n^2\eta_n = F_n\sin(\omega t), \quad n=1,2,\cdots,N \tag{5-11}$$

式中，F_n 为向量 $\boldsymbol{X}^{\mathrm{T}}\boldsymbol{F}$ 的第 n 阶元素。

式（5-11）的求解方法与单自由度系统的强迫振动求解方法相同，所以可以首先把式（5-11）的完整解分为其通解与特解之和，即

$$\eta_n = \eta_{n,\mathrm{P}}+\eta_{n,\mathrm{H}} \tag{5-12}$$

式中，$\eta_{n,\mathrm{H}}$ 为通解，即 $\eta_{n,\mathrm{H}}=A_n\sin(\omega_n t)+B_n\cos(\omega_n t)$，为齐次微分方程 $\boldsymbol{M}\ddot{\boldsymbol{x}}+\boldsymbol{K}\boldsymbol{x}=0$ 的解。

显然，可以设特解 $\eta_{n,\mathrm{P}}$ 为

$$\eta_{n,\mathrm{P}} = U_n\sin(\omega t) \tag{5-13}$$

式中，U_n 为待定系数，与系统的外激励有关。

把式（5-13）代入式（5-11），可得

$$(\omega_n^2-\omega^2)U_n = F_n \tag{5-14}$$

由式（5-14）可知，U_n 可表示为

$$U_n = \frac{F_n}{(\omega_n^2-\omega^2)} \tag{5-15}$$

需要指出的是，在式（5-15）中，如果激励力频率 ω 等于系统的任意一个固有频率，系统发生共振，响应幅值向量 $\boldsymbol{U}_n$ 会趋于无穷大。显然，此时系统在模态坐标下的完整解可表示为

$$\eta_n(t) = A_n\sin(\omega_n t)+B_n\cos(\omega_n t)+\frac{F_n}{(\omega_n^2-\omega^2)}\sin(\omega t) \tag{5-16}$$

把式（5-16）代入式（5-2），即可得到系统在物理坐标下的完整解。

例 5-1 考虑图 5-1 所示的无阻尼二自由度振动系统，已知 $m_1=9\mathrm{kg}$，$m_2=1\mathrm{kg}$，$k_1=24\mathrm{N/m}$，$k_2=3\mathrm{N/m}$，m_2 受到外激励力为 $f(t)=\sin(3t)$。初始条件 $\boldsymbol{x}(0)=(0.1,\ 0)^{\mathrm{T}}$，$\boldsymbol{v}(0)=(0,\ 0)^{\mathrm{T}}$，计算其响应。

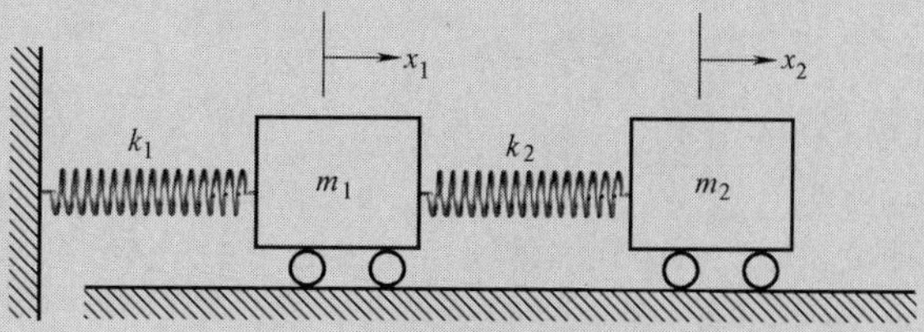

图 5-1 无阻尼二自由度振动系统

解： 图 5-1 所示的二自由度系统运动微分方程可表示为

$$\boldsymbol{M}\ddot{\boldsymbol{x}}+\boldsymbol{K}\boldsymbol{x}=\boldsymbol{f}(t)$$

式中，$\boldsymbol{M}=\begin{pmatrix}9&0\\0&1\end{pmatrix}$，$\boldsymbol{K}=\begin{pmatrix}27&-3\\-3&3\end{pmatrix}$，$\boldsymbol{f}(t)=\begin{pmatrix}0\\1\end{pmatrix}\sin(3t)$。

通过 MATLAB 函数 eig，可以得到固有频率矩阵和正则化模态矩阵，即

$$\boldsymbol{\Omega}=\begin{pmatrix}\omega_1^2&0\\0&\omega_2^2\end{pmatrix}=\begin{pmatrix}2&0\\0&4\end{pmatrix},\ \boldsymbol{X}=\begin{pmatrix}-0.2357&-0.2357\\-0.7071&0.7071\end{pmatrix}$$

把物理坐标下的外激励力转换为模态坐标下的广义激励力，即

$$\boldsymbol{N}(t)=\boldsymbol{X}^{\mathrm{T}}\boldsymbol{f}(t)=\begin{pmatrix}-0.2357&-0.2357\\-0.7071&0.7071\end{pmatrix}^{\mathrm{T}}\begin{pmatrix}0\\1\end{pmatrix}\sin(3t)=\begin{pmatrix}-0.7071\\0.7071\end{pmatrix}\sin(3t)$$

由式（5-2）可知，结构的响应可表示为模态与一组广义模态坐标向量的组合，即 $\boldsymbol{x}=\boldsymbol{X}\boldsymbol{\eta}$，结合式（5-7），系统的运动微分方程可解耦为

$$\begin{cases}\ddot{\eta}_1+2\eta_1=-0.7071\sin(3t)\\ \ddot{\eta}_2+4\eta_2=0.7071\sin(3t)\end{cases}$$

把初始条件也表示为模态坐标，即

$$\boldsymbol{\eta}(0)=\boldsymbol{X}^{-1}\boldsymbol{x}(t)=\begin{pmatrix}-0.2357&-0.2357\\-0.7071&0.7071\end{pmatrix}^{-1}\begin{pmatrix}0.1\\0\end{pmatrix}=\begin{pmatrix}-0.2121\\-0.2121\end{pmatrix}$$

$$\dot{\boldsymbol{\eta}}(0)=\boldsymbol{X}^{-1}\dot{\boldsymbol{x}}(0)=\begin{pmatrix}-0.2357&-0.2357\\-0.7071&0.7071\end{pmatrix}^{-1}\begin{pmatrix}0\\0\end{pmatrix}=\begin{pmatrix}0\\0\end{pmatrix}$$

由式（5-9）和式（5-10）可知，η_1 和 η_2 的解可表示为

$$\begin{cases}\eta_1(t)=A_1\sin(\sqrt{2}t)+B_1\cos(\sqrt{2}t)+U_1\sin(3t)\\ \eta_2(t)=A_2\sin(2t)+B_2\cos(2t)+U_2\sin(3t)\end{cases}$$

由式（5-12）可知

$$U_1=\frac{-0.7071}{2-9}=0.1010,\ U_2=\frac{0.7071}{4-9}=-0.1414$$

把初始条件代入上式，可得

$$\begin{cases}\eta_1(0)=B_1=-0.2121\\ \eta_2(0)=B_2=-0.2121\end{cases}$$

$$\begin{cases}\dot{\eta}_1(0)=\sqrt{2}A_1+0.3030=0\\ \dot{\eta}_2(0)=2A_2-0.4243=0\end{cases}$$

$$\begin{cases} A_1 = \dfrac{-0.3030}{\sqrt{2}} = -0.2143 \\ A_2 = \dfrac{0.4243}{2} = 0.2121 \end{cases}$$

利用求解得到的系数，η_1 和 η_2 的解可表示为

$$\begin{cases} \eta_1(t) = -0.2143\sin(\sqrt{2}t) - 0.2121\cos(\sqrt{2}t) + 0.1010\sin(3t) \\ \eta_2(t) = 0.2121\sin(2t) - 0.2121\cos(2t) - 0.1414\sin(3t) \end{cases}$$

最后，把解转换为物理坐标，即

$$\boldsymbol{x} = \begin{pmatrix} -0.2357 & -0.2357 \\ -0.7071 & 0.7071 \end{pmatrix} \begin{pmatrix} -0.2143\sin(\sqrt{2}t) - 0.2121\cos(\sqrt{2}t) + 0.1010\sin(3t) \\ 0.2121\sin(2t) - 0.2121\cos(2t) - 0.1414\sin(3t) \end{pmatrix}$$

图 5-2 所示为该系统的响应。

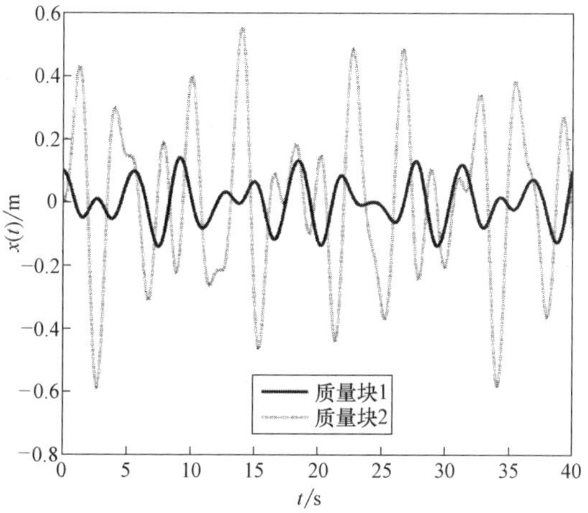

图 5-2　例 5-1 的计算结果

上述计算过程可以通过如下 MATLAB 程序实现：

```
clear all,close all
M=[9 0;0 1];
K=[27 -3;-3 3];
Ndof=2;
t=linspace(0,40,1e3);
F=[0;1];
w=3;
x0=[0.1;0];
v0=[0;0];
[V,D]=eig(K,M);
wn=sqrt(diag(D));
FN=V.'*F;
xN=inv(V)*x0;
```

```
vN=inv(V) * v0;

for n=1:Ndof
    U(n)=FN(n)/(wn(n)^2-w^2);
    B(n)=xN(n);
    A(n)=-w * U(n)/wn(n);
    xT(n,:)=A(n) * sin(wn(n) * t)+B(n) * cos(wn(n) * t)+U(n) * sin(w * t);
end
resp=V * xT;
figure(1)
plot(t,resp(1,:),'k','linewidth',2)
hold on
plot(t,resp(2,:),'k:','linewidth',2)
legend('质量块 1','质量块 2')
xlabel('{\itt}/s'),ylabel('{\itx}({\itt})/m')
```

5.2 阻尼系统

对于阻尼多自由度系统的自由振动，系统的运动微分方程可统一表示为

$$\boldsymbol{M}\ddot{\boldsymbol{x}}+\boldsymbol{C}\dot{\boldsymbol{x}}+\boldsymbol{K}\boldsymbol{x}=\boldsymbol{f}(t) \tag{5-17}$$

式中，$\boldsymbol{C}$ 为阻尼矩阵。

为了便于分析，假设阻尼矩阵 $\boldsymbol{C}$ 对称矩阵，在固有振型矩阵变换下可对角化的阻尼矩阵统称为比例阻尼，即阻尼矩阵 $\boldsymbol{C}$ 满足关系式 $\boldsymbol{K}\boldsymbol{M}^{-1}\boldsymbol{C}=\boldsymbol{C}\boldsymbol{M}^{-1}\boldsymbol{K}$。

与第 4 章类似，由模态的定义可知，结构的响应可表示为正则化模态矩阵 $\boldsymbol{X}$ 与一组广义坐标向量的组合，即

$$\boldsymbol{x}=\boldsymbol{X}\boldsymbol{\eta} \tag{5-18}$$

由正则化模态特性可知

$$\boldsymbol{X}^{\mathrm{T}}\boldsymbol{M}\boldsymbol{X}=\boldsymbol{I} \tag{5-19a}$$

$$\boldsymbol{X}^{\mathrm{T}}\boldsymbol{C}\boldsymbol{X}=\boldsymbol{\Lambda}=\mathrm{diag}(2\zeta_n\omega_n) \tag{5-19b}$$

$$\boldsymbol{X}^{\mathrm{T}}\boldsymbol{K}\boldsymbol{X}=\boldsymbol{\Omega}=\mathrm{diag}(\omega_n^2) \tag{5-19c}$$

式中，$\boldsymbol{\Lambda}$ 和 $\boldsymbol{\Omega}$ 为对角矩阵；ζ_n 表示第 n 阶模态的阻尼比。

把式（5-18）代入式（5-17），并左乘 $\boldsymbol{X}^{\mathrm{T}}$，可得

$$\ddot{\boldsymbol{\eta}}+\boldsymbol{\Lambda}\dot{\boldsymbol{\eta}}+\boldsymbol{\Omega}\boldsymbol{\eta}=\boldsymbol{X}^{\mathrm{T}}\boldsymbol{f}(t) \tag{5-20}$$

对于 N 自由度系统，式（5-20）也可表示为

$$\ddot{\eta}_n+2\omega_n\zeta_n\eta_n+\omega_n^2\eta_n=F_n,\quad n=1,2,\cdots,N \tag{5-21}$$

式中，F_n 为向量 $\boldsymbol{X}^{\mathrm{T}}\boldsymbol{F}$ 的第 n 阶元素。

如果系统在零初始条件下，系统的完整解即为其稳态解，即

$$\eta_n=\frac{1}{\omega_{\mathrm{d},n}}\int_0^t \exp(-\zeta_n\omega_n\tau)F_n(t-\tau)\sin(\omega_{\mathrm{d},n}\tau)\mathrm{d}\tau \tag{5-22}$$

式中，$\omega_{\mathrm{d},n}$ 为第 n 阶模态的阻尼固有频率（rad/s），$\omega_{\mathrm{d},n}=\sqrt{1-\zeta_n^2}\omega_n$。

如果系统有非零初始条件的存在，则系统会存在瞬态解 $\eta_{\mathrm{H},n}$，此时系统的完整解为 $\eta_n+\eta_{\mathrm{H},n}$，其求解方法与单自由度系统的强迫振动完全相同，如果外激励力 $f(t)$ 为一简谐力，例如 $f(t)=F_0\sin(\omega t)$，其中 F_0 为激励力幅值，ω 为激励力频率，对于欠阻尼系统（$0<\zeta_n<1$），则其模态响应可表示为

$$\eta_n(t)=\exp(-\zeta_n\omega_n t)[A_n\cos(\omega_{\mathrm{d},n}t)+B_n\sin(\omega_{\mathrm{d},n}t)]+C_n\sin(\omega t-\phi) \tag{5-23}$$

式中

$$C_n=\frac{F_0}{\sqrt{(\omega_n^2-\omega^2)^2+(2\omega\omega_n\zeta_n)^2}},\ \phi=\arctan\frac{2\omega\omega_n\zeta_n}{\omega_n^2-\omega^2} \tag{5-24}$$

最后通过式（5-18）得到系统在物理坐标下的完整解，即

$$\boldsymbol{x}=\boldsymbol{X}(\boldsymbol{\eta}+\boldsymbol{\eta}_H) \tag{5-25}$$

例 5-2 在例 5-1 中，假设系统存在阻尼，其阻尼矩阵 $\boldsymbol{C}=0.1\boldsymbol{K}$。初始条件 $\boldsymbol{x}(0)=(1,\ 0)^{\mathrm{T}}$，$\boldsymbol{v}(0)=(0,\ 0)^{\mathrm{T}}$，计算其响应。

解： 由例 5-1 可知，该系统的运动微分方程为

$$\begin{pmatrix}9 & 0\\0 & 1\end{pmatrix}\ddot{\boldsymbol{x}}+\begin{pmatrix}2.7 & -0.3\\-0.3 & 0.3\end{pmatrix}\dot{\boldsymbol{x}}+\begin{pmatrix}27 & -3\\-3 & 3\end{pmatrix}\boldsymbol{x}=\begin{pmatrix}0\\1\end{pmatrix}\sin(3t)$$

$$\boldsymbol{x}(0)=\begin{pmatrix}1\\0\end{pmatrix},\ \dot{\boldsymbol{x}}(0)=\begin{pmatrix}0\\0\end{pmatrix}$$

显然，系统的阻尼为比例阻尼，因为阻尼矩阵 $\boldsymbol{C}$ 满足关系式 $\boldsymbol{KM}^{-1}\boldsymbol{C}=\boldsymbol{CM}^{-1}\boldsymbol{K}$。

通过 MATLAB 函数 eig，可以得到固有频率矩阵和正则化模态矩阵，即

$$\boldsymbol{\Omega}=\begin{pmatrix}\omega_1^2 & 0\\0 & \omega_2^2\end{pmatrix}=\begin{pmatrix}2 & 0\\0 & 4\end{pmatrix},\boldsymbol{X}=\begin{pmatrix}-0.2357 & -0.2357\\-0.7071 & 0.7071\end{pmatrix}$$

把物理坐标下的外激励力转换为模态坐标下的广义激励力，即

$$\boldsymbol{N}(t)=\boldsymbol{X}^{\mathrm{T}}\boldsymbol{f}(t)=\begin{pmatrix}-0.2357 & -0.2357\\-0.7071 & 0.7071\end{pmatrix}^{\mathrm{T}}\begin{pmatrix}0\\1\end{pmatrix}\sin(3t)=\begin{pmatrix}-0.7071\\0.7071\end{pmatrix}\sin(3t)$$

$$\boldsymbol{X}^{\mathrm{T}}\boldsymbol{CX}=\begin{pmatrix}0.2 & 0\\0 & 0.4\end{pmatrix}=\mathrm{diag}(2\zeta_n\omega_n)$$

由式（5-2）可知，结构的响应可表示为模态与一组广义模态坐标向量的组合，即 $\boldsymbol{x}=\boldsymbol{X\eta}$，结合式（5-7），系统的运动微分方程可解耦为

$$\begin{cases}\ddot{\eta}_1+0.2\dot{\eta}_1+2\eta_1=-0.7071\sin(3t)\\\ddot{\eta}_2+0.4\dot{\eta}_2+4\eta_2=0.7071\sin(3t)\end{cases}$$

把初始条件也表示为模态坐标，即

$$\boldsymbol{\eta}(0)=\boldsymbol{X}^{-1}\boldsymbol{x}(t)=\begin{pmatrix}-0.2357 & -0.2357\\ -0.7071 & 0.7071\end{pmatrix}^{-1}\begin{pmatrix}1\\0\end{pmatrix}=\begin{pmatrix}-2.1213\\-2.1213\end{pmatrix}$$

$$\dot{\boldsymbol{\eta}}(0)=\boldsymbol{X}^{-1}\dot{\boldsymbol{x}}(0)=\begin{pmatrix}-0.2357 & -0.2357\\ -0.7071 & 0.7071\end{pmatrix}^{-1}\begin{pmatrix}0\\0\end{pmatrix}=\begin{pmatrix}0\\0\end{pmatrix}$$

由模态公式可知，系统的固有频率、阻尼固有频率及阻尼比分别为

$$\omega_1=\sqrt{2}=1.414\text{rad/s},\ \zeta_1=\frac{0.2}{2\sqrt{2}}=0.071<1,\ \omega_{\text{d},1}=\omega_1\sqrt{1-\zeta_1^2}=1.410\text{rad/s}$$

$$\omega_2=\sqrt{4}=2\text{rad/s},\ \zeta_1=\frac{0.4}{2\times2}=0.1<1,\ \omega_{\text{d},2}=\omega_2\sqrt{1-\zeta_2^2}=1.990\text{rad/s}$$

由式（5-23）可知，系统的响应可表示为

$$\eta_1(t)=\exp(-0.1t)[A_1\cos(1.41t)+B_1\sin(1.41t)]-0.1006\sin(3t-3.0561)$$

$$\eta_2(t)=\exp(-0.2t)[A_2\cos(1.99t)+B_2\sin(1.99t)]+0.1375\sin(3t-2.9060)$$

再利用初始条件，即

$$\eta_1(0)=A_1-0.1006\sin(-3.0561)=-2.1213\Rightarrow A_1=-2.1299$$

$$\eta_2(0)=A_2+0.1375\sin(-2.9060)=-2.1213\Rightarrow A_2=-2.0892$$

$$\dot{\eta}_1(t)=-0.1A_1+1.41B_1-0.1006\times3\times\cos(-3.0561)=0\Rightarrow B_1=-0.3643$$

$$\dot{\eta}_2(t)=-0.2A_2+1.99B_2+0.1375\times3\times\cos(-2.9060)=0\Rightarrow B_2=-0.0084$$

所以

$$\eta_1(t)=-\exp(-0.1t)[2.1299\cos(1.41t)+0.3643\sin(1.41t)]-0.1006\sin(3t-3.0561)$$

$$\eta_2(t)=-\exp(-0.2t)[2.0892\cos(1.99t)+0.0082\sin(1.99t)]+0.1375\sin(3t-2.9060)$$

最后通过 $\boldsymbol{x}=\boldsymbol{X\eta}$ 得到系统在物理坐标下的完整解，即

$$\boldsymbol{x}=\begin{pmatrix}-0.2357 & -0.2357\\ -0.7071 & 0.7071\end{pmatrix}\begin{pmatrix}\eta_1(t)\\ \eta_2(t)\end{pmatrix}$$

图 5-3 所示为该系统的响应。从图 5-3 中可以发现，由于阻尼的存在，系统响应在前

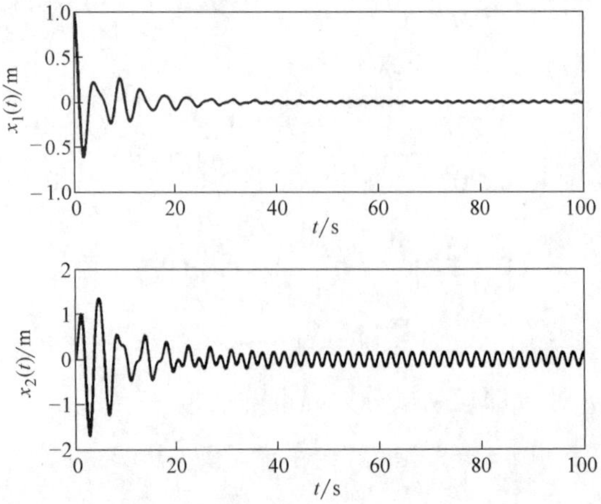

图 5-3　例 5-2 的计算结果

30s 内随时间的增加而降低，之后系统响应稳定，而且响应频率等于激励力频率。

5.3 频域分析

对于阻尼多自由度系统，假设该系统受到外激励力为 $\boldsymbol{f}(t)=\boldsymbol{F}\exp(\mathrm{j}\omega t)$，其中 $\boldsymbol{F}$ 为外激励力辐射向量，而激励力频率为 ω，则该系统的运动微分方程可表示为

$$\boldsymbol{M}\ddot{\boldsymbol{x}}+\boldsymbol{C}\boldsymbol{x}+\boldsymbol{K}\boldsymbol{x}=\boldsymbol{F}\exp(\mathrm{j}\omega t) \tag{5-26}$$

系统的稳态响应可表示为

$$\boldsymbol{x}_{\mathrm{P}}=\boldsymbol{u}\exp(\mathrm{j}\omega t) \tag{5-27}$$

式中，$\boldsymbol{u}=(u_1,\ u_2,\ \cdots,\ u_N)^{\mathrm{T}}$，$\boldsymbol{u}$ 矩阵中的元素 u_n 一般为复数。

把式（5-27）代入式（5-26），整理后可得

$$(\boldsymbol{K}-\omega^2\boldsymbol{M}+\mathrm{j}\omega\boldsymbol{C})\boldsymbol{u}=\boldsymbol{F} \tag{5-28}$$

如果矩阵（$\boldsymbol{K}-\omega^2\boldsymbol{M}+\mathrm{j}\omega\boldsymbol{C}$）可逆，则

$$\boldsymbol{u}=(\boldsymbol{K}-\omega^2\boldsymbol{M}+\mathrm{j}\omega\boldsymbol{C})^{-1}\boldsymbol{F}=\boldsymbol{H}(\omega)\boldsymbol{F} \tag{5-29}$$

式中，$\boldsymbol{H}(\omega)=(\boldsymbol{K}-\omega^2\boldsymbol{M}+\mathrm{j}\omega\boldsymbol{C})^{-1}$，为系统的频响函数矩阵。

需要指出的是，频响函数矩阵 $\boldsymbol{H}(\omega)$ 的元素 $H_{mn}(\omega)$ 一般为复数，其幅值 $|H_{mn}(\omega)|$ 表示在第 n 个质量块（或者自由度）上施加单位激励后第 m 个质量块（或者自由度）的稳态响应幅值，而相位则表示响应与激励力之间的相位差。

例 5-3 在例 5-1 中，假设质量块 m_2 受到外激励力 $f(t)=\sin(\omega t)$。计算该系统的稳态响应幅值与外激励力频率 ω 的关系，并绘图表示。

解： 系统的运动微分方程为

$$\boldsymbol{M}\ddot{\boldsymbol{x}}+\boldsymbol{K}\boldsymbol{x}=\boldsymbol{f}(t)$$

式中，$\boldsymbol{M}=\begin{pmatrix}9 & 0\\0 & 1\end{pmatrix}$；$\boldsymbol{K}=\begin{pmatrix}27 & -3\\-3 & 3\end{pmatrix}$；$\boldsymbol{f}(t)=\begin{pmatrix}0\\1\end{pmatrix}\sin(3t)$。

由题 5-1 可知，该系统的固有频率矩阵和正则化模态矩阵分别为

$$\boldsymbol{\Omega}=\begin{pmatrix}\omega_1^2 & 0\\0 & \omega_2^2\end{pmatrix}=\begin{pmatrix}2 & 0\\0 & 4\end{pmatrix},\ \boldsymbol{X}=\begin{pmatrix}-0.2357 & -0.2357\\-0.7071 & 0.7071\end{pmatrix}$$

由式（5-2）可知，结构的响应可表示为模态与一组广义模态坐标向量的组合，即 $\boldsymbol{x}=\boldsymbol{X}\boldsymbol{\eta}$，结合式（5-7），系统的运动微分方程可解耦为

$$\begin{cases}\ddot{\eta}_1+2\eta_1=-0.7071\sin(\omega t)\\ \ddot{\eta}_2+4\eta_2=0.7071\sin(\omega t)\end{cases}$$

由式（5-15）可知

$$U_1=\frac{-0.7071}{(2-\omega^2)},U_2=\frac{-0.7071}{(4-\omega^2)}$$

所以系统稳态时的模态坐标为

$$\boldsymbol{\eta}=\begin{pmatrix}\dfrac{-0.7071}{(2-\omega^2)}\\ \dfrac{-0.7071}{(4-\omega^2)}\end{pmatrix}\sin(\omega t)$$

利用式（5-2），可得系统在物理坐标下的稳态解：

$$\boldsymbol{x}=\begin{pmatrix}-0.2357 & -0.2357\\ -0.7071 & 0.7071\end{pmatrix}\begin{pmatrix}\dfrac{-0.7071}{(2-\omega^2)}\\ \dfrac{-0.7071}{(4-\omega^2)}\end{pmatrix}\sin(\omega t)$$

显然，该系统的幅值为

$$|\boldsymbol{x}|=\begin{pmatrix}-0.2357 & -0.2357\\ -0.7071 & 0.7071\end{pmatrix}\begin{pmatrix}\dfrac{-0.7071}{(2-\omega^2)}\\ \dfrac{-0.7071}{(4-\omega^2)}\end{pmatrix}=\begin{pmatrix}0.2357\left[\dfrac{0.7071}{(2-\omega^2)}+\dfrac{0.7071}{(4-\omega^2)}\right]\\ 0.7071\left[\dfrac{0.7071}{(2-\omega^2)}-\dfrac{0.7071}{(4-\omega^2)}\right]\end{pmatrix}$$

上述计算过程很容易在 MATLAB 中实现，具体程序如下：

```
clear all,close all
warning off
M=[9 0;0 1];
K=[27 -3;-3 3];
f=[0;1];
omega=linspace(0,3,1e3);
for n=1:length(omega)
    wn=omega(n);
    u=inv(K-M*wn^2)*f;
    X1(n)=u(1);
    X2(n)=u(2);
end
figure(1)
plot(omega,abs(X1),'k','linewidth',2),hold on
plot(omega,abs(X2),'k:','linewidth',2)
ylim([0 5])
xlabel('激励力频率/(rad/s)')
ylabel('|{\itu}|')
legend('{\itu}_1','{\itu}_2')
```

上述程序的第 2 行 warning off，表示关闭程序运行中的报警。如果删除第 2 行，运行该程序会出现警告信息。这主要是因为当激励力频率等于系统固有频率时，矩阵（$\boldsymbol{K}-\omega^2\boldsymbol{M}$）的行列式为零，此时（$\boldsymbol{K}-\omega^2\boldsymbol{M}$）不可逆。但是这对计算结果的影响可以忽略不计，因为当激励力频率等于系统固有频率时，系统发生共振，此时响应趋于无穷大。

图 5-4 所示为上述程序的运行结果，即系统的稳态响应幅值随激励力频率的变化情况。从图 5-4 中可以发现：

1）系统的固有频率为 1.414rad/s 和 2rad/s（见例 5-1），当激励力频率接近任意一个固有频率时，稳态响应的幅值会迅速增加；当激励力频率等于固有频率时，响应趋于无穷大，此时发生共振。

2）尽管质量块 2 存在外激励力，但是在某一特定激励力频率时，其幅值等于 0，该频率称为“反共振频率”，这在设计吸振器或者振动控制系统时有重要意义。

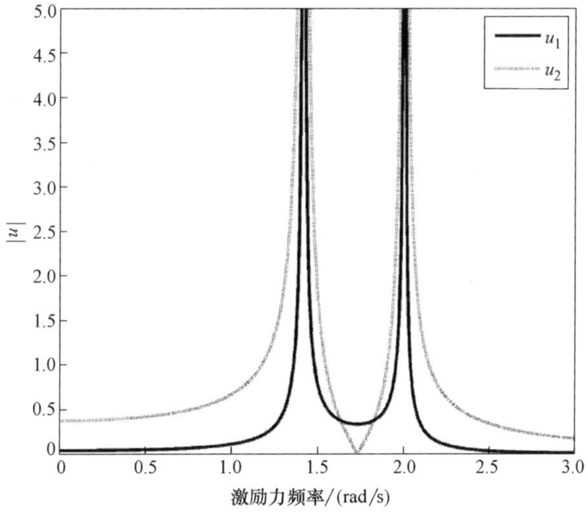

图 5-4　在不同激励频率时的系统响应幅值 $|\boldsymbol{u}|$

例 5-4　设有一振动系统如图 5-5 所示，已知 $m_1=m_2=1\text{kg}$，$k_1=k_2=k_3=1\text{N/m}$，$c_1=c_2=c_3=c_0$，外激励力分别为 $F_1(t)=0\text{N}$，$F_2(t)=\cos(\omega t)\text{N}$。当 c_0 分别为 0.01N · s/m、0.1N · s/m、0.2N · s/m 和 0.4N · s/m 时，比较该系统在不同激励频率 ω 时的稳态响应。

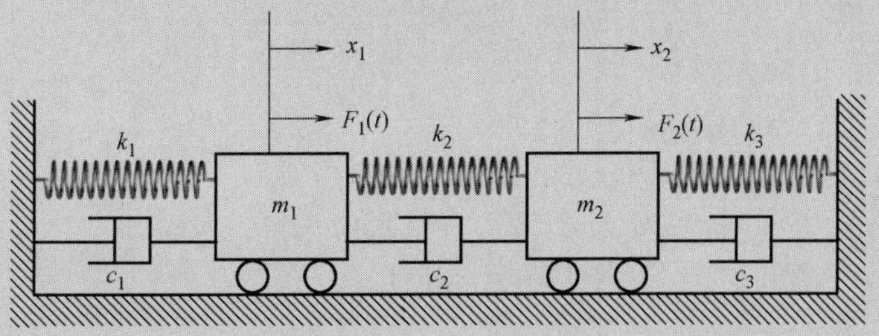

图 5-5　弹簧-质量-阻尼系统

解： 该系统的运动微分方程可表示为

$$\begin{pmatrix} m_1 & 0 \\ 0 & m_2 \end{pmatrix}\begin{pmatrix} \ddot{x}_1 \\ \ddot{x}_2 \end{pmatrix}+\begin{pmatrix} c_1+c_2 & -c_2 \\ -c_2 & c_2+c_3 \end{pmatrix}\begin{pmatrix} \dot{x}_1 \\ \dot{x}_2 \end{pmatrix}+\begin{pmatrix} k_1+k_2 & -k_2 \\ -k_2 & k_2+k_3 \end{pmatrix}\begin{pmatrix} x_1 \\ x_2 \end{pmatrix}=\begin{pmatrix} F_1(t) \\ F_2(t) \end{pmatrix}$$

把已知参数代入可得

$$\begin{pmatrix} 1 & 0 \\ 0 & 1 \end{pmatrix}\begin{pmatrix} \ddot{x}_1 \\ \ddot{x}_2 \end{pmatrix}+\begin{pmatrix} 2c_0 & -c_0 \\ -c_0 & 2c_0 \end{pmatrix}\begin{pmatrix} \dot{x}_1 \\ \dot{x}_2 \end{pmatrix}+\begin{pmatrix} 2 & -1 \\ -1 & 2 \end{pmatrix}\begin{pmatrix} x_1 \\ x_2 \end{pmatrix}=\begin{pmatrix} 0 \\ \cos(\omega t) \end{pmatrix}$$

直接利用式（5-29）可得系统的稳态响应为

$$\begin{aligned} \boldsymbol{u} &= (\boldsymbol{K}-\omega^2\boldsymbol{M}+\mathrm{j}\omega\boldsymbol{C})^{-1}\boldsymbol{F} \\ &= \left[\begin{pmatrix} 2 & -1 \\ -1 & 2 \end{pmatrix}-\omega^2\begin{pmatrix} 1 & 0 \\ 0 & 1 \end{pmatrix}+\mathrm{j}\omega\begin{pmatrix} 2c_0 & -c_0 \\ -c_0 & 2c_0 \end{pmatrix}\right]^{-1}\begin{pmatrix} 0 \\ 1 \end{pmatrix} \end{aligned}$$

针对不同阻尼系数，上式可以直接通过如下 MATLAB 编程实现：

```
clear all,close all
M=[1 0;0 1];
K=[2 -1;-1 2];
c0=[0.01 0.1 0.2 0.4];
f=[0;1];
omega=linspace(0,3,1e3);

for kk=1:length(c0)
    C=[2*c0(kk) -c0(kk);-c0(kk) 2*c0(kk)];
    for n=1:length(omega)
        w=omega(n);
        i=sqrt(-1);
        u=inv(K-M*w^2+C*i*w)*f;
        X1(n)=abs(u(1));
        X2(n)=abs(u(2));
    end
figure(1)
if kk==1 plot(omega,X1,'k','linewidth',2),hold on,end
if kk==2 plot(omega,X1,'k:','linewidth',2),hold on,end
if kk==3 plot(omega,X1,'k-.','linewidth',2),hold on,end
if kk==4 plot(omega,X1,'k--','linewidth',2),hold on,end

figure(2)
if kk==1 plot(omega,X2,'k','linewidth',2),hold on,end
```

```
if kk = = 2 plot( omega, X2,' k:',' linewidth',2) ,hold on,end
if kk = = 3 plot( omega, X2,' k-. ',' linewidth',2) ,hold on,end
if kk = = 4 plot( omega, X2,' k--',' linewidth',2) ,hold on,end
end
figure(1)
ylim([0 6])
xlabel('频率/(rad/s)')
ylabel('位移/m')
legend('{\itc} =0.01N · s/m','{\itc} =0.1N · s/m','{\itc} =0.2N · s/m','{\itc} =0.4N · s/m')
title('质量块 1')
figure(2)
ylim([0 6])
xlabel('频率/(rad/s)')
ylabel('位移/m')
legend('{\itc} =0.01N · s/m','{\itc} =0.1N · s/m','{\itc} =0.2N · s/m','{\itc} =0.4N · s/m')
title('质量块 2')
```

运行上述程序，计算结果如图 5-6 和图 5-7 所示。注意到只有质量块 2 受到外激励力，从图 5-6 和图 5-7 中，可以得到一些有意义的结论：

1）与无阻尼系统类似，当外激励频率等于系统任意一个阻尼固有频率时，就会发生共振。

2）在阻尼系统中，振动幅值一般会随着频率的增加而降低。所以第一阶固有频率处的振动幅值一般远大于其他高阶固有频率处的幅值。所以在设计具有很多固有频率和模态的多自由度系统时，一般只要考虑前面若干阶对振动起主要贡献的模态即可。大部分情况下，第一阶固有频率、模态最为重要。

3）随着阻尼的增加，“反共振频率”现象会消失。

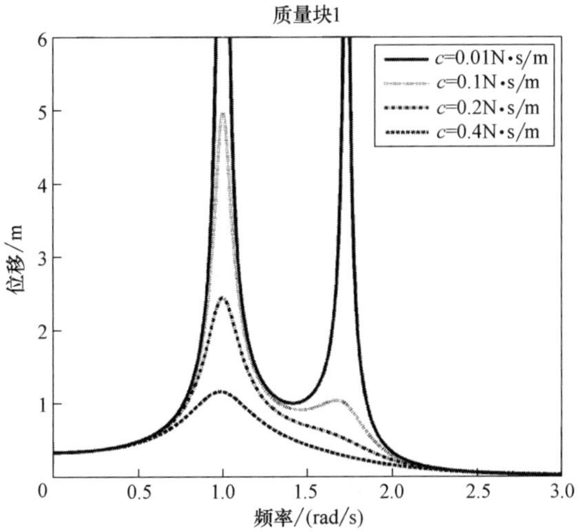

图 5-6 在不同激励频率时质量块 1 的稳态响应幅值

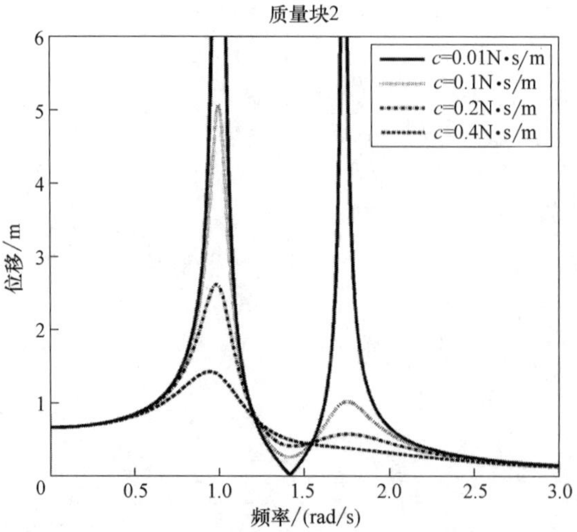

图 5-7　在不同激励频率时质量块 2 的稳态响应幅值

5.4　状态空间方法

状态空间方法可以借助 MATLAB 软件的强大计算功能，是计算多自由度系统响应的一种简便数值计算方法，计算过程与第 4 章阐述的自由振动相同，所以在此只介绍简单的计算步骤。

对于多自由度系统的强迫振动方程 $\boldsymbol{M}\ddot{\boldsymbol{x}}+\boldsymbol{C}\dot{\boldsymbol{x}}+\boldsymbol{K}\boldsymbol{x}=\boldsymbol{f}(t)$，引入状态向量 $\boldsymbol{y}$

$$\boldsymbol{y}=\begin{pmatrix}\boldsymbol{x}\\ \dot{\boldsymbol{x}}\end{pmatrix} \tag{5-30}$$

则方程 $\boldsymbol{M}\ddot{\boldsymbol{x}}+\boldsymbol{C}\dot{\boldsymbol{x}}+\boldsymbol{K}\boldsymbol{x}=\boldsymbol{f}(t)$ 可表示为

$$\dot{\boldsymbol{y}}=\begin{pmatrix}\dot{\boldsymbol{x}}\\ \ddot{\boldsymbol{x}}\end{pmatrix}=\begin{pmatrix}\boldsymbol{0}_{N\times N} & \boldsymbol{I}_{N\times N}\\ -\boldsymbol{M}^{-1}\boldsymbol{K} & -\boldsymbol{M}^{-1}\boldsymbol{C}\end{pmatrix}\begin{pmatrix}\boldsymbol{x}\\ \dot{\boldsymbol{x}}\end{pmatrix}+\begin{pmatrix}\boldsymbol{0}_{N\times N}\\ \boldsymbol{M}^{-1}\boldsymbol{F}_b\end{pmatrix}\boldsymbol{f}(t)=\boldsymbol{A}\boldsymbol{x}+\boldsymbol{B}\boldsymbol{f}(t) \tag{5-31}$$

式中，状态矩阵 $\boldsymbol{A}=\begin{pmatrix}\boldsymbol{0}_{N\times N} & \boldsymbol{I}_{N\times N}\\ -\boldsymbol{M}^{-1}\boldsymbol{K} & -\boldsymbol{M}^{-1}\boldsymbol{C}\end{pmatrix}$；输入矩阵 $\boldsymbol{B}=\begin{pmatrix}\boldsymbol{0}_{N\times N}\\ \boldsymbol{M}^{-1}\end{pmatrix}$。

如果要输出位移响应，则输出矩阵 $\boldsymbol{C}=(\boldsymbol{I}_{1\times N},\ \boldsymbol{0}_{1\times N})$，即

$$\boldsymbol{y}_d(t)=(\boldsymbol{I}_{1\times N},\ \boldsymbol{0}_{1\times N})\begin{pmatrix}\boldsymbol{x}(t)\\ \dot{\boldsymbol{x}}(t)\end{pmatrix}=\boldsymbol{x}(t) \tag{5-32}$$

如果要输出速度响应，则输出矩阵 $\boldsymbol{C}=(\boldsymbol{0}_{1\times N},\ \boldsymbol{I}_{1\times N})$，即

$$\boldsymbol{y}_v(t)=(\boldsymbol{0}_{1\times N},\boldsymbol{I}_{1\times N})\begin{pmatrix}\boldsymbol{x}(t)\\ \dot{\boldsymbol{x}}(t)\end{pmatrix}=\dot{\boldsymbol{x}}(t) \tag{5-33}$$

由于输出位移与 $\boldsymbol{D}$ 矩阵无关，所以 $\boldsymbol{D}$ 矩阵为空矩阵。

例 5-5　通过状态空间方法重新计算例 5-1。

解：图 5-1 所示二自由度系统的运动微分方程可表示为

$$\begin{pmatrix}9&0\\0&1\end{pmatrix}\begin{pmatrix}\ddot{x}_1\\\ddot{x}_2\end{pmatrix}+\begin{pmatrix}27&-3\\-3&3\end{pmatrix}\begin{pmatrix}x_1\\x_2\end{pmatrix}=\begin{pmatrix}0\\1\end{pmatrix}\sin(3t)$$

$$\boldsymbol{x}(0)=\begin{pmatrix}0.1\\0\end{pmatrix},\dot{\boldsymbol{x}}(0)=\begin{pmatrix}0\\0\end{pmatrix}$$

引入状态向量 $\boldsymbol{y}$，$\boldsymbol{y}=\begin{pmatrix}x_1\\x_2\\\dot{x}_1\\\dot{x}_2\end{pmatrix}$，则运动微分方程可重新表示为

$$\dot{\boldsymbol{y}}=\begin{pmatrix}\dot{x}_1\\\dot{x}_2\\\ddot{x}_1\\\ddot{x}_2\end{pmatrix}=\begin{pmatrix}\boldsymbol{0}_{N\times N}&\boldsymbol{I}_{N\times N}\\-\boldsymbol{M}^{-1}\boldsymbol{K}&-\boldsymbol{M}^{-1}\boldsymbol{C}\end{pmatrix}\begin{pmatrix}\boldsymbol{x}\\\dot{\boldsymbol{x}}\end{pmatrix}=\begin{pmatrix}0&0&1&0\\0&0&0&1\\-0.6&0.2&-0.6&0.1\\1&-1&0.5&-0.5\end{pmatrix}\begin{pmatrix}x_1\\x_2\\\dot{x}_1\\\dot{x}_2\end{pmatrix}+\begin{pmatrix}0\\0\\0.2\\1\end{pmatrix}\sin(3t)$$

初始条件：

$$\boldsymbol{y}(0)=\begin{pmatrix}x_1(0)\\x_2(0)\\\dot{x}_1(0)\\\dot{x}_2(0)\end{pmatrix}=\begin{pmatrix}0.1\\0\\0\\0\end{pmatrix}$$

上述分析可以通过如下 MATLAB 程序进行编程计算：

```
clear all
M=[9 0;0 1];
K=[27 -3;-3 3];
Damp=[0 0;0 0];
F=[0;1];
w=3;
x0=[0.1;0];
v0=[0;0];
X0=[x0;v0];
[u,t]=gensig('sin',2*pi/w,40,1e-3);

A=[zeros(2) eye(2);-inv(M)*K-inv(M)*Damp];
B=[zeros(2,1);inv(M)*[0;1]];
C=[1 0 0 0;0 1 0 0];
D=zeros(size(C,1),size(B,2));
sys=ss(A,B,C,D);
```

```
[y,t]=lsim(sys,u,t,X0);
figure(1)
plot(t,y(:,1),'k')
hold on
plot(t,y(:,2),'k:')
xlabel('{\itt}/s'),ylabel('{\itx}({\itt})/m')
legend('{\itm}_1','{\itm}_2')
```

运行上述程序，计算结果如图 5-8 所示。显然，图 5-8 与通过解析方法所得结果（图 5-2）完全一致。

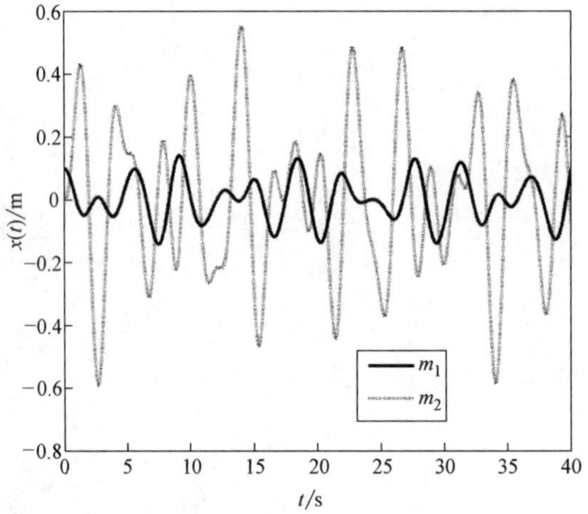

图 5-8　例 5-5 的计算结果

如果要通过状态空间方法重新计算例 5-2（阻尼系统），可以对该程序稍做修改，即把第 4 和第 7 行分别修改为“Damp=0.1*K;”和“x0=[1; 0];”。重新运行该程序，即可得到例 5-2 的计算结果，如图 5-9 所示。

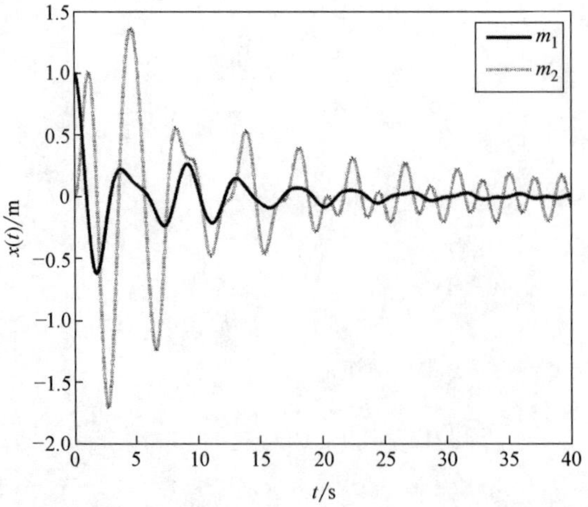

图 5-9　通过状态空间方法计算例 5-2

除了通过 MATLAB 函数 lsim 来计算状态空间的响应，也可以通过 ode45 来求解状态方程。还是以例 5-5 所列参数为例，首先编写一个函数文件 ex5_a_fun.m 用于保存式（5-31）等号右侧的向量，具体 MATLAB 程序如下：

```
function v=ex5_a_fun(t,x)
M=[9 0;0 1];
K=[27 -3;-3 3];
Damp=[0 0;0 0];
F=[0;1];
w=3;
A=[zeros(2) eye(2);-inv(M)*K-inv(M)*Damp];
B=[zeros(2,1);inv(M)*[0;1]];
v=A*x+B*sin(w*t);
```

下一步，编写名为“ex5_a_main.m”的主程序来调用上述函数文件，具体如下：

```
clear all
ts=[0 50];
x0=[0.1;0];
v0=[0;0];
X0=[x0;v0];
[t,x]=ode45('ex5_a_fun',ts,X0);
figure(1)
plot(t,x(:,1),'k','linewidth',2)
hold on
plot(t,x(:,2),'k:','linewidth',2)
legend('{\itm}_1','{\itm}_2')
xlabel('{\itt}/s'),ylabel('{\itx}({\itt})/m')
xlim([0 40])
```

运行上述程序，计算结果如图 5-10 所示。显然上述程序的运行结果与例 5-5 完全相同。

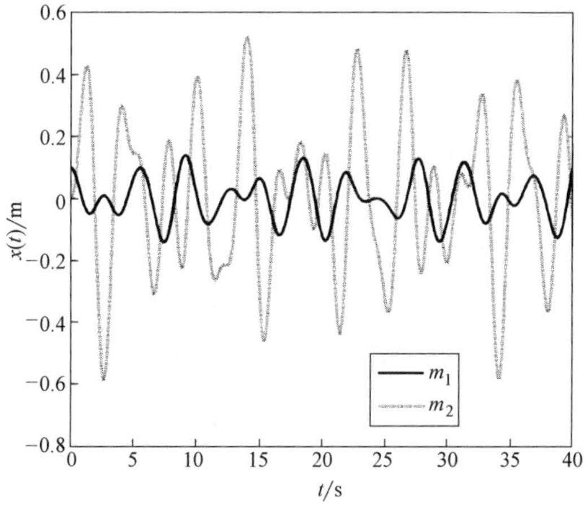

图 5-10　通过 ode45 函数计算例 5-5

通过状态空间方法，不但可以计算系统的时域响应，也可以通过 bode 函数计算系统的频域响应（频率响应函数）。

例 5-6 通过状态空间方法计算例 5-4 所示系统的频率响应函数。

解： 由例 5-4 可知，该系统的质量矩阵、刚度矩阵、阻尼矩阵和外激励分别为

$$\boldsymbol{M}=\begin{pmatrix}1 & 0\\0 & 1\end{pmatrix};\ \boldsymbol{K}=\begin{pmatrix}2 & -1\\-1 & 2\end{pmatrix};\ \boldsymbol{C}=\begin{pmatrix}2c_0 & -c_0\\-c_0 & 2c_0\end{pmatrix};\ \boldsymbol{F}=\begin{pmatrix}0\\1\end{pmatrix}$$

在已知系统的质量矩阵、刚度矩阵和阻尼矩阵后，可以直接通过 MATLAB 编程来计算其频率响应函数，具体程序如下：

```
clear all,close all
M=[1 0;0 1];
K=[2 -1;-1 2];
c0=[0.01 0.1 0.2 0.4];
F=[0;1];
w=linspace(1e-2,3,1e3);
for kk=1:length(c0)
    C=[2*c0(kk)-c0(kk);-c0(kk) 2*c0(kk)];
    A=[zeros(2,2),eye(2);-inv(M)*K,-inv(M)*C];
    B=[zeros(2,1);inv(M)*F];
    C1=[1 0 0 0];
    C2=[0 1 0 0];
    D=zeros(size(C1,1),size(B,2));
    sys1=ss(A,B,C1,D);
    sys2=ss(A,B,C2,D);
    [Amp1,Phs1]=bode(sys1,w);
    [Amp2,Phs2]=bode(sys2,w);
    figure(1)
    if kk==1 plot(w,Amp1(:),'k','linewidth',2);hold on,end
    if kk==2 plot(w,Amp1(:),'k:','linewidth',2);   end
    if kk==3 plot(w,Amp1(:),'k-.','linewidth',2);   end
    if kk==4 plot(w,Amp1(:),'k--','linewidth',2);   end
    figure(2)
    if kk==1 plot(w,Amp2(:),'k','linewidth',2);hold on,end
    if kk==2 plot(w,Amp2(:),'k:','linewidth',2);   end
    if kk==3 plot(w,Amp2(:),'k-.','linewidth',2);   end
    if kk==4 plot(w,Amp2(:),'k--','linewidth',2);   end
end
figure(1)
ylim([0 6])
xlabel('频率/(rad/s)')
```

```
ylabel('{\itm}_1 幅值')
legend('{\itc}=0.01N·s/m','{\itc}=0.1N·s/m','{\itc}=0.2N·s/m','{\itc}=0.4N·s/m')
figure(2)
ylim([0 6])
xlabel('频率/(rad/s)')
ylabel('{\itm}_2 幅值')
legend('{\itc}=0.01N·s/m','{\itc}=0.1N·s/m','{\itc}=0.2N·s/m','{\itc}=0.4N·s/m')
```

运行上述程序，计算结果如图 5-11 所示。

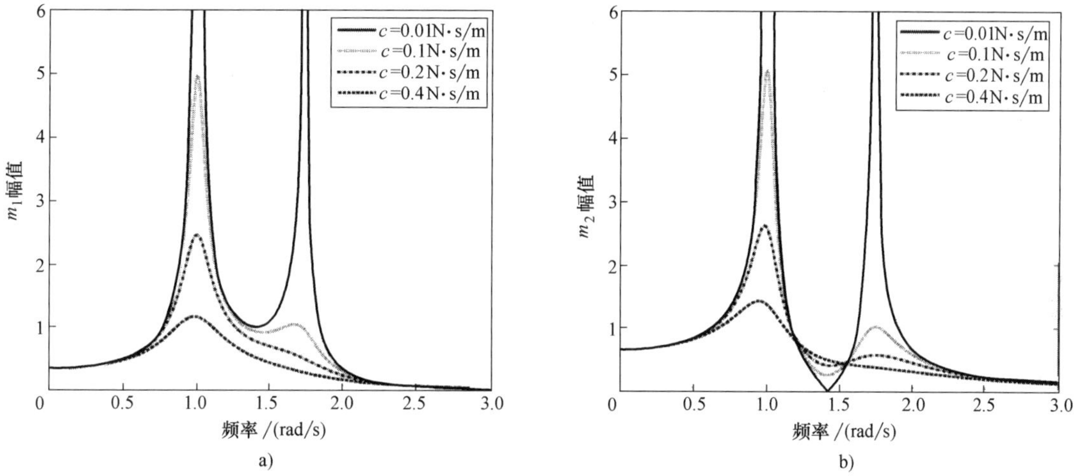

图 5-11　通过状态空间方法计算频率响应函数

a）m_1 的响应　b）m_2 的响应

5.5　模态分析典型案例

由第 4 章和第 5 章前述分析可知，振动系统的模态振型、固有频率和阻尼比对结构振动特性具有决定性作用，因此一般把上述三个参数统称为模态参数。模态参数在工程应用中的有重要意义，例如：如果获得了振动结构的固有频率，就可以避免共振现象的发生；通过模态参数建立振动结构动态响应的预测模型，用于结构的动强度分析设计；通过模态参数结合响应测量来估计结构的动载荷。

5.5.1　模态分析实例一

一座 4 层的框架建筑物及其只考虑侧向振动的简化模型如图 5-12 所示。已知各楼层的质量均为 $m=4000\text{kg}$，各层之间框架的质量忽略不计，并且其抗侧移刚度均为 $k=5\times10^4\text{N/m}$。

该建筑物的动能 T 和势能 U 可分别表示为

$$T=\frac{1}{2}m_1\dot{x}_1^2+\frac{1}{2}m_2\dot{x}_2^2+\frac{1}{2}m_3\dot{x}_3^2+\frac{1}{2}m_4\dot{x}_4^2$$

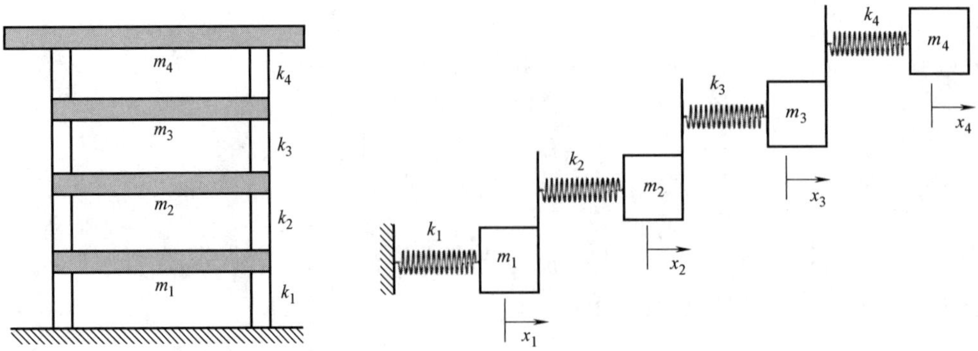

图 5-12　4 层的框架建筑物及其简化模型

$$U=\frac{1}{2}k_1x_1^2+\frac{1}{2}k_2(x_2-x_1)^2+\frac{1}{2}k_3(x_3-x_2)^2+\frac{1}{2}k_4(x_4-x_3)^2$$

由能量法或者拉格朗日方程可知，质量矩阵和刚度矩阵中的每个元素可通过动能和势能表示为

$$\boldsymbol{M}_{ij}=\frac{\partial T^2}{\partial x_i\partial x_j},\quad \boldsymbol{K}_{ij}=\frac{\partial^2 U}{\partial x_i\partial x_j}\tag{5-34}$$

通过式（5-34），可得该建筑物的质量矩阵和刚度矩阵，即

$$\boldsymbol{M}=\begin{pmatrix} m_1 & 0 & 0 & 0 \\ 0 & m_2 & 0 & 0 \\ 0 & 0 & m_3 & 0 \\ 0 & 0 & 0 & m_4 \end{pmatrix},\quad \boldsymbol{K}=\begin{pmatrix} k_1+k_2 & -k_2 & 0 & 0 \\ -k_2 & k_2+k_3 & -k_3 & 0 \\ 0 & -k_3 & k_3+k_4 & -k_4 \\ 0 & 0 & -k_4 & k_4 \end{pmatrix}$$

通过质量矩阵和刚度矩阵，可以计算得到模态振型，如图 5-13 所示。对应的固有频率分别为 0. 1954Hz、0. 5627Hz、0. 8621Hz 和 1. 0575Hz。

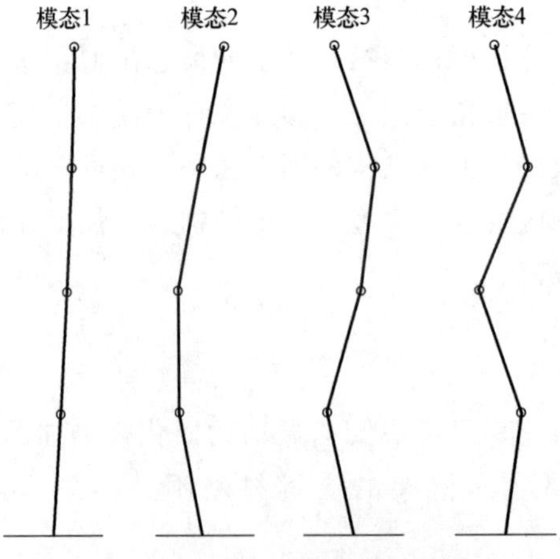

图 5-13　4 层的框架建筑物模态振型

在得到模态振型与固有频率的基础上，可以进一步分析该建筑物的振动情况，假设该建筑物的第 1 层突然受到冲击，产生 0. 1m/s 的初始速度。图 5-14 所示为该建筑物在阻尼系数

矩阵 $\boldsymbol{C}$ 分别为 $0.01\boldsymbol{K}$ 和 $0.1\boldsymbol{K}$ 时的响应。从图 5-14 中可以发现，当建筑物阻尼较大时，其振幅可以迅速降低，有利于建筑物安全。

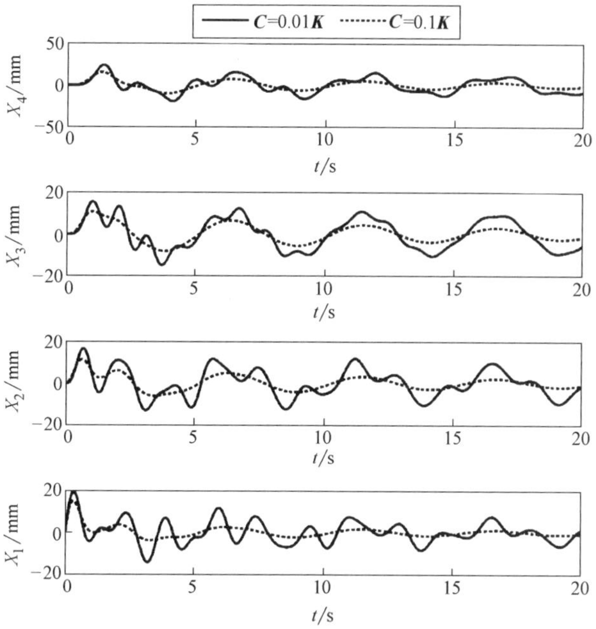

图 5-14　不同阻尼时建筑物的响应

5.5.2　模态分析实例二

对于简单结构，可以通过理论分析和计算得到其模态参数。但是对于一些复杂结构，在计算其模态参数时，需要对物理模型和边界条件进行简化，有可能带来较大误差。因此有必要通过试验手段进行测试振动结构的模态参数，这种试验方法一般称为试验模态分析（experimental modal analysis，EMA）。目前试验模态分析已成为掌握结构动力学特性的一种重要手段，被广泛应用于结构设计、振动控制与结构损伤识别等领域。

由于双层板结构在中、高频率时具有良好的隔声性能，所以双层板结构在客机玻璃窗结构、飞机机身、高速列车和建筑物门窗中得到了广泛应用。但是双层板结构在低频时，特别是在双层结构的板-空腔-板共振频率附近，其隔声性能会急遽下降。因此研究如何提高双层板结构在低频时的隔声性能有较大的实际应用意义。图 5-15 所示为双层玻璃窗的试验模态分析试验照片。图 5-16 所示为测量得到的双层玻璃窗的前 6 阶模态。表 5-1 为测量得到的双层玻璃窗的前 6 阶固有频率及对应阻尼比。通过这些模态信息可以分析双层板结构的声振耦合现象，从而进一步分析和改进双层玻璃窗的低频隔声性能。

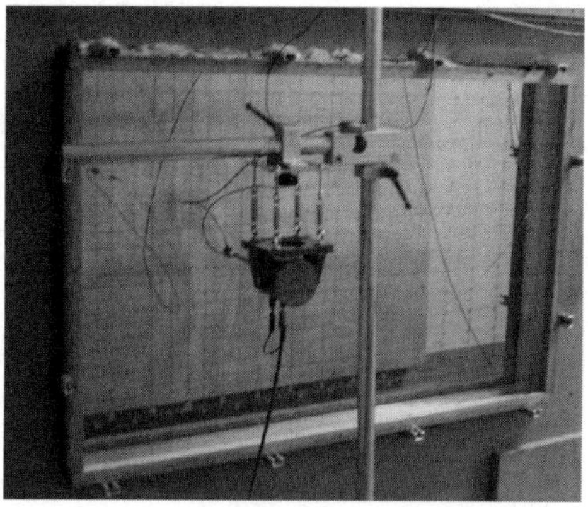

图 5-15　双层玻璃窗的试验模态分析试验照片

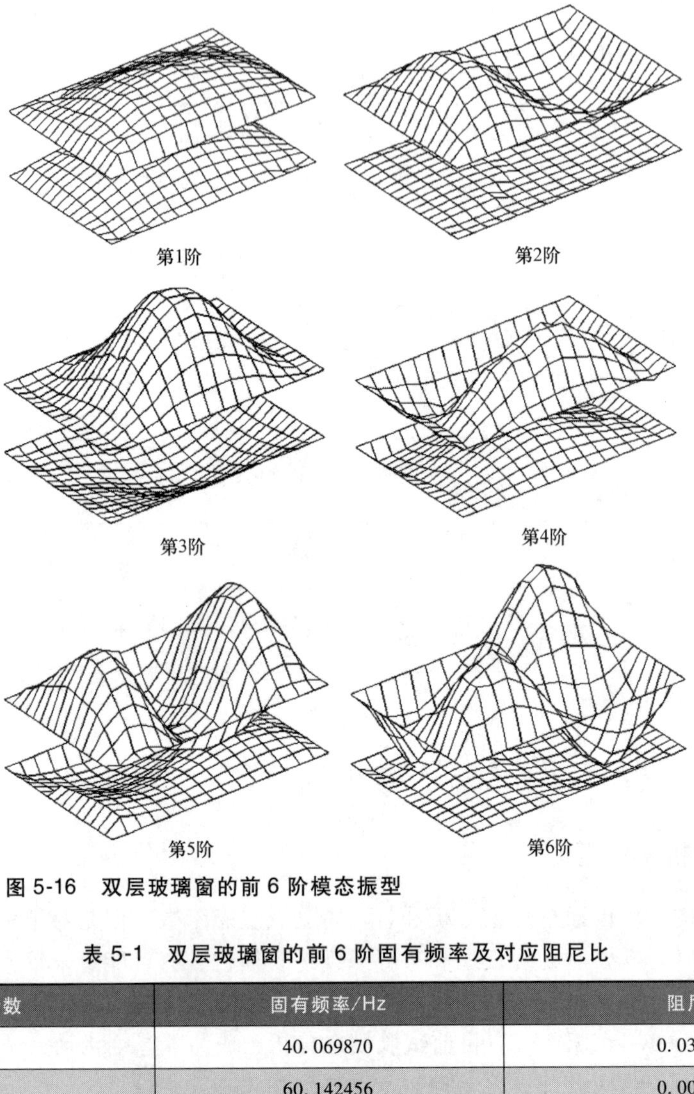

图 5-16 双层玻璃窗的前 6 阶模态振型

表 5-1 双层玻璃窗的前 6 阶固有频率及对应阻尼比

模态阶数	固有频率/Hz	阻尼比
1	40. 069870	0. 031286
2	60. 142456	0. 008536
3	78. 039940	0. 004898
4	82. 649490	0. 012905
5	99. 392555	0. 021997
6	99. 766556	0. 007483

习 题

5-1 已知一系统的振动微分方程如下：

$$\begin{pmatrix} \ddot{x}_1(t) \\ \ddot{x}_2(t) \end{pmatrix} + \begin{pmatrix} 2 & -1 \\ -1 & 2 \end{pmatrix} \begin{pmatrix} x_1(t) \\ x_2(t) \end{pmatrix} = \begin{pmatrix} 0 \\ 1 \end{pmatrix} \sin(\omega t)$$

请问激励力频率 ω 为何值时，该系统会发生共振？

5-2　如图 5-17 所示的无阻尼二自由度振动系统中，m_1 和 m_2 同时受到频率为 4rad/s、幅值为 1N 的正弦激励力作用，假设 $m_1=5\text{kg}$，$m_2=1\text{kg}$，$k_1=2\text{N/m}$，$k_2=1\text{N/m}$，$c_1=c_2=0$。假设该系统的初始条件为

$$\begin{pmatrix} x_1(0) \\ x_2(0) \end{pmatrix} = \begin{pmatrix} 0 \\ 0.1 \end{pmatrix}\text{m},\ \begin{pmatrix} \dot{x}_1(0) \\ \dot{x}_2(0) \end{pmatrix} = \begin{pmatrix} 1 \\ 0 \end{pmatrix}\text{m/s}$$

计算并绘制该系统的时域响应。

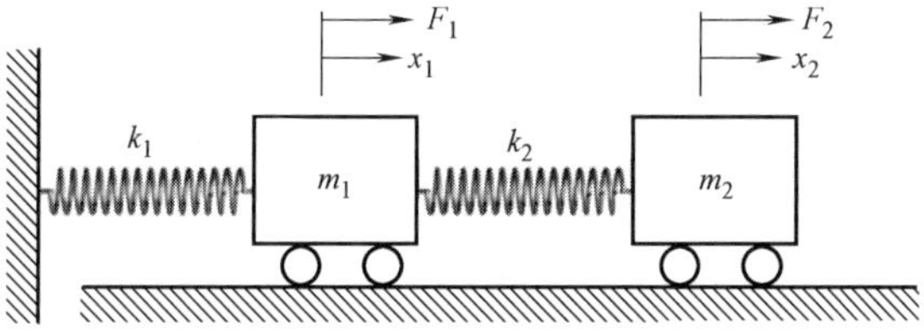

图 5-17　无阻尼二自由度振动系统

5-3　在习题 5-2 中，假设系统阻尼系数 $c_1=2.5\text{N}\cdot\text{s/m}$，$c_2=0.5\text{N}\cdot\text{s/m}$，其他参数保持不变，重新计算该系统的时域响应。

5-4　在习题 5-2 中，假设系统阻尼系数 $c_1=0.25\text{N}\cdot\text{s/m}$，$c_2=0.05\text{N}\cdot\text{s/m}$，其他参数保持不变，重新计算该系统的时域响应，并与习题 5-3 的结果进行比较。

5-5　已知一系统的振动微分方程如下：

$$\begin{pmatrix} 5 & 0 \\ 0 & 1 \end{pmatrix}\begin{pmatrix} \ddot{x}_1(t) \\ \ddot{x}_2(t) \end{pmatrix} + \begin{pmatrix} 3 & -0.5 \\ -0.5 & 0.5 \end{pmatrix}\begin{pmatrix} \dot{x}_1(t) \\ \dot{x}_2(t) \end{pmatrix} + \begin{pmatrix} 30 & -1 \\ -1 & 10 \end{pmatrix}\begin{pmatrix} x_1(t) \\ x_2(t) \end{pmatrix} = \begin{pmatrix} 1 \\ 1 \end{pmatrix}\sin(5t)$$

假设该系统的初始条件为

$$\begin{pmatrix} x_1(t) \\ x_2(t) \end{pmatrix} = \begin{pmatrix} 0.1 \\ 0.1 \end{pmatrix}\text{m},\ \begin{pmatrix} \dot{x}_1(0) \\ \dot{x}_2(0) \end{pmatrix} = \begin{pmatrix} 1 \\ 0 \end{pmatrix}\text{m/s}$$

计算该系统的时域响应。

5-6　已知如图 5-18 所示的四自由度振动系统，$m_1=4\text{kg}$，$m_2=3\text{kg}$，$m_3=2.5\text{kg}$，$m_4=6\text{kg}$，$k_1=300\text{N/m}$，$k_2=k_3=k_4=100\text{N/m}$，$c_1=c_2=c_3=2\text{N}\cdot\text{s/m}$，$c_4=1\text{N}\cdot\text{s/m}$。假设该系统的初始条件为

$$\begin{pmatrix} x_1(t) \\ x_2(t) \\ x_3(t) \\ x_4(t) \end{pmatrix} = \begin{pmatrix} 0 \\ 0 \\ 0 \\ 0.01 \end{pmatrix}\text{m},\ \begin{pmatrix} \dot{x}_1(t) \\ \dot{x}_2(t) \\ \dot{x}_3(t) \\ \dot{x}_4(t) \end{pmatrix} = \begin{pmatrix} 0 \\ 0 \\ 0 \\ 0 \end{pmatrix}\text{m/s}$$

计算并绘制该系统的时域响应。

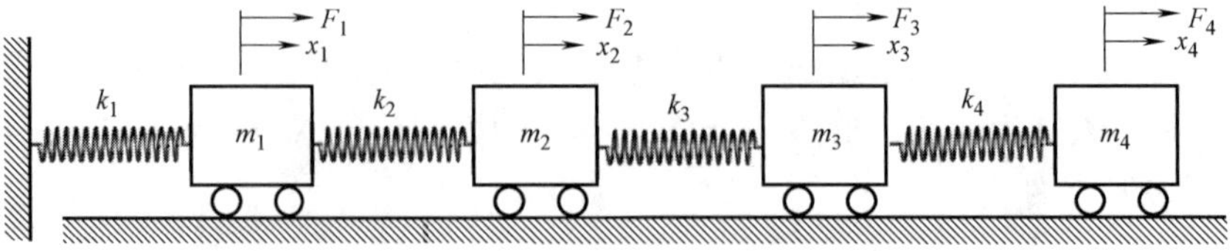

图 5-18　四自由度振动系统

5-7　已知一系统的振动微分方程如下：

$$\begin{pmatrix}1 & 0\\0 & 2\end{pmatrix}\begin{pmatrix}\ddot{x}_1(t)\\\ddot{x}_2(t)\end{pmatrix}+\begin{pmatrix}4 & -1\\-1 & 2\end{pmatrix}\begin{pmatrix}\dot{x}_1(t)\\\dot{x}_2(t)\end{pmatrix}+\begin{pmatrix}5 & -2\\-2 & 3\end{pmatrix}\begin{pmatrix}x_1(t)\\x_2(t)\end{pmatrix}=\begin{pmatrix}1\\2\end{pmatrix}\cos(3t)$$

假设该系统的初始条件为

$$\begin{pmatrix}x_1(t)\\x_2(t)\end{pmatrix}=\begin{pmatrix}0.2\\0\end{pmatrix}\text{m},\quad\begin{pmatrix}\dot{x}_1(0)\\\dot{x}_2(0)\end{pmatrix}=\begin{pmatrix}1\\0\end{pmatrix}\text{m/s}$$

计算该系统的时域响应。

5-8　已知如图 5-19 所示的三自由度振动系统。

1）建立该系统的运动微分方程。

2）假设 $m_1=m_2=m_3=1\text{kg}$，$k_1=k_2=k_3=k_4=k_5=100\text{N/m}$，各阶模态的阻尼比为 0.01，受到外激励力 $f_1=f_2=f_3=\cos(17.5t)$ N 的作用，计算该系统的稳态响应。

5-9　已知如图 5-20 所示的三自由度振动系统中，$m_1=100\text{kg}$，$m_2=m_3=10\text{kg}$，$k_1=k_2=k_3=4000\text{N/m}$，$c_1=c_2=c_3=200\text{N}\cdot\text{s/m}$，受到外激励力 $F_1=F_2=F_3=50\cos(50t)$N 的作用，计算该系统在零初始条件下的响应。

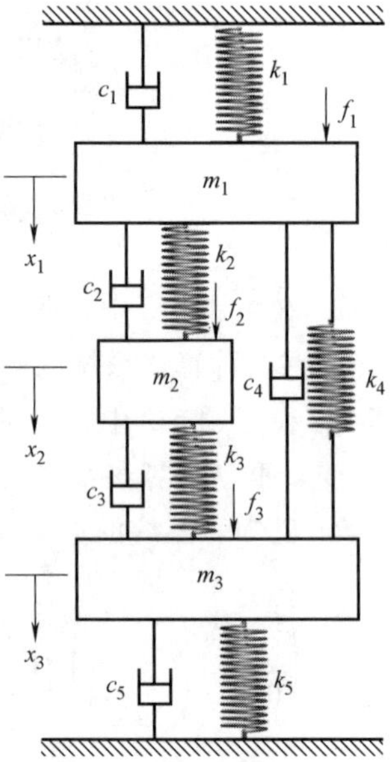

图 5-19　三自由度振动系统（一）

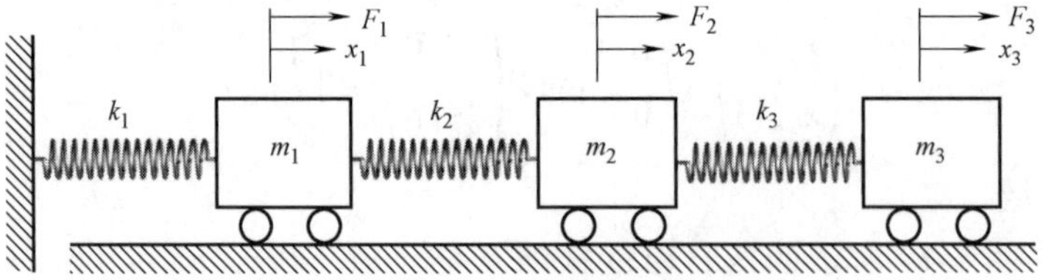

图 5-20　三自由度振动系统（二）

5-10　已知一系统的振动微分方程如下：

$$\begin{pmatrix}2 & 0\\0 & 1\end{pmatrix}\begin{pmatrix}\ddot{x}_1(t)\\\ddot{x}_2(t)\end{pmatrix}+\begin{pmatrix}0.3 & -0.05\\-0.05 & 0.05\end{pmatrix}\begin{pmatrix}\dot{x}_1(t)\\\dot{x}_2(t)\end{pmatrix}+\begin{pmatrix}3 & -1\\-1 & 1\end{pmatrix}\begin{pmatrix}x_1(t)\\x_2(t)\end{pmatrix}=\begin{pmatrix}0\\1\end{pmatrix}[\Phi(t-1)-\Phi(t-3)]$$

式中，$\Phi(t-t_0)=\begin{cases}1, & t_0\leqslant t\leqslant t_0+0.1\\0, & t>t_0+0.1\end{cases}$。

假设该系统的初始条件为

$$\begin{pmatrix}x_1(t)\\x_2(t)\end{pmatrix}=\begin{pmatrix}0\\-0.1\end{pmatrix}\text{m},\ \begin{pmatrix}\dot{x}_1(0)\\\dot{x}_2(0)\end{pmatrix}=\begin{pmatrix}0\\0\end{pmatrix}\text{m/s}$$

计算该系统的时域响应。

5-11　已知如图 5-21a 所示的无阻尼振动系统，$m_1=200\text{kg}$，$m_2=250\text{kg}$，$k_1=150\text{N/m}$，$k_2=75\text{N/m}$，受到如图 5-21b 所示的外激励力 $F_1(t)$，计算该系统在零初始条件下的响应。

5-12　计算如图 5-22 所示的三自由度振动系统的响应，其中 $m=1\text{kg}$，$k=1000\text{N/m}$，受到 $F=5\cos(10t)$ N 的外激励力作用，计算该系统在零初始条件下的响应。

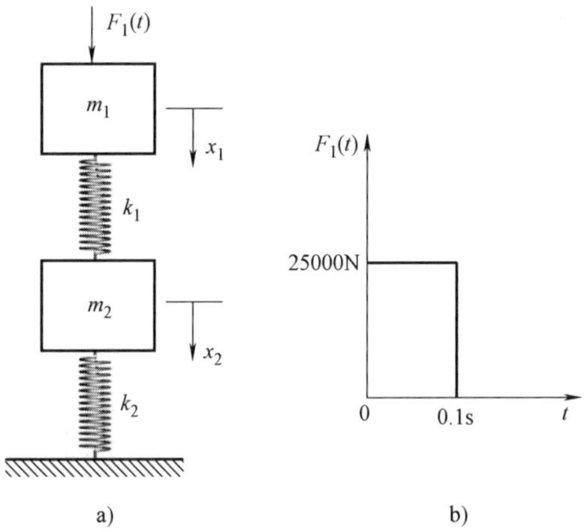

图 5-21　无阻尼振动系统

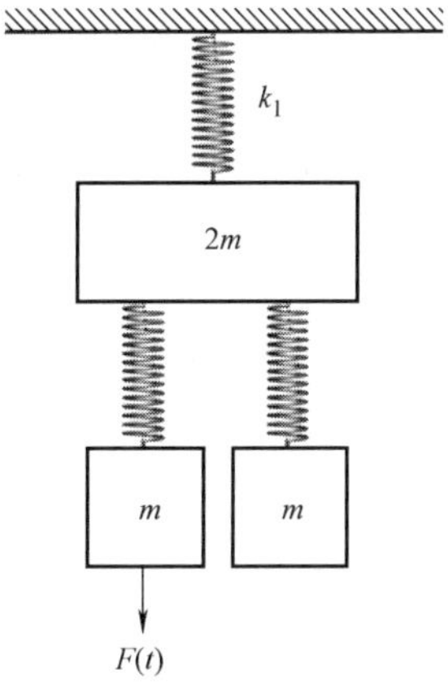

图 5-22　三自由度振动系统（三）

5-13　已知如图 5-23 所示的三自由度阻尼振动系统中，$m_1=10\text{kg}$，$m_2=20\text{kg}$，$m_3=30\text{kg}$，$k_1=100\text{N/m}$，$k_2=50\text{N/m}$，$k_3=150\text{N/m}$，$c_1=c_2=c_3=20\text{N}\cdot\text{s/m}$，受到外激励力 $F_1=F_2=F_3=10\cos(5t)$ N 的作用，通过状态空间方法计算该系统在零初始条件的响应。

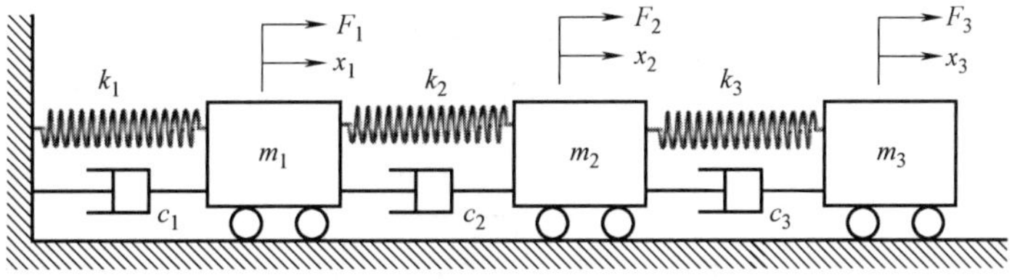

图 5-23　三自由度阻尼振动系统

5-14　已知一系统的振动微分方程如下：

$$\begin{pmatrix}5&0\\0&2\end{pmatrix}\begin{pmatrix}\ddot{x}_1(t)\\\ddot{x}_2(t)\end{pmatrix}+\begin{pmatrix}0.35&-0.6\\-0.6&0.8\end{pmatrix}\begin{pmatrix}\dot{x}_1(t)\\\dot{x}_2(t)\end{pmatrix}+\begin{pmatrix}20&-2\\-2&2\end{pmatrix}\begin{pmatrix}x_1(t)\\x_2(t)\end{pmatrix}=\begin{pmatrix}1\\0\end{pmatrix}\sin(\omega t)$$

通过状态空间方法计算：

1）该系统在零初始条件的频域响应（激励力频率 ω 取值范围为 0~10rad/s）。

2）假设该系统的初始条件为 $\begin{pmatrix}x_1(0)\\x_2(0)\end{pmatrix}=\begin{pmatrix}0\\-0.1\end{pmatrix}$ m，$\begin{pmatrix}\dot{x}_1(0)\\\dot{x}_2(0)\end{pmatrix}=\begin{pmatrix}0\\0\end{pmatrix}$ m/s，激励力频率 $\omega=$

2rad/s，计算该系统的时域响应。

5-15　已知一复杂三自由度振动系统如图 5-24 所示，假设 $m_1=m_2=m_3=10\text{kg}$，$k_1=k_2=k_3=k_4=k_5=k_6=100\text{N/m}$，质量块 m_2 受到激励力 $f(t)=20\cos(10t)$ N 的作用，通过状态空间方法计算该系统在零初始条件的响应。

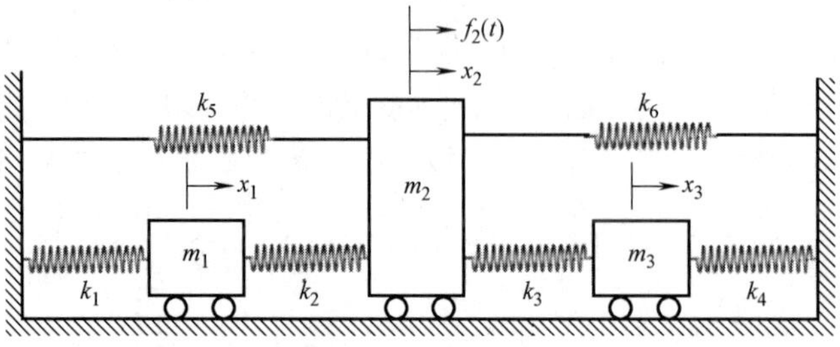

图 5-24　复杂三自由度振动系统

5-16　把飞机简化为三自由度系统，如图 5-25 所示。其中 $m_1=m_3=m$ 表示机翼的集中质量，$m_2=5m$ 表示机体的集中质量。把机翼刚度简化为悬臂梁，其长度 $L_1=L_2=L$，刚度 $k=3EI/L^3$。计算该飞机简化模型的固有频率和模态。

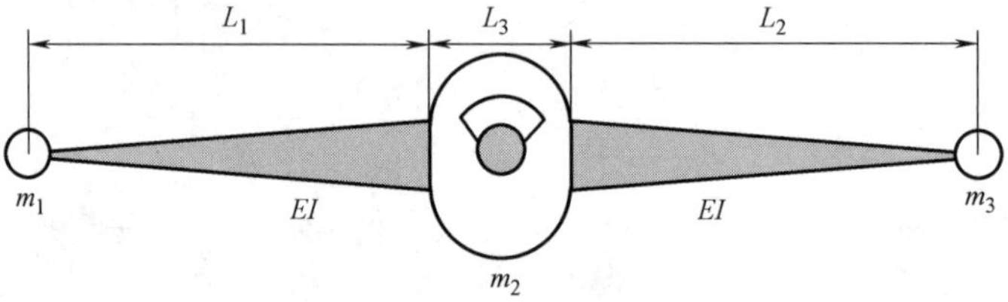

图 5-25　飞机简化为三自由度系统示意图

5-17　把飞机起落架简化为如图 5-26 所示的振动系统，假设 $m_1=100\text{kg}$，$m_2=5000\text{kg}$，$k_1=1\times10^4\text{N/m}$，$k_2=1\times10^6\text{N/m}$。

1）计算该起落架简化模型的固有频率和归一化模态。

2）假设机体 m_2 受到 $F=1000\cos(\omega t)$N 的外激励力作用，计算其频率响应函数。

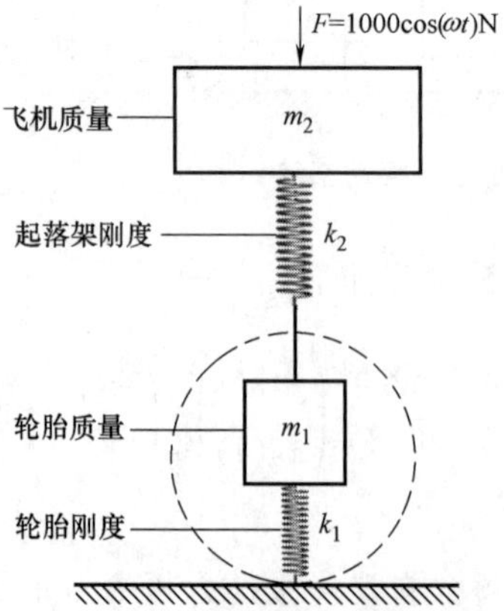

图 5-26　飞机起落架简化模型

第6章

连续系统的振动

连续系统又称为分布参数系统，实际的工程结构，如梁、板、轴等结构，其惯性、弹性和阻尼都是连续分布的，确定连续系统中无数个质点的运动形态需要无限多个广义坐标，因此连续系统又称为无限自由度系统。

由于描述连续系统的运动方程为偏微分方程，一般只能在某些特殊情况下才能得到解析解，如果进行恰当的简化，可以把连续系统简化为有限自由度的离散系统（即前面5章阐述的单自由度或多自由度系统）。但是这种简化有可能带来误差，而且很多时候，连续系统质量或者转动惯量并不能被离散化。为此，有必要分析连续系统的振动。

本章主要介绍基本连续结构振动问题（如弦的横向振动、直杆的纵向振动、轴的扭转振动、梁的弯曲振动）的基本求解方法，所以没有给出这些振动结构的运动微分方程的详细推导过程，而且本章只针对理想弹性体的线性振动而展开。

6.1 弦的横向振动

首先，讨论弦的横向振动，因为弦是最常见的一种连续结构，如弦乐器、电线、滑轮绳索、缆车电缆等。

设有如图6-1所示的弦，两端固定，受到张力 T 作用。为了便于分析，引入如下假设：

1）所分析的弦为线状结构，即与纵向尺寸（在 x 轴方向上）相比，横向尺寸要小得多。

2）弦的振动只发生在 Oxy 平面上，即只考虑弦的横向（y 轴方向）振动。

3）在振动过程中，弦的张力 T 保持恒定，即张力 T 与时间 t 和位置 x 无关。

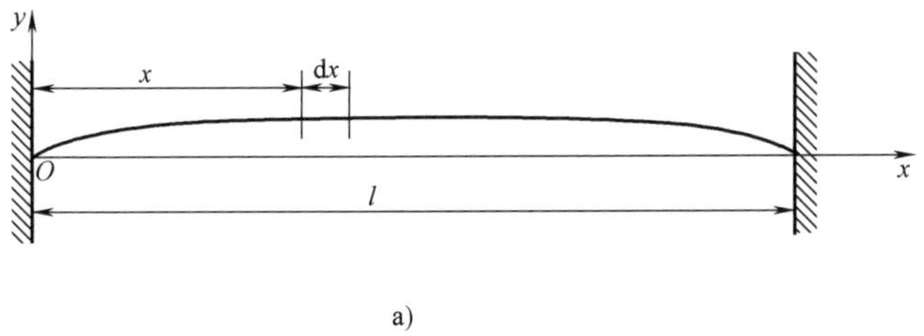

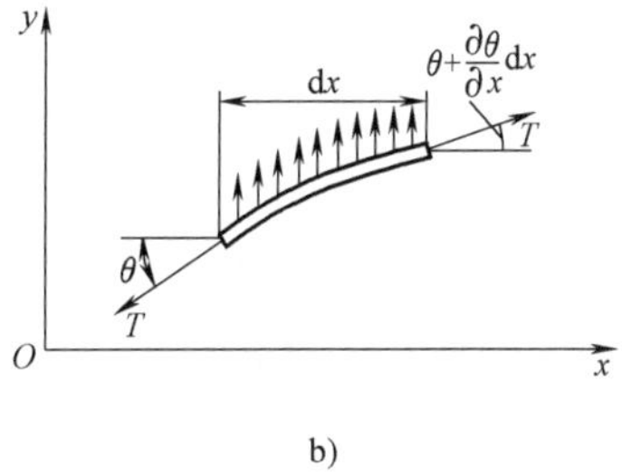

图6-1　弦的振动分析

a）受张力作用的弦发生横向振动　b）微小单元 $\mathrm{d}x$ 的受力分析

在图6-1a所示弦中，取任意一微小单元 $\mathrm{d}x$，其受力分析如图6-1b所示，通过牛顿第二运动定律，可得该微小单元的运动微分方程为

$$f(x,t)\,\mathrm{d}x-T\sin\theta+T\sin(\theta+\mathrm{d}\theta)=m(x)\,\mathrm{d}x\,\frac{\partial^2 w(x,t)}{\partial t^2} \tag{6-1}$$

式中，$w(x,t)$ 为弦的横向位移；$f(x,t)$ 为弦在单位长度上的横向外力；$m(x)$ 为弦在单位长度上的质量；T 和 θ 分别为弦受到的张力及其转角。

按照线性振动假设，弦振动时的转角 θ 足够小，所以

$$\theta\cong\sin\theta=\frac{\partial w}{\partial x} \tag{6-2}$$

利用式（6-2），可得 $\sin(\theta+\mathrm{d}\theta)=\theta+\mathrm{d}\theta$，所以式（6-1）可重新表示为

$$m(x)\frac{\partial^2 w(x,t)}{\partial t^2}=T\,\frac{\partial^2 w(x,t)}{\partial x^2}+f(x,t)\,\mathrm{d}x \tag{6-3}$$

对于自由振动，令外力 $f(x,t)=0$，则式（6-3）简化为波动方程，即

$$\frac{\partial^2 w(x,t)}{\partial t^2}=\frac{T}{m}\,\frac{\partial^2 w(x,t)}{\partial x^2}=c^2\,\frac{\partial^2 w(x,t)}{\partial x^2} \tag{6-4}$$

式中，$c=\sqrt{\frac{T}{m}}$，称为波速（wave speed），也就是说，波速 c 表示弹性波在沿着弦长度方向的传播速度。

注意到式（6-4）中，弦的横向位移 $w(x,t)$ 同时包含时间变量 t 和空间变量 x，所以可以通过分离变量法，把时间和空间的变量分离，把 $w(x,t)$ 分解为空间函数 $Y(x)$ 与时间函数 $q(t)$ 的乘积，即

$$w(x,t)=Y(x)q(t) \tag{6-5}$$

由式（6-5）可以发现，在任意时刻 t，空间函数 $Y(x)$ 仅与 x 相关，即弦存在与时间无关的固定振动形状，所以 $Y(x)$ 定义为弦的模态（或者振型函数）。就计算步骤而言，就是先求弦的固有振动，再根据初始条件确定具体的自由振动响应。

把式（6-5）代入式（6-4），整理可得

$$\frac{1}{c^2 q(t)}\,\frac{\partial^2 q(t)}{\partial t^2}=\frac{1}{Y(x)}\,\frac{\partial^2 Y(x)}{\partial x^2} \tag{6-6}$$

在式（6-6）中，可以发现等号左边只与时间 t 相关，而等号右边只与空间 x 相关。注意到时间 t 与空间 x 相互独立，如果要使得式（6-6）成立，等号两边必须为常数，即

$$\frac{1}{c^2 q(t)}\,\frac{\partial^2 q(t)}{\partial t^2}=s,\quad \frac{\partial^2 q(t)}{\partial t^2}-sc^2 q(t)=0 \tag{6-7a}$$

$$\frac{1}{Y(x)}\,\frac{\partial^2 Y(x)}{\partial x^2}=s,\quad \frac{\partial^2 Y(x)}{\partial x^2}-sY(x)=0 \tag{6-7b}$$

式中，s 为未知实数。

观察式（6-7a）可知，如果该未知实数 s 为正实数，则函数 $q(t)$ 随着时间的增加而趋于无穷大，这显然不符合无阻尼自由振动系统的特性。所以 s 必须为负实数，可以定义 $s=-\lambda^2$，其中 λ 为正实数。则式（6-7）可重新表示为

$$\frac{\partial^2 q(t)}{\partial t^2}+\lambda^2 c^2 q(t)=0 \tag{6-8a}$$

$$\frac{\partial^2 Y(x)}{\partial x^2}+\lambda^2 Y(x)=0 \tag{6-8b}$$

显然，式（6-8b）的解可表示为

$$Y(x)=W_1\exp(\mathrm{i}\lambda x)+W_2\exp(-\mathrm{i}\lambda x)=A\sin(\lambda x)+B\cos(\lambda x) \tag{6-9}$$

由于 $Y(x)$ 表示弦的模态，为一个实函数，所以式（6-9）中的系数 W_1 和 W_2 必须复共轭，而 C_1 和 C_2 必须为实数，利用欧拉公式：

$$\sin(\lambda x)=\frac{\exp(\mathrm{i}\lambda x)-\exp(-\mathrm{i}\lambda x)}{2\mathrm{i}},\ \cos(\lambda x)=\frac{\exp(\mathrm{i}\lambda x)+\exp(-\mathrm{i}\lambda x)}{2} \tag{6-10}$$

把式（6-10）代入式（6-9），可得式（6-9）中的 W_1 和 W_2 分别为

$$W_1=\frac{B-\mathrm{i}A}{2},\ W_2=\frac{B+\mathrm{i}A}{2} \tag{6-11}$$

为了计算弦在自由振动时的完整解，引入弦的边界条件（两端固定），即

$$Y(0)=Y(l)=0 \tag{6-12}$$

式中，l 为弦的长度。

把式（6-12）代入式（6-9），可得

$$B=0,\ A\sin(\lambda l)=0 \tag{6-13}$$

显然，在式（6-13）中，A 不等于零的成立条件为

$$\sin(\lambda l)=0 \tag{6-14}$$

由式（6-14）可以得到无数个 λ，即

$$\lambda_k=\frac{k\pi}{l}\quad(k=1,2,\cdots,\infty) \tag{6-15}$$

把式（6-13）~式（6-15）代入式（6-9），可得对应的模态函数，即

$$Y_k(x)=A_k\sin\left(\frac{k\pi}{l}x\right) \tag{6-16}$$

式中，A_k 为任意非零常数，为了便于分析，可以直接令 $A_k=1$。

例 6-1 通过 MATLAB 绘制两端固定弦的前 4 阶模态。

解： 注意到两端固定弦的模态公式可以通过式（6-16）表示，可以直接在 MATLAB 工作窗口输入如下命令来计算和绘制弦的前 4 阶模态，运行结果如图 6-2 所示。

```
x=linspace(0,1,1e3);
figure(1),
plot(x,sin(x*pi),'k','linewidth',2),hold on
plot(x,sin(2*x*pi),'k:','linewidth',2)
plot(x,sin(3*x*pi),'k-.','linewidth',2)
plot(x,sin(4*x*pi),'k--','linewidth',2)
legend('模态 1','模态 2','模态 3','模态 4')
xlabel('{\itx}/{\itL}'),ylabel('模态形状')
```

下一步是计算在对应模态下的时域响应（即广义模态坐标）$q_i(t)$，把式（6-15）代入式（6-8a），可得

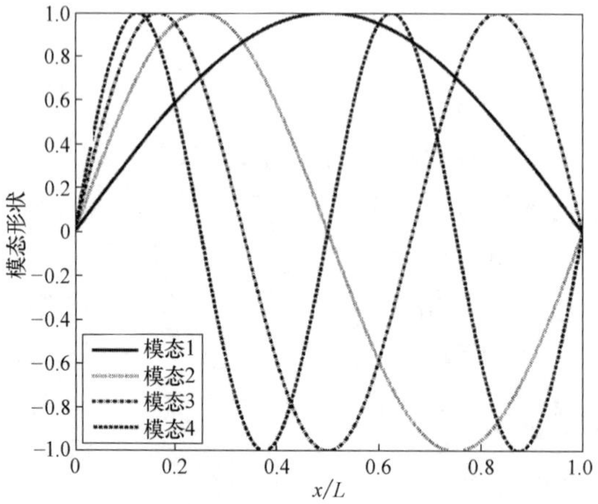

图 6-2　弦的前 4 阶模态

$$\frac{\partial^2 q_k(t)}{\partial t^2}+\omega_k^2 q(t)=0 \tag{6-17a}$$

式中

$$\omega_k=\lambda_k c=\frac{k\pi}{l}\sqrt{\frac{T}{m}} \tag{6-17b}$$

由式（6-17）可以发现，$q(t)$ 在某一特定频率（ω_k）做简谐振动，该频率即为对应模态的固有频率。

式（6-17a）的解可表示为

$$q_k(t)=C_k\sin(\omega_k t)+D_k\cos(\omega_k t) \tag{6-18}$$

式中，C_k 和 D_k 由初始条件决定。

对于连续系统，存在无限自由度，所以式（6-17）存在无穷多的解。与离散系统类似，弦的自由振动为这些无限个模态与模态坐标的线性组合，即

$$w(x,t)=\sum_{k=1}^{\infty}Y_k(x)q_k(t)=\sum_{k=1}^{\infty}[C_k\sin(\omega_k t)+D_k\cos(\omega_k t)]\sin\left(\frac{k\pi}{l}x\right) \tag{6-19}$$

假设弦的初始条件（$t=0$）为

$$\begin{cases}w(x,0)=f(x)\\ \dfrac{\partial w(x,0)}{\partial t}=g(x)\end{cases} \tag{6-20}$$

式中，$f(x)$ 和 $g(x)$ 分别表示在 $t=0$ 时弦的位移和速度。

把式（6-19）代入式（6-20），可得

$$\begin{cases}w(x,0)=\sum\limits_{k=1}^{\infty}D_k\sin\left(\dfrac{k\pi}{l}x\right)=f(x)\\ \dfrac{\partial w(x,0)}{\partial t}=\sum\limits_{k=1}^{\infty}C_k\omega_k\sin\left(\dfrac{k\pi}{l}x\right)=g(x)\end{cases} \tag{6-21}$$

由傅里叶级数的定义：

$$F(t)=\frac{a_0}{2}+\sum_{k=1}^{\infty}[a_k\cos(k\omega t)+b_k\sin(k\omega t)] \tag{6-22}$$

式中，$a_k=\frac{2}{T}\int_0^T F(t)\cos(k\omega t)\,\mathrm{d}t$；$b_k=\frac{2}{T}\int_0^T F(t)\sin(k\omega t)\,\mathrm{d}t$。

式（6-21）与傅里叶级数式（6-22）进行对比，可得

$$\begin{cases} C_k=\dfrac{2}{l\omega_k}\displaystyle\int_0^l g(t)\sin\left(\frac{k\pi x}{l}\right)\mathrm{d}x \\ D_k=\dfrac{2}{l}\displaystyle\int_0^l f(t)\sin\left(\frac{k\pi x}{l}\right)\mathrm{d}x \end{cases} \tag{6-23}$$

把式（6-23）得到的 C_k 和 D_k 代入式（6-19），即可得到弦在自由振动时的响应。

例 6-2 如图 6-3 所示的弦长度为 l，两端固定。假设在 $x=l/6$ 处拉起 h，随后无初速度释放，计算该弦的自由振动响应。

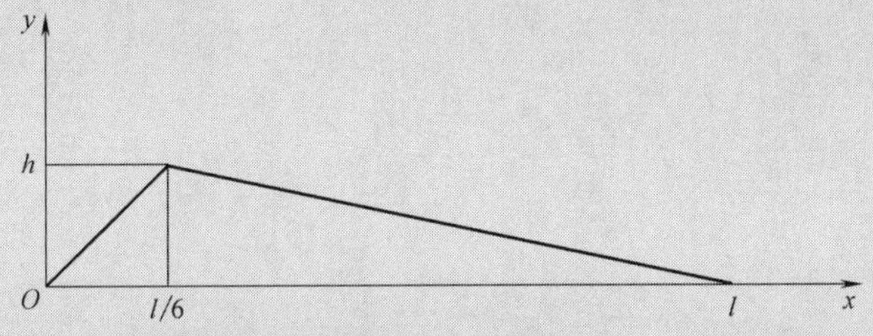

图 6-3　弦的自由振动

解： 由图 6-3 可知，该弦的初始位移和初始速度分别为

$$w(x,0)=\begin{cases}\dfrac{6h}{l}x,0\leqslant x\leqslant\dfrac{l}{6}\\ \dfrac{6h}{5l}(l-x),\dfrac{l}{6}\leqslant x\leqslant l\end{cases}$$

$$\frac{\partial w(x,0)}{\partial t}=0$$

把上述初始条件代入式（6-23），可得

$$C_k=0$$

$$\begin{aligned} D_k &= \frac{2}{l}\int_0^{\frac{l}{6}}\frac{6hx}{l}\sin\left(\frac{k\pi x}{l}\right)\mathrm{d}x+\frac{2}{l}\int_{\frac{l}{6}}^{l}\frac{6h(l-x)}{5l}\sin\left(\frac{k\pi x}{l}\right)\mathrm{d}x \\ &= \frac{12h}{l^2}\int_0^{\frac{l}{6}}x\sin\left(\frac{k\pi x}{l}\right)\mathrm{d}x+\frac{12h}{5l^2}\int_{\frac{l}{6}}^{l}(l-x)\sin\left(\frac{k\pi x}{l}\right)\mathrm{d}x \\ &= \frac{72h}{5(k\pi)^2}\sin\left(\frac{k\pi}{6}\right) \end{aligned}$$

把计算得到的 C_k 和 D_k 代入式（6-19），即可得到弦在自由振动时的响应

$$w(x,t)=\frac{72h}{5\pi^2}\sum_{k=1}^{\infty}\left[\frac{1}{k^2}\sin\left(\frac{k\pi}{6}\right)\cos(\omega_k t)\right]\sin\left(\frac{k\pi}{l}x\right)\text{，其中 }\omega_k=\frac{k\pi}{l}\sqrt{\frac{T}{m}}$$

例 6-3 在例 6-2 的基础上，弦的长度 $l=1\text{m}$，受到张力 $T=1000\text{N}$，该弦单位长度质量 $m=0.1\text{kg/m}$，计算当 $h=0.01\text{m}$ 时该弦长中心位置的响应，并分析取模态阶数 k 分别为 1、5、10 和 50 时对结果的影响。

解：把 $x=l/2$ 代入到例 6-2 求解得到的响应，即为弦长中心位置的响应，显然通过手算非常困难，可通过如下 MATLAB 程序实现：

```
clear all,close all
m=0.1;T=1e3;L=1;h=0.01;
t=linspace(0,0.04,5e3);
x0=L/2;
for k=1:50
    wn(k)=k*pi/L*sqrt(T/m);
end
X=zeros(1,5e3);
for k=1:50
    X=X+ 72*h/5/pi^2/k^2*sin(k*pi/6)*cos(wn(k)*t)*sin(k*pi*x0/L);
    if k==1  X1=X;end
    if k==5  X2=X;end
    if k==10  X3=X;end
    if k==50  X4=X;end
end
figure(1),
subplot(2,2,1),plot(t,X1,'k','linewidth',2)
title('模态阶数{\itk}=1'),xlabel('{\itt}/s'),ylabel('响应/m')
subplot(2,2,2),plot(t,X2,'k','linewidth',2)
title('模态阶数{\itk}=5'),xlabel('{\itt}/s'),ylabel('响应/m')
subplot(2,2,3),plot(t,X3,'k','linewidth',2)
title('模态阶数{\itk}=10'),xlabel('{\itt}/s'),ylabel('响应/m')
subplot(2,2,4),plot(t,X4,'k','linewidth',2)
title('模态阶数{\itk}=50'),xlabel('{\itt}/s'),ylabel('响应/m')
```

运行上述程序，可得结果如图 6-4 所示。从图 6-4 中可以发现，当 $k=1$ 时，响应为正弦函数，随着模态阶数 k 的增加，响应接近于方波，而且当 $k>5$ 后，其响应基本相同。也就是说，高阶模态对响应的影响可以忽略不计。只要取前若干阶对响应起主要贡献的模态即可得到比较精确的弦的响应。

还可以进一步计算该弦各个点在不同时刻的响应，并通过动画表示，在 MATLAB 中，一个常用的动画函数为 drawnow，该函数表示立即绘制图形。为了使动画清晰，可以通过 pause 函数来延迟下一幅图更新的时间。例如，下面的 MATLAB 程序用于显示该弦不同时刻响应的动画。其中，pause（0.01）表示每幅图形延迟 0.01s 更新，这样更加便于观察。

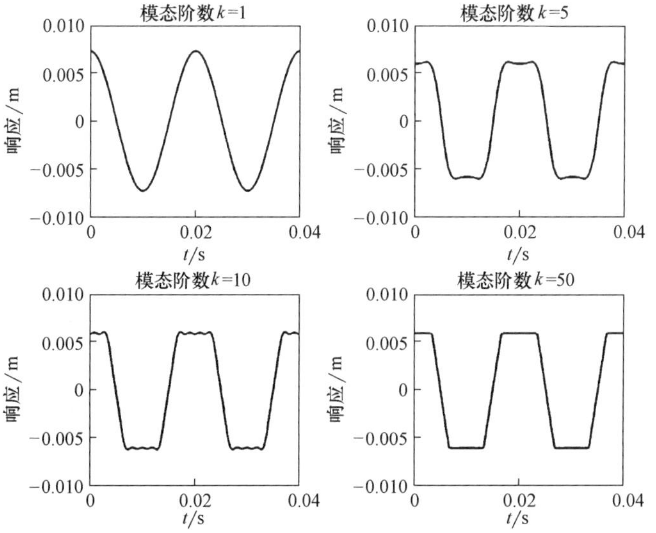

图 6-4 不同模态阶数时弦中心位置的响应

```
clear all,close all
m=0.1;T=1e3;L=1;h=0.01;
x0=linspace(0,1,1e3);
for k=1:100
    wn(k)=k*pi/L*sqrt(T/m);
end
for t=0:1e-4:2e-2
X=zeros(1,1e3);
for k=1:50
    X=X+72*h/5/pi^2/k^2*sin(k*pi/6)*cos(wn(k)*t)*sin(k*pi*x0/L);
end
plot(x0,X,'k','linewidth',2),ylim([-h*1.1,h*1.1]),drawnow,pause(0.01)
end
```

运行上述程序，即可得到弦响应的动画，图 6-5 所示为截取该弦在不同时刻的响应。

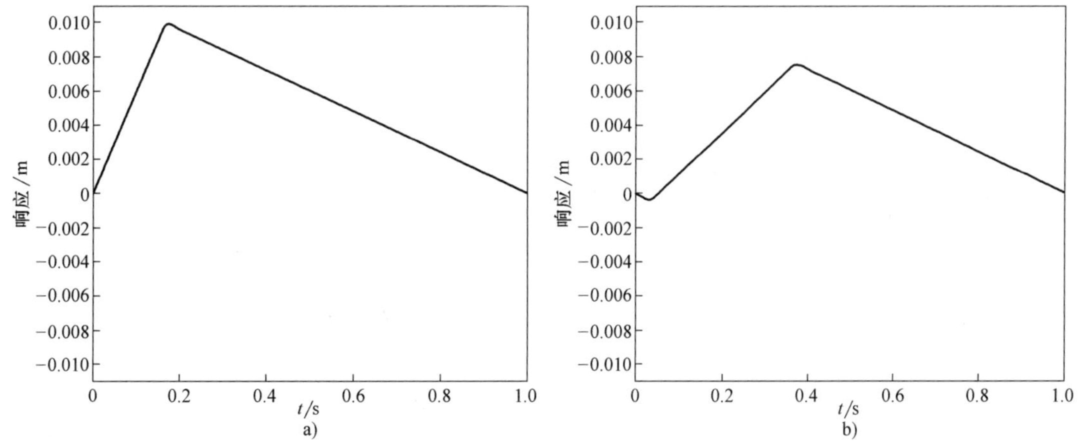

图 6-5 弦在不同时刻的响应

a）$t=0\text{s}$ b）$t=0.002\text{s}$

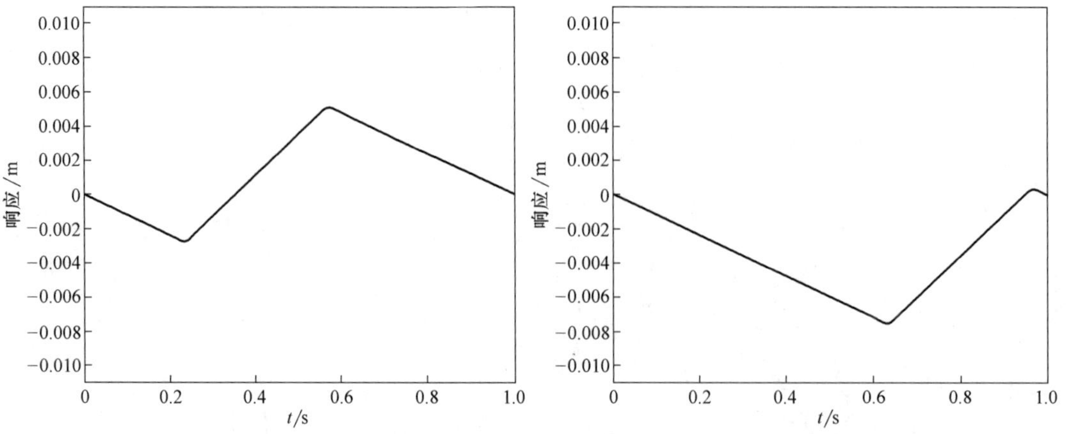

c) d)

图 6-5 弦在不同时刻的响应（续）

c）$t=0.004\mathrm{s}$ d）$t=0.008\mathrm{s}$

6.2 直杆的纵向振动

与弦的振动分析类似，在分析直杆的纵向振动时，假设直杆在横截面上的点只做沿轴线方向的振动，不考虑杆纵向振动引起的横向变形。设有长度为 L 的均匀直杆如图 6-6a 所示，令杆的轴线为 x 轴，杆的横截面面积为 A，弹性模量为 E，单位长度的质量为 ρA，其中 ρ 为杆的密度。

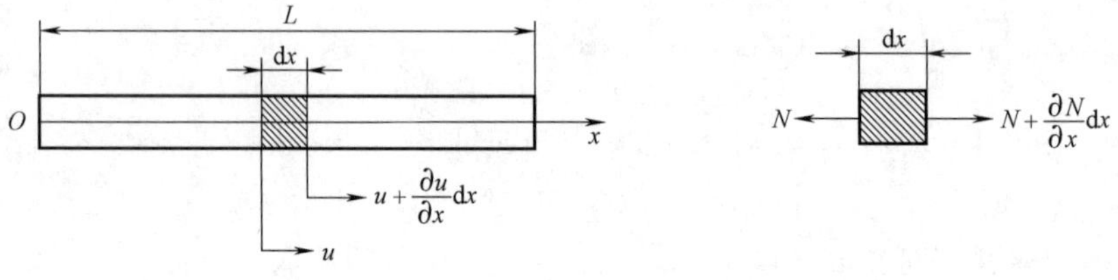

a) b)

图 6-6 直杆的纵向振动

a）均匀直杆示意图 b）长度为 dx 的直杆微小单元

取长度为 dx 的直杆微小单元进行受力分析，如图 6-6b 所示，由牛顿第二定律可知，其运动微分方程可表示为

$$\rho A\mathrm{d}x\,\frac{\partial^2 u(x,t)}{\partial t^2}=\left[N(x,t)+\frac{\partial N(x,t)}{\partial x}\mathrm{d}x\right]-N(x,t) \tag{6-24}$$

式中，$N(x,\ t)$ 为轴向内力，

$$N(x,t)=AE\,\frac{\partial u(x,t)}{\partial x} \tag{6-25}$$

把式（6-25）代入式（6-24），整理可得

$$\frac{\partial^2 u(x,t)}{\partial t^2}=\frac{E}{\rho}\frac{\partial^2 u(x,t)}{\partial x^2}=c^2\frac{\partial^2 u(x,t)}{\partial x^2} \tag{6-26}$$

式中，c 为波速，$c=\sqrt{\frac{E}{\rho}}$，表示弹性波在沿着轴长度方向的传播速度。

比较式（6-4）和式（6-26）可以发现，直杆纵向振动和弦的横向振动时的运动微分方程完全一致。所以式（6-26）的解与弦的振动类似，为其模态与模态坐标的线性组合，即

$$\begin{aligned}u(x,t) &= \sum_{k=1}^{\infty} Y_k(x)q_k(t)\\ &= \sum_{k=1}^{\infty}[C_k\sin(\omega_k t)+D_k\cos(\omega_k t)][A_k\sin(\lambda_k x)+B_k\cos(\lambda_k x)]\end{aligned} \tag{6-27}$$

式中，$\lambda_k=\frac{\omega_k}{c}$；$\omega_k$ 为杆的第 k 阶固有频率；A_k、B_k、C_k 和 D_k 为未知系数，其中 A_k 和 B_k 由边界条件决定，而 C_k 和 D_k 可以通过初始条件决定。

在式（6-27）中，$Y_k(x)$ 和 $q_k(t)$ 分别表示直杆的第 k 阶模态函数和对应模态坐标，即

$$Y_k(x)=A_k\sin(\lambda_k x)+B_k\cos(\lambda_k x) \tag{6-28a}$$

$$q_k(t)=C_k\sin(\omega_k t)+D_k\cos(\omega_k t) \tag{6-28b}$$

直杆常见的边界条件如下：

1）固定边界条件

$$u(x,t)=0 \quad (x=0 \text{ 或者 } L) \tag{6-29}$$

由式（6-29）可以发现，两端固定直杆的纵向振动和弦的横向振动时的运动微分方程及边界条件完全一致，所以此时式（6-28）中 C_k 和 D_k 的计算公式与式（6-23）完全相同。

2）自由边界条件

$$\frac{\partial u(x,t)}{\partial x}=0 \quad (x=0 \text{ 或者 } L) \tag{6-30}$$

除了固定和自由这两类最常见的边界条件之外，还有可能在杆的两端带有质量块，如图 6-7 所示，如果把质量块看成质点，当质量块位于直杆左端时，边界条件可表示为

$$EA\frac{\partial u(x,t)}{\partial x}=m\frac{\partial^2 u(x,t)}{\partial t^2} \quad (x=0) \tag{6-31a}$$

当质量块位于直杆右端时，边界条件可表示为

$$EA\frac{\partial u(x,t)}{\partial x}=-m\frac{\partial^2 u(x,t)}{\partial t^2} \quad (x=L) \tag{6-31b}$$

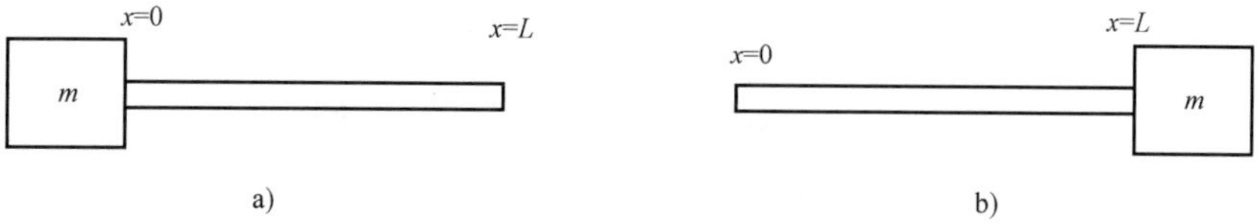

图 6-7 带质量块的直杆

a）质量块位于直杆左端 b）质量块位于直杆右端

直杆的两端也可以通过刚度为 k 的弹簧固定，如图 6-8 所示，则此时的边界条件可表示为

$$EA\frac{\partial u(x,t)}{\partial x}=ku(x,t)\quad (x=0) \tag{6-32a}$$

$$EA\frac{\partial u(x,t)}{\partial x}=-ku(x,t)\quad (x=L) \tag{6-32b}$$

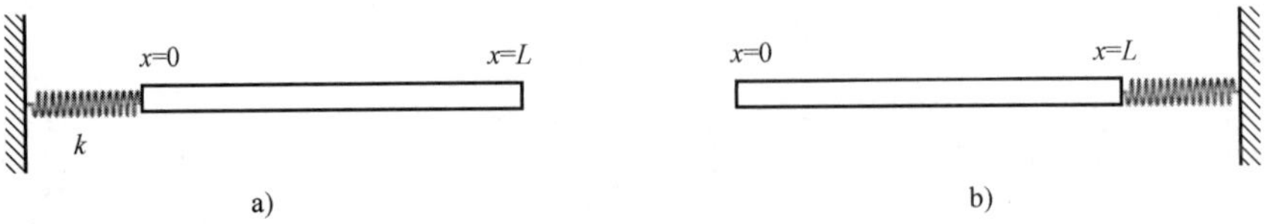

图 6-8　一端连接弹簧的直杆

a）连接弹簧位于直杆左端　b）连接弹簧位于直杆右端

例 6-4　计算如图 6-9 所示的直杆在纵向振动时的模态和固有频率。该直杆左端固定，右端通过集中质量 M 与刚度为 k 的弹簧连接。并分析如下极端情况时的频率方程：

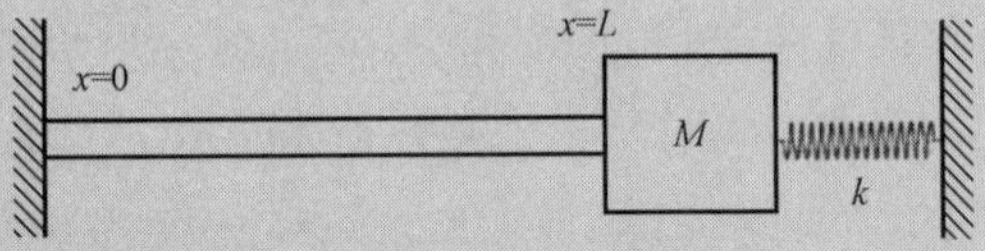

图 6-9　右端有弹簧和质量块的直杆

1）$M=0$，$k=0$。

2）$M=0$，k 不等于 0。

3）$M=0$，k 趋于无穷大。

解： 由式（6-27）可知，该直杆的响应可表示为

$$u(x,t)=\sum_{k=1}^{\infty}Y_k(x)q_k(t)=\sum_{k=1}^{\infty}[C_k\sin(\omega_k t)+D_k\cos(\omega_k t)][A_k\sin(\lambda_k x)+B_k\cos(\lambda_k x)] \tag{6-33}$$

由题意可知，当 $x=0$ 时，可得 $u(0,\ t)=0$，即

$$u(0,t)=\sum_{k=1}^{\infty}Y_k(0)[C_k\sin(\omega_k t)+D_k\cos(\omega_k t)]=0$$

显然，上式成立的必要条件是

$$Y_k(0)=B_k=0$$

所以此时直杆的第 k 阶模态函数为

$$Y_k(x)=A_k\sin(\lambda_k x)=A_k\sin\left(\frac{\omega_k}{c}x\right) \tag{6-34}$$

当 $x=L$ 时，对集中质量 M 进行受力分析，可得

$$EA\frac{\partial u(x,t)}{\partial x}=-M\frac{\partial^2 u(x,t)}{\partial t^2}-ku(x,t)\quad (x=L) \tag{6-35}$$

把式（6-33）代入式（6-35），同时注意到 $\lambda_k=\dfrac{\omega_k}{c}$，整理可得

$$EAA_k\frac{\omega_k}{c}\cos\left(\frac{\omega_k}{c}L\right)=-kA_k\sin\left(\frac{\omega_k}{c}L\right)+M\omega_k^2A_k\sin\left(\frac{\omega_k}{c}L\right) \tag{6-36}$$

显然，A_k 不能为零（否则模态函数为零），所以式（6-36）可进一步化简为

$$\frac{EA\dfrac{\omega_k}{c}}{M\omega_k^2-k}=\frac{\sin\left(\dfrac{\omega_k}{c}L\right)}{\cos\left(\dfrac{\omega_k}{c}L\right)}=\tan\left(\dfrac{\omega_k}{c}L\right) \tag{6-37}$$

引入量纲为一的参数，$\alpha=\dfrac{EA}{kL}$，表示杆的拉压刚度与右端弹簧刚度之比；$\mu=\dfrac{\rho AL}{M}$，表示杆的质量与集中质量 M 之比。则式（6-37）可进一步表示为

$$\frac{\alpha\left(\dfrac{\omega_k}{c}L\right)}{\dfrac{\alpha}{\mu}\left(\dfrac{\omega_k}{c}L\right)^2-1}=\tan\left(\dfrac{\omega_k}{c}L\right) \tag{6-38}$$

求解该超越方程，即可得到杆的固有频率，再把求解得到的固有频率代入式（6-34），即可得到相应模态。

进一步分析极端情况：

1）如果 $M=0$，$k=0$，由图 6-9 可以发现，此时右端变成自由端，由式（6-37）可得此时频率方程为

$$\cos\left(\frac{\omega_k}{c}L\right)=0$$

2）如果 $M=0$，k 不等于零，此时右端只有弹簧连接，由式（6-38）可得，频率方程为

$$-\alpha\frac{\omega_k}{c}L=\tan\left(\frac{\omega_k}{c}L\right)$$

3）如果 $M=0$，k 趋于无穷大，此时右端变成固定端，由式（6-38）可得，频率方程为

$$\sin\left(\frac{\omega_k}{c}L\right)=0$$

例 6-5 在例 6-4 的基础上，假设直杆长度 $L=1\text{m}$，波速 $c=1000\text{m/s}$，计算图 6-9 所示直杆在刚度比 $\alpha=1$、质量比 $\mu=1$ 时的前 4 阶固有频率。

解：由例 6-4 可知，图 6-9 所示直杆纵向振动时的频率方程为

$$\frac{\alpha\left(\dfrac{\omega_k}{c}L\right)}{\dfrac{\alpha}{\mu}\left(\dfrac{\omega_k}{c}L\right)^2-1}=\tan\left(\dfrac{\omega_k}{c}L\right)$$

由题意可知，$\alpha=1$，$\mu=1$，$L=1\text{m}$，并令 $x=\dfrac{\omega_k}{c}$，则上式可重新表示为

$$(x^2-1)\tan(x)-x=0 \tag{6-39}$$

注意到式（6-39）为一个超越方程，无法得到其解析解，但是可以通过 MATLAB 函数 fzero 来进行计算，fzero 的常见用法如下：

```
x=fzero(fun,x0)
x=fzero(fun,[xa xb])
```

该函数表示在 x0 附近（或者在［xa xb］范围内）寻找函数 fun=0 时 x 的值。

在通过 fzero 函数求解超越方程时，如果该超越方程存在很多解，一个关键问题就是首先要确定解的大概范围。在此介绍一种最简单直观的方法，就是先绘制函数 fun 的曲线，通过观察曲线可以确定解的范围。对于式（6-39），很明显 x 必须为正实数，所以可以直接在 MATLAB 命令窗口输入如下命令，所得结果如图 6-10 所示。

```
>> x=linspace(0,5,1e3);
>> plot(x,(x.^2-1).*tan(x)-x)
>> ylim([-1 1]),grid
```

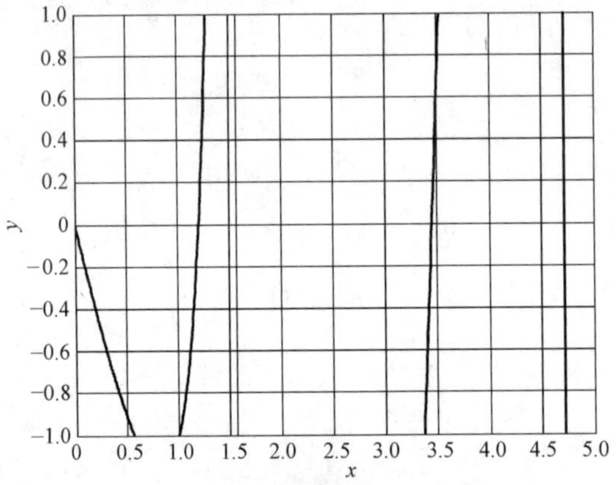

图 6-10　通过图形确定超越方程解的位置

通过图 6-10 可以发现在 1、2、3、5 附近，都存在式（6-39）的解。因此可以进一步通过如下 MATLAB 程序计算其模态及对应固有频率：

```
clear all,
c=1000;
x0=[1 2 3 5];
for n=1:4
    r(n)=fzero('(x^2-1)*tan(x)-x',x0(n));
end
wn=r*c/2/pi;
disp('The first four natural frequencies (Hz):')
disp(wn)
```


运行上述程序，可在命令窗口得到如下结果：

```
The first four natural frequencies (Hz):
    192.2262   250.0000   548.8041   750.0000
```

上述结果即为直杆在刚度比 $\alpha=1$、质量比 $\mu=1$ 时的前 4 阶固有频率。

例 6-6 推导如图 6-11 所示具有阶梯的直杆的频率方程。

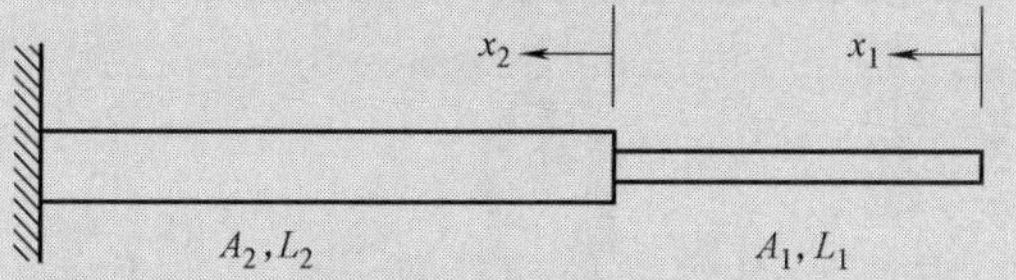

图 6-11 具有阶梯的直杆

解： 取如图 6-11 所示的坐标系，由于阶梯直杆的波速相同，即

$$c=\sqrt{\frac{E}{\rho}}$$

每段杆的轴向位移可分别表示为

$$u^m(x,t)=\sum_{k=1}^{\infty} Y_k^m[C_k^m \sin(\omega_k t)+D_k^m \cos(\omega_k t)],\ m=1,2 \tag{6-40}$$

式中，$Y_k^m(x)=A_k^m \sin(\lambda_k x)+B_k^m \cos(\lambda_k x)$，表示第 m 段杆的第 k 阶模态函数。

由图 6-11 可以发现，当 $x_1=0$ 时，为自由边界条件，即

$$\frac{\partial u_1(0,t)}{\partial x_1}=0 \tag{6-41a}$$

当 $x_1=L_2$ 时（左端），为固定边界条件，即

$$u_2(L_2,t)=0 \tag{6-41b}$$

当在阶梯处（$x_1=L_1$，$x_2=0$）时，由连续性条件可知

$$u_1(L_1,t)=u_2(0,t),\ EA_1\frac{\partial u_1(L_1,t)}{\partial x_1}=EA_2\frac{\partial u_2(0,t)}{\partial x_2} \tag{6-41c}$$

把式（6-41）代入式（6-40），整理后可得阶梯直杆的频率方程为

$$\tan\left(\frac{\omega_k}{c}L_1\right)\tan\left(\frac{\omega_k}{c}L_2\right)=\frac{A_2}{A_1}$$

6.3 轴的扭转振动

设有一长度为 L 的等截面直圆轴，其密度为 ρ，截面对其中心的极惯性矩为 I_p，材料的剪切模量为 G，转角为 $\theta(x,t)$，如图 6-12 所示，该轴在扭转振动时的运动微分方程可表示为

$$\frac{\partial^2\theta(x,t)}{\partial t^2}=\frac{G}{\rho}\frac{\partial^2\theta(x,t)}{\partial x^2}=c^2\frac{\partial^2\theta(x,t)}{\partial x^2} \tag{6-42}$$

式中，$c=\sqrt{\dfrac{G}{\rho}}$，表示弹性剪切波沿圆轴的轴向传播速度。

显然，等截面直圆轴的扭转振动与直杆的纵向振动类似，均可通过一维波动方程来表

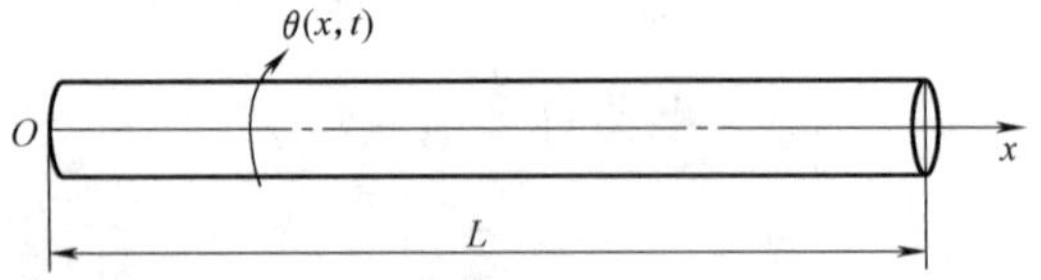

图 6-12　轴的扭转振动

示。所以该方程解的形式也与直杆的纵向振动类似，式（6-42）的解可表示为

$$\theta(x,t)=\sum_{k=1}^{\infty}Y_k(x)q_k(t)=\sum_{k=1}^{\infty}[C_k\sin(\omega_k t)+D_k\cos(\omega_k t)][A_k\sin(\lambda x)+B_k\cos(\lambda x)] \tag{6-43}$$

式中，$Y_k(x)$ 和 $q_k(t)$ 分别表示圆轴的第 k 阶模态函数和对应模态坐标，即

$$Y_k(x)=A_k\sin(\lambda_k x)+B_k\cos(\lambda_k x) \tag{6-44a}$$

$$q_k(t)=C_k\sin(\omega_k t)+D_k\cos(\omega_k t) \tag{6-44b}$$

式中，$\lambda_k=\dfrac{\omega_k}{c}$；$\omega_k$ 为杆的第 k 阶固有频率；A_k、B_k 和 ω_k 需要通过边界条件来决定；而系数 C_k 和 D_k 由初始条件决定。

圆轴常见的边界条件如下：

1）固定边界条件

$$\theta(x,t)=0 \quad (x=0 \text{ 或者 } L) \tag{6-45}$$

2）自由边界条件

$$\frac{\partial\theta(x,t)}{\partial x}=0 \quad (x=0 \text{ 或者 } L) \tag{6-46}$$

除了固定和自由这两类最常见的边界条件之外，还有可能在轴的两端带有转动惯量为 I_d 的圆盘，如图 6-13 所示，则此时的边界条件可表示为

$$I_p G\frac{\partial\theta(x,t)}{\partial x}=I_d\frac{\partial^2 u(x,t)}{\partial t^2} \quad (x=0) \tag{6-47a}$$

$$I_p G\frac{\partial\theta(x,t)}{\partial x}=-I_d\frac{\partial^2\theta(x,t)}{\partial t^2} \quad (x=L) \tag{6-47b}$$

图 6-13　带圆盘的圆轴

a）左端（$x=0$）带圆盘　b）右端（$x=L$）带圆盘

轴的两端也可以通过刚度为 k_t 的扭转弹簧固定，如图 6-14 所示，则此时的边界条件可表示为

$$I_pG\frac{\partial\theta(x,t)}{\partial x}=k_t\theta(x,t)\quad(x=0)\tag{6-48a}$$

$$I_pG\frac{\partial\theta(x,t)}{\partial x}=-k_t\theta(x,t)\quad(x=L)\tag{6-48b}$$

图 6-14 带扭转弹簧的圆轴

a）左端（$x=0$）带扭转弹簧 b）右端（$x=L$）带扭转弹簧

例 6-7 均质圆轴左端固定，右端有一圆盘，如图 6-15 所示。圆盘对转轴的转动惯量为 I_0，圆轴的密度、截面对其中心的极惯性矩、剪切模量分别为 ρ、I_p、G。计算其固有频率及对应模态。

解： 由题意可知，该圆轴的边界条件为

$$\theta(0,t)=0$$

$$I_pG\frac{\partial\theta(L,t)}{\partial x}=-I_d\frac{\partial^2\theta(L,t)}{\partial t^2}$$

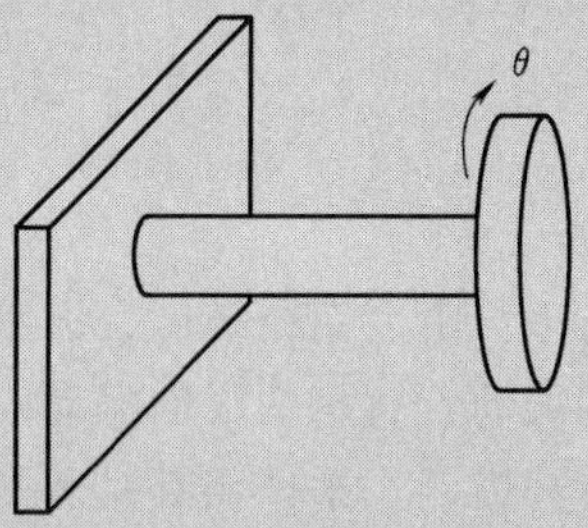

图 6-15 含圆盘均质圆轴的扭振

把系统响应 $\theta(x,t)=Y(x)q(t)$ 代入边界条件中，则边界条件可重新表示为

$$Y(0)=0\tag{6-49}$$

$$I_pG\frac{\partial Y(L)}{\partial x}q(t)=-I_dY(L)\frac{\partial^2 q(t)}{\partial t^2}\tag{6-50}$$

同时注意到 $q(t)$ 为简谐响应，所以$\frac{\partial^2 q(t)}{\partial t^2}=-\omega^2 q(t)$，式（6-50）可进一步简化为

$$I_pG\frac{\partial Y(L)}{\partial x}=\omega^2 I_dY(L)\tag{6-51}$$

把边界条件式（6-49）和式（6-51）代入模态公式 $Y(x)=A\sin\left(\frac{\omega}{c}x\right)+B\cos\left(\frac{\omega}{c}x\right)$，可得

$$B=0\tag{6-52}$$

$$I_pG\frac{\omega}{c}\cos\left(\frac{\omega}{c}L\right)=\omega^2 I_d\sin\left(\frac{\omega}{c}L\right)\text{或者}\tan\left(\frac{\omega}{c}L\right)=\frac{I_pG}{\omega I_dc}\tag{6-53}$$

通过求解超越方程式（6-53），即可得到该系统的固有频率。超越方程的详细求解步骤可参见例 6-5。

考虑两个特殊情况，如果 $I_d=0$，则右端边界条件相当于自由，式（6-53）可简化为

$$\cos\left(\frac{\omega}{c}L\right)=0$$

显然，此时第 n 阶固有频率及对应模态函数分别为

$$\omega=\frac{n\pi}{2L}\sqrt{\frac{G}{\rho}},\ Y_n(x)=\sin\left[\frac{(2n-1)\pi}{2L}x\right]$$

如果 $I_d=\infty$，则右端边界条件相当于固定，式（6-53）可简化为

$$\tan\left(\frac{\omega}{c}L\right)=0$$

显然，此时第 n 阶固有频率及对应模态函数分别为

$$\omega=\frac{n\pi}{L}\sqrt{\frac{G}{\rho}},\ Y_n(x)=\sin\left(\frac{n\pi}{L}x\right)$$

6.4 弦、直杆、轴的模态正交性

与多自由度系统类似，无限自由度系统（连续结构）的模态也具有正交性。注意到弦的横向振动、直杆的纵向振动、轴的扭转振动具有相同形式的运动微分方程，在此以均质等截面直杆为例，来证明其模态的正交性。

把直杆纵向振动解［式（6-27）］代入其运动微分方程［式（6-26）］，可得杆的第 k 阶固有频率与对应模态之间的关系，即

$$-\omega_k^2Y_k(x)=c^2\frac{\partial^2Y_k(x)}{\partial x^2} \tag{6-54}$$

在式（6-54）等号两侧同乘以 $Y_n(x)$，并沿杆长对 x 进行积分，通过分步积分后可得

$$\begin{aligned}-\frac{\omega_k^2}{c^2}\int_0^L Y_k(x)Y_n(x)\,\mathrm{d}x&=\int_0^L\frac{\partial^2Y_k(x)}{\partial x^2}Y_n(x)\,\mathrm{d}x\\&=\frac{\partial Y_k(x)}{\partial x}Y_n(x)\bigg|_0^L+\int_0^L\frac{\partial Y_k(x)}{\partial x}\frac{\partial Y_n(x)}{\partial x}\mathrm{d}x\end{aligned} \tag{6-55}$$

假设直杆的边界条件为固定或者自由，则由式（6-29）和式（6-30）可知，$Y_n(0)=Y_n(L)=0$。所以式（6-55）可进一步简化为

$$-\frac{\omega_k^2}{c^2}\int_0^L Y_k(x)Y_n(x)\,\mathrm{d}x=\int_0^L\frac{\partial Y_k(x)}{\partial x}\frac{\partial Y_n(x)}{\partial x}\mathrm{d}x \tag{6-56}$$

由于模态阶数 k 和 n 为任意正整数，所以式（6-56）中的 k 和 n 可以任意交换，即

$$-\frac{\omega_n^2}{c^2}\int_0^L Y_n(x)Y_k(x)\,\mathrm{d}x=\int_0^L\frac{\partial Y_n(x)}{\partial x}\frac{\partial Y_k(x)}{\partial x}\mathrm{d}x \tag{6-57}$$

显然，式（6-57）与式（6-56）相减后可得

$$\frac{\omega_k^2-\omega_n^2}{c^2}\int_0^L Y_n(x)Y_k(x)\,\mathrm{d}x=0 \tag{6-58}$$

由式（6-58）可得

$$\int_0^L Y_n(x)Y_k(x)\,\mathrm{d}x = 0,\ n \neq k \tag{6-59}$$

把式（6-59）代入式（6-56），同样可得

$$\int_0^L \frac{\partial Y_n(x)}{\partial x}\frac{\partial Y_k(x)}{\partial x}\mathrm{d}x = 0,\ n \neq k \tag{6-60}$$

式（6-59）和式（6-60）表示直杆纵向振动模态正交性。当 $n=k$ 时，可以定义直杆的第 n 阶模态质量和模态刚度，即

$$M_n = \int_0^L \rho A Y_n^2(x)\,\mathrm{d}x \tag{6-61a}$$

$$K_n = \int_0^L EA\left[\frac{\partial Y_n(x)}{\partial x}\right]^2 \mathrm{d}x = 0 \tag{6-61b}$$

6.5　梁的弯曲振动

本节讨论梁的弯曲振动。梁作为工程结构中的基本组成单元，被广泛地应用在航空航天、基础建筑设施、工程机械等领域，例如飞机机翼中的桁架结构、卫星太阳能帆板、火箭发射台支架、大跨度桥梁、智能机器人的机械手臂。

6.5.1　梁的运动微分方程

考虑一弹性细长梁在 Oxy 平面做弯曲振动，如图 6-16 所示。忽略剪切变形和截面绕中性轴转动惯量的影响，这种梁称为欧拉-伯努利梁（Bernoulli-Euler beam）。

在图 6-16 所示的梁上取一微小单元 δx，该微小单元的法向位移为 $w(x,\ t)$，由材料力学可知，其法向应变可表示为

$$\varepsilon = \frac{(R+w)\delta\theta - R\delta\theta}{R\delta\theta} = \frac{w}{R} \tag{6-62}$$

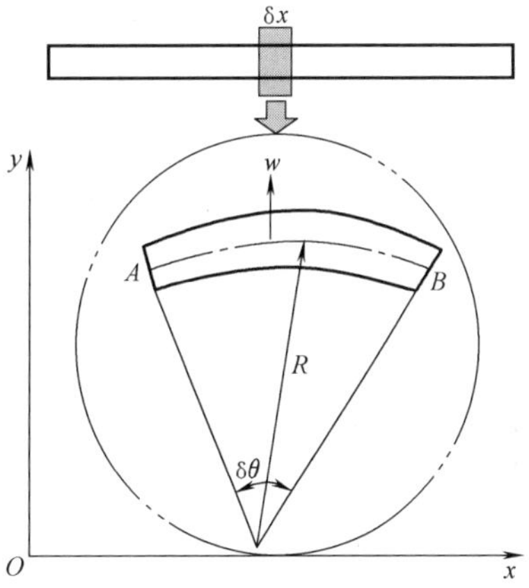

图 6-16　弯曲振动的细长梁

式中，R 表示该微小单元 δx 的曲率半径。

显然，δx 受到的轴向应力可表示为

$$\sigma = E\varepsilon = E\frac{w}{R}$$

式中，E 是弹性模量（$\mathrm{N/m^2}$）。

而 δx 受到的弯矩可表示为

$$M = \int_A w\sigma\,\mathrm{d}A = \frac{E}{R}\int_A w^2\,\mathrm{d}A = \frac{EI}{R} \tag{6-63}$$

式中，I 是该微小单元 δx 关于中性轴的惯性矩。

进一步观察图 6-16，可以发现 A 点和 B 点的转角分别为 $\frac{\partial w}{\partial x}$ 和 $\frac{\partial w}{\partial x}+\frac{\partial^2 w}{\partial x^2}\delta x$，所以 A 点和 B

点之间的转角之差 $\delta\theta=\dfrac{\partial^2 w}{\partial x^2}\delta x$，同时注意到 $\delta x=R\delta\theta$，所以

$$\frac{1}{R}=\frac{\partial^2 w}{\partial x^2} \tag{6-64}$$

把式（6-64）代入式（6-63），可得弯矩为

$$M=EI\frac{\partial^2 w}{\partial x^2} \tag{6-65a}$$

而相应的剪力为

$$Q=\frac{\partial M}{\partial x}=\frac{\partial}{\partial x}\left(\frac{\partial^2 w}{\partial x^2}\right) \tag{6-65b}$$

在图 6-16 所示的微小单元 δx 上加入外力，如图 6-17 所示，其中 $f(x,\ t)$ 表示单位长度梁上分布的横向外力。根据牛顿第二运动定律，该微小单元 δx 的运动方程可表示为

$$(m\delta x)\frac{\partial^2 w}{\partial t^2}=f(x,t)\delta x+Q-\left(Q+\frac{\partial Q}{\partial x}\delta x\right) \tag{6-66}$$

式中，$m=\rho A$，表示单位长度的质量，ρ 为梁的密度。

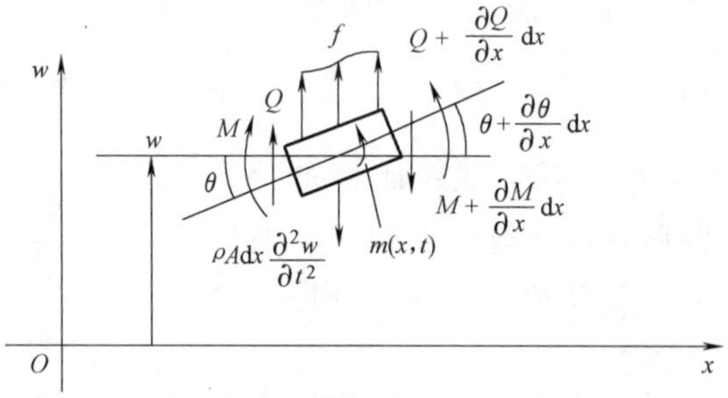

图 6-17　梁微小单元受力分析

把式（6-65）代入式（6-66），则梁的运动微分方程可表示为

$$\frac{\mathrm{d}^2}{\mathrm{d}x^2}\left(EI\frac{\mathrm{d}^2 w(x,t)}{\mathrm{d}x^2}\right)+m\frac{\mathrm{d}^2 w(x,t)}{\mathrm{d}t^2}=f(x,t) \tag{6-67}$$

6.5.2　弹性梁的固有频率与模态

首先假设弹性梁为均质等截面梁，所以 $I(x)=I$，并设梁做自由振动，$f(x,\ t)=0$，则式（6-67）可简化为

$$\frac{\mathrm{d}^4 w(x,t)}{\mathrm{d}x^4}+\frac{m}{EI}\frac{\mathrm{d}^2 w(x,t)}{\mathrm{d}t^2}=0 \tag{6-68}$$

同样，其振动解还采用分离变量法进行求解，即

$$w(x,t)=\Phi(x)\eta(t) \tag{6-69}$$

式中，$\Phi(x)$ 和 $\eta(t)$ 分别表示结构的模态函数和模态坐标。

把式（6-69）代入式（6-68），通过分离时间变量 t 和空间变量 x，可以得到两个常微分方程：

$$\frac{\mathrm{d}^4\Phi(x)}{\mathrm{d}x^4}-\frac{m\omega_{\mathrm{n}}^2}{EI}\Phi(x)=0 \tag{6-70a}$$

$$\frac{\mathrm{d}^2\eta(t)}{\mathrm{d}t^2}+\omega_{\mathrm{n}}^2\eta(t)=0 \tag{6-70b}$$

式中，ω_{n} 为梁的固有频率（rad/s）。

令 $k^4=\frac{m\omega_{\mathrm{n}}^2}{EI}$，则式（6-68）可重新表示为

$$\frac{\mathrm{d}^4\Phi(x)}{\mathrm{d}x^4}-k^4\Phi(x)=0 \tag{6-71}$$

显然，式（6-71）的解可表示为

$$\Phi(x)=A\sin(kx)+B\cos(kx)+C\sinh(kx)+D\cosh(kx) \tag{6-72}$$

式（6-72）的中的系数 A、B、C、D 与梁的边界条件有关，弹性梁的一些常见边界条件如下：

1）简支边界条件

$$w(x)=\frac{\partial^2 w(x)}{\partial x^2}=0 \quad (x=0\text{ 或 }L_x) \tag{6-73}$$

2）固支边界条件

$$w(x)=\frac{\partial w(x)}{\partial x}=0 \quad (x=0\text{ 或 }L_x) \tag{6-74}$$

3）自由边界条件

$$\frac{\partial^2 w(x)}{\partial x^2}=\frac{\partial^3 w(x)}{\partial x^3}=0 \quad (x=0\text{ 或 }L_x) \tag{6-75}$$

下面以两端简支梁为例，阐述如何计算其模态及其固有频率。由式（6-73）可知，对于简支梁，其左端（$x=0$）边界条件为 $w(0)=\frac{\partial^2 w(0)}{\partial x^2}=0$，代入式（6-72）可得

$$\Phi(0)=B+D=0 \tag{6-76a}$$

$$\frac{\partial^2\Phi(0)}{\partial x^2}=k^2(-B+D)=0 \tag{6-76b}$$

显然，由式（6-76a）和式（6-76b）可知，$B=D=0$。

其右端（$x=L_x$）边界条件为 $w(L_x)=\frac{\partial^2 w(L_x)}{\partial x^2}=0$，代入式（6-72）可得

$$w(L_x)=A\sin(kL_x)+C\sinh(kL_x)=0 \tag{6-77a}$$

$$\frac{\partial^2 w(L_x)}{\partial x^2}=k^2[-A\sin(kL_x)+C\sinh(kL_x)]=0 \tag{6-77b}$$

由式（6-77a）和式（6-77b）可得

$$A\sin(kL_x)=C\sinh(kL_x)=0 \tag{6-78}$$

注意到式（6-78）中 $kL_x\neq0$，所以 $\sinh(kL_x)$ 也不会等于零，要使得式（6-69）成立，只有

$$C=0,\ k=\frac{n\pi}{L_x} \tag{6-79}$$

把式（6-79）代入式（6-72），可得简支梁的第 n 阶模态函数，即

$$\Phi_n(x)=\sin\left(\frac{n\pi}{L_x}x\right) \tag{6-80}$$

注意到 $k^4=\frac{m\omega_{\mathrm{n}}^2}{EI}$，结合式（6-79），可得简支梁的固有频率为

$$\omega_{\mathrm{n}}=\sqrt{\frac{EI}{m}}\left(\frac{n\pi}{L_x}\right)^2 \tag{6-81}$$

显然，对于其他边界条件，也可以通过相同的方法计算其模态及固有频率，为了便于读者阅读，表 6-1 列出了简单边界条件下等截面均质直梁的模态及固有频率计算公式。而且弯曲振动梁的模态也有正交性，其模态正交性可通过如下公式表示：

$$\int_0^{L_x} m\Phi_j(x)\Phi_k(x)\,\mathrm{d}x=0,\ j\neq k \tag{6-82a}$$

$$\int_0^{L_x} EI\frac{\partial^2\Phi_j(x)}{\partial x^2}\frac{\partial^2\Phi_k(x)}{\partial x^2}\mathrm{d}x=0,\ j\neq k \tag{6-82b}$$

式（6-82a）和式（6-82b）表示梁弯曲振动时的模态正交性。当 $j=k$ 时，可以定义梁的第 j 阶模态质量和模态刚度，即

$$M_j=\int_0^{L_x} m\Phi_j^2(x)\,\mathrm{d}x \tag{6-83a}$$

$$K_j=\int_0^{L_x} EI\left[\frac{\partial^2\Phi_j(x)}{\partial x^2}\right]^2\mathrm{d}x \tag{6-83b}$$

表 6-1 等截面均质直梁的模态及固有频率计算公式

边界条件	模态函数	固有频率 $\omega_{\mathrm{n}}=\sqrt{\frac{EI}{m}}k_n^2$
两端简支	$\Phi_n(x)=\sin\left(\frac{n\pi}{L_x}x\right)$	$k_n=\frac{n\pi}{L_x}$
固支-固支	$\Phi_n(x)=\cosh(k_nx)-\cos(k_nx)-\beta_n[\sinh(k_nx)-\sin(k_nx)]$ $\beta_n=\frac{\cosh(k_nL_x)-\cos(k_nL_x)}{\sinh(k_nL_x)-\sin(k_nL_x)}$	$\cos(k_nL_x)\cosh(k_nL_x)-1=0$
固支-自由	$\Phi_n(x)=\cosh(k_nx)-\cos(k_nx)-\beta_n[\sinh(k_nx)-\sin(k_nx)]$ $\beta_n=\frac{\cosh(k_nL_x)+\cos(k_nL_x)}{\sinh(k_nL_x)+\sin(k_nL_x)}$	$\cos(k_nL_x)\cosh(k_nL_x)+1=0$
固支-简支	$\Phi_n(x)=\cosh(k_nx)-\cos(k_nx)-\beta_n[\sinh(k_nx)-\sin(k_nx)]$ $\beta_n=\frac{\cosh(k_nL_x)-\cos(k_nL_x)}{\sinh(k_nL_x)-\sin(k_nL_x)}$	$\tan(k_nL_x)-\tanh(k_nL_x)=0$

对于表 6-1 所列不同边界条件下的模态及固有频率计算公式，给出如下 MATLAB 程序，用于计算其前 4 阶模态。

```
clear all,close all
M=4;
KK=linspace(0,1,1e3);
% Simply-supported-simply supported
for m=1:M
    B_ss(:,m)=sin(m*pi*KK);
end
% Clamped-clamped
f='cosh(x)*cos(x)-1';
for j=1:M
    a1(j)=fzero(f,(j+1/2)*pi);
    b1(j)=(sinh(a1(j))+sin(a1(j)))/(cosh(a1(j))-cos(a1(j)));
end
for m=1:M
    B_cc(:,m)=cosh(a1(m)*KK)-cos(a1(m)*KK)-b1(m)*(sinh(a1(m)*KK)-sin(a1(m)*
KK));
end
% Clamped-free
f='cosh(x)*cos(x)+1';
for j=1:M
    a1(j)=fzero(f,(j-1/2)*pi);
    b1(j)=(sinh(a1(j))-sin(a1(j)))/(cosh(a1(j))+cos(a1(j)));
end
for m=1:M
    B_cf(:,m)=(cosh(a1(m)*KK)-cos(a1(m)*KK))-b1(m)*(sinh(a1(m)*KK)-sin(a1(m)*
KK));
end
% Clamped-simply supported
f='tan(x)-tanh(x)';
for j=1:M
    a1(j)=fzero(f,(j+1/4)*pi);
    b1(j)=(cosh(a1(j))-cos(a1(j)))/(sinh(a1(j))-sin(a1(j)));
end
for m=1:M
    B_cs(:,m)=(cosh(a1(m)*KK)-cos(a1(m)*KK))-b1(m)*(sinh(a1(m)*KK)-sin(a1(m)*
KK));
end
figure(1)
plot(KK,B_ss(:,1),'k','linewidth',2);hold on
plot(KK,B_ss(:,2),'k:','linewidth',2);hold on
plot(KK,B_ss(:,3),'k-.','linewidth',2);hold on
plot(KK,B_ss(:,4),'k--','linewidth',2);hold on
```

```
xlim([0 1]),ylim([-1.1 1.1])
xlabel('\itx/L'),ylabel('模态形状')
legend('第 1 阶模态','第 2 阶模态','第 3 阶模态','第 4 阶模态',0)
figure(2)
plot(KK,B_cc(:,1),'k','linewidth',2);hold on
plot(KK,B_cc(:,2),'k:','linewidth',2);hold on
plot(KK,B_cc(:,3),'k-.','linewidth',2);hold on
plot(KK,B_cc(:,4),'k--','linewidth',2);hold on
xlim([0 1]),ylim([-1.6 1.7])
xlabel('\itx/L'),ylabel('模态形状')
legend('第 1 阶模态','第 2 阶模态','第 3 阶模态','第 4 阶模态',0)
figure(3)
plot(KK,B_cf(:,1),'k','linewidth',2);hold on
plot(KK,B_cf(:,2),'k:','linewidth',2);hold on
plot(KK,B_cf(:,3),'k-.','linewidth',2);hold on
plot(KK,B_cf(:,4),'k--','linewidth',2);hold on
xlim([0 1]),ylim([-2.1 2.1])
xlabel('\itx/L'),ylabel('模态形状')
legend('第 1 阶模态','第 2 阶模态','第 3 阶模态','第 4 阶模态',0)
figure(4)
plot(KK,B_cs(:,1),'k','linewidth',2);hold on
plot(KK,B_cs(:,2),'k:','linewidth',2);hold on
plot(KK,B_cs(:,3),'k-.','linewidth',2);hold on
plot(KK,B_cs(:,4),'k--','linewidth',2);hold on
xlim([0 1]),ylim([-1.6 1.6])
xlabel('\itx/L'),ylabel('模态形状')
legend('第 1 阶模态','第 2 阶模态','第 3 阶模态','第 4 阶模态',0)
```

运行上述程序，可得不同边界条件下振动梁的模态，如图 6-18~图 6-21 所示。

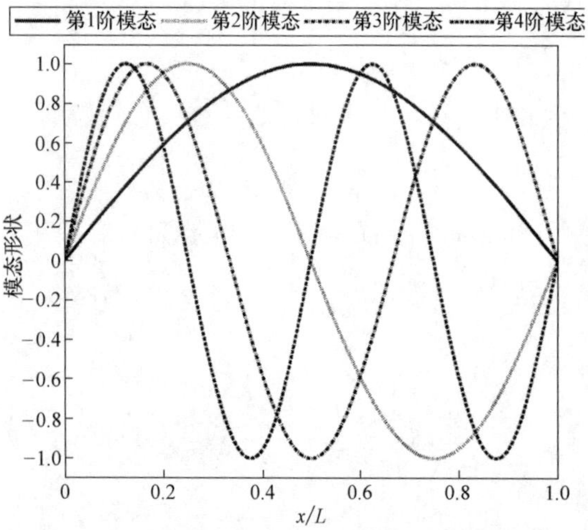

图 6-18 两端简支梁的前 4 阶模态

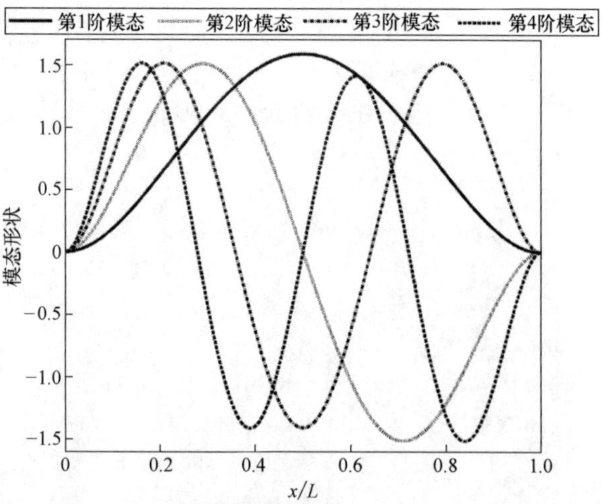

图 6-19 两端固支梁的前 4 阶模态

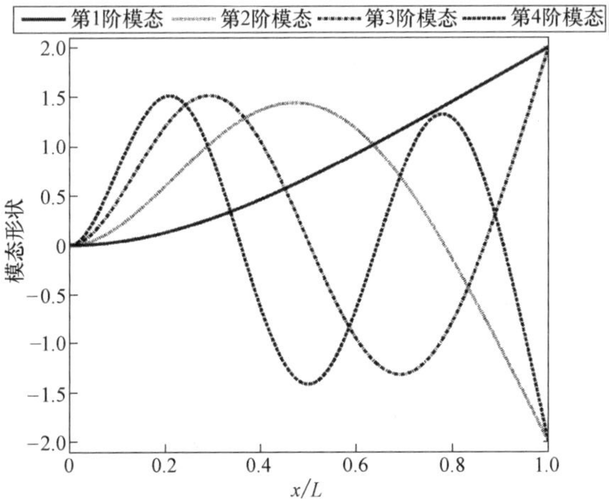

图 6-20 固支-自由梁的前 4 阶模态

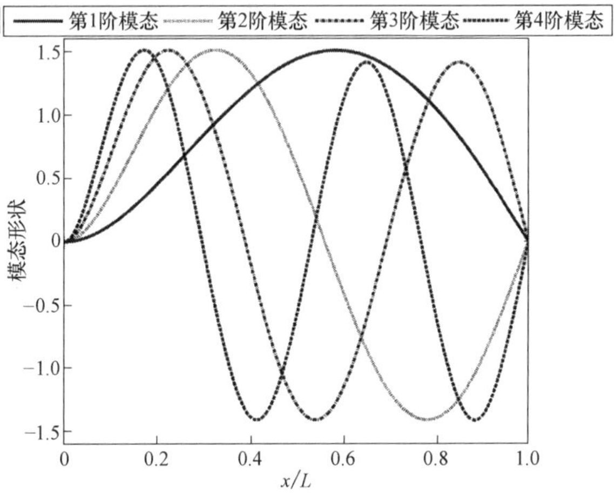

图 6-21 固支-简支梁的前 4 阶模态

6.6 振动响应

6.6.1 直杆的纵向振动响应

注意到弦的横向振动、直杆的纵向振动和轴的扭转振动的运动微分方程形式上完全相同，所以本小节以求解直杆的纵向振动响应为例进行阐述。与多自由度系统相同，对于连续系统，也可以通过模态叠加方法求解其响应。直杆的纵向振动方程可表示为

$$\rho A\frac{\partial^2 u(x,t)}{\partial t^2}=EA\frac{\partial^2 u(x,t)}{\partial x^2}+f(x,t) \tag{6-84}$$

假设在时间 $t=0$ 时的初始条件为

$$u(x,0)=f_1(x) \tag{6-85a}$$

$$\left.\frac{\partial u(x,t)}{\partial t}\right|_{t=0}=f_2(x) \tag{6-85b}$$

假设该直杆的固有频率和对应模态分别为 ω_n 和 $Y_n(x)$。与多自由度系统类似，把直杆的响应展开为其模态的无穷级数，即

$$u(x,t)=\sum_{n=1}^{\infty}Y_n(x)q_n(t) \tag{6-86}$$

式中，$q_n(t)$ 表示第 n 阶模态坐标。

把式（6-86）代入式（6-84），可得

$$\rho A\sum_{n=1}^{\infty}Y_n(x)\frac{\partial^2 q_n(t)}{\partial t^2}=EA\sum_{n=1}^{\infty}\frac{\partial^2 Y_n(x)}{\partial x^2}q_n(t)+f(x,t) \tag{6-87}$$

在式（6-87）的等号两侧乘以 $Y_m(x)$，并沿杆长度对 x 进行积分，可得

$$\sum_{n=1}^{\infty}\frac{\partial^2 q_n(t)}{\partial t^2}\int_0^L\sum_{n=1}^{\infty}\rho AY_n(x)Y_m(x)\mathrm{d}x$$
$$=\sum_{n=1}^{\infty}q_n(t)\int_0^L EA\frac{\partial^2 Y_n(x)}{\partial x^2}\frac{\partial^2 Y_m(x)}{\partial x^2}\mathrm{d}x+\int_0^L f(x,t)Y_m(x)\mathrm{d}x \tag{6-88}$$

由模态正交性特性可知

$$\int_0^L\sum_{n=1}^{\infty}\rho AY_n(x)Y_m(x)\mathrm{d}x=\begin{cases}M_n, m=n\\0, m\neq n\end{cases} \tag{6-89a}$$

$$\int_0^L EA\frac{\partial Y_n(x)}{\partial x}\frac{\partial Y_m(x)}{\partial x}\mathrm{d}x=\begin{cases}K_n, m=n\\0, m\neq n\end{cases} \tag{6-89b}$$

式中，M_n 和 K_n 定义为第 n 阶模态质量和模态刚度，并且$\frac{K_n}{M_n}=\omega_n^2$。

利用式（6-89），则式（6-88）可解耦为

$$\frac{\partial^2 q_n(t)}{\partial t^2}+\omega_n^2 q_n(t)=\frac{1}{M_n}F_n(t) \tag{6-90}$$

式中，$F_n(t)=\int_0^L f(x,\ t)Y_n(x)\mathrm{d}x$，表示第 n 阶广义模态力。

对于初始条件，也按照式（6-86）进行展开，即

$$u(x,0)=f_1(x)=\sum_{n=1}^{\infty}Y_n(x)q_n(0) \tag{6-91a}$$

$$\left.\frac{\partial u(x,t)}{\partial t}\right|_{t=0}=f_2(x)=\sum_{n=1}^{\infty}Y_n(x)\frac{\partial q(0)}{\partial t} \tag{6-91b}$$

在式（6-91）的等号两侧乘以 $\rho AY_n(x)$，并沿杆长度对 x 进行积分，可得

$$q_n(0)=\frac{1}{M_n}\int_0^L\rho Af_1(x)Y_n(x)\mathrm{d}x \tag{6-92a}$$

$$\frac{\partial q(0)}{\partial t}=\frac{1}{M_n}\int_0^L\rho Af_2(x)Y_n(x)\mathrm{d}x \tag{6-92b}$$

与多自由度系统类似，式（6-90）的解可表示为

$$q_n(t)=\frac{1}{\omega_n}\int_0^t\frac{F_n(t-\tau)}{M_n}\sin(\omega_n\tau)\mathrm{d}\tau+\eta_n(0)\cos(\omega_n t)+\frac{\dot{\eta}_n(0)}{\omega_n}\sin(\omega_n t) \tag{6-93}$$

把式（6-93）代入式（6-86），即可得到系统在物理坐标下的响应。

如果外激励力为作用在杆 $x=x_0$ 处的正弦简谐集中力 $P\sin(\omega t)$，则外激励力可表示为 $f(x,t)=P\sin(\omega t)\delta(x-x_0)$，此时广义模态力可表示为

$$F_n(t)=\int_0^L P\sin(\omega t)\delta(x-x_0)Y_n(x)\mathrm{d}x=P\sin(\omega t)Y_n(x_0) \tag{6-94}$$

相应的解耦后模态运动微分方程式（6-90）可重新表示为

$$\frac{\partial^2 q_n(t)}{\partial t^2}+\omega_n^2 q_n(t)=\frac{PY_n(x_0)}{M_n}\sin(\omega t) \tag{6-95}$$

显然，此时直杆纵向振动的响应可表示为

$$q_n(t)=A_n\sin(\omega_n t)+B_n\cos(\omega_n t)+\frac{PY_n(x_0)}{M_n(\omega_n^2-\omega^2)}\sin(\omega t) \tag{6-96}$$

式中，系数 A_n 和 B_n 由初始条件决定。

例 6-8 一端固定、一端自由的等截面直杆，在自由端受到常力 P 的作用，如图 6-22 所示。该常力突然释放，计算：

1）该常力释放后直杆的响应。

2）已知作用力幅值 $P=1\text{N}$，直杆的弹性模量 $E=70\times10^9\text{N/m}^2$，横截面面积 $A=50\text{mm}^2$，密度 $\rho=2750\text{kg/m}^3$，长度 $L=1\text{m}$，绘制该直杆自由端的响应曲线。

图 6-22　常力 P 作用下的直杆

解：对于一端固定、一端自由等截面直杆，其固有频率和模态分别为

$$\omega_n=\frac{(2n-1)\pi}{2L}c=\frac{(2n-1)\pi}{2L}\sqrt{\frac{E}{\rho}} \tag{6-97a}$$

$$Y_n(x)=\sin\left(\frac{\omega_n}{c}x\right)=\sin\left[\frac{(2n-1)\pi}{2L}x\right] \tag{6-97b}$$

1）设在释放时的时刻为 $t=0$，则此时直杆内的应变为 $\varepsilon_0=\dfrac{P}{EA}$，所以直杆的纵向初始位移和初始速度可表示为

$$u(x,0)=f_1(x)=\varepsilon_0 x=\frac{P}{EA}x \tag{6-98a}$$

$$\left.\frac{\partial u(x,t)}{\partial t}\right|_{t=0}=f_2(x)=0 \tag{6-98b}$$

由式（6-89a）可知，模态质量 M_n 可表示为

$$M_n=\int_0^L\rho AY_n^2(x)\,\mathrm{d}x=\int_0^L\rho A\left\{\sin\left[\frac{(2n-1)\pi}{2L}x\right]\right\}^2\mathrm{d}x=\frac{\rho AL}{2}$$

根据式（6-92），初始条件（6-98）可进一步表示为

$$q_n(0)=\frac{2}{\rho AL}\int_0^L\rho A\frac{P}{EA}x\sin\left[\frac{(2n-1)\pi}{2L}x\right]\mathrm{d}x=\frac{8LP}{EA(2n-1)^2\pi^2}\sin\left[\frac{(2n-1)\pi}{2}\right]$$

$$\frac{\partial q_n(0)}{\partial t}=0$$

显然，该常力突然释放后，直杆没有外力作用（自由振动），根据式（6-93），直杆的模态响应可表示为

$$q_n(t)=q_n(0)\cos(\omega_n t)=\frac{8LP}{EA(2n-1)^2\pi^2}\sin\left[\frac{(2n-1)\pi}{2}\right]\cos(\omega_n t) \tag{6-99}$$

把式（6-99）代入式（6-86），整理后可得直杆在物理坐标下的响应为

$$u(x,t)=\sum_{n=1}^{\infty}Y_n(x)q_n(t)$$
$$=\frac{8LP}{EA\pi^2}\sum_{n=1}^{\infty}\frac{1}{(2n-1)^2}\sin\left[\frac{(2n-1)\pi}{2}\right]\sin\left[\frac{(2n-1)\pi}{2L}x\right]\cos(\omega_n t) \tag{6-100}$$

2）在该直杆自由端处，$x=L$，由式（6-100）可知，此时其响应为

$$u(L,\ t)=\frac{8LP}{EA\pi^2}\sum_{n=1}^{\infty}\frac{1}{(2n-1)^2}\sin\left[\frac{(2n-1)\pi}{2}\right]\sin\left[\frac{(2n-1)\pi}{2}\right]\cos(\omega_n t)$$
$$=\frac{8LP}{EA\pi^2}\sum_{n=1}^{\infty}\frac{1}{(2n-1)^2}\cos(\omega_n t) \tag{6-101}$$

根据给定的参数，式（6-101）可通过如下 MATLAB 程序进行计算，计算结果如图 6-23 所示。从图 6-23 中可以发现，当取前 4 阶模态进行计算时，即可获得足够的计算精度。

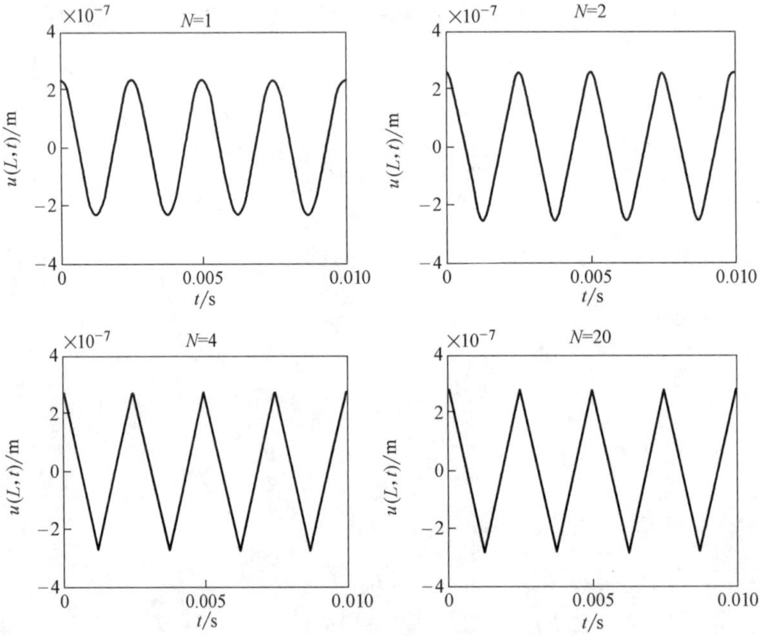

图 6-23 直杆自由端的响应


```
clear,close all
P=1;
E=70e9;
A=50e-6;
lo=2750;
L=1;
N=1:20;
wn=(2*N-1)/2/L*sqrt(E/lo);
```

```
t=linspace(0,0.01,1e3);
for n=1:20
    Res(n,:)=8*L*P/E/A/pi^2*(cos(wn(n)*t)/(2*n-1)^2);
end
figure(1),subplot(2,2,1)
plot(t,(Res(1:1,:)),'k','linewidth',2),
xlabel('{\itt}/s'),ylabel('{\itu}({\itL},{\itt})/m'),title('{\itN}=1')
subplot(2,2,2)
plot(t,sum(Res(1:2,:)),'k','linewidth',2),
xlabel('{\itt}/s'),ylabel('{\itu}({\itL},{\itt})/m'),title('{\itN}=2')
subplot(2,2,3)
plot(t,sum(Res(1:4,:)),'k','linewidth',2),
xlabel('{\itt}/s'),ylabel('{\itu}({\itL},{\itt})/m'),title('{\itN}=4')
subplot(2,2,4)
plot(t,sum(Res(1:20,:)),'k','linewidth',2),
xlabel('{\itt}/s'),ylabel('{\itu}({\itL},{\itt})/m'),title('{\itN}=20')
```

例 6-9　一端固定、一端自由的等截面直杆，自由端受到简谐力 $f(t)=P_0\sin(\omega t)$ 作用，如图 6-24 所示，计算其在零初始条件时的稳态响应。

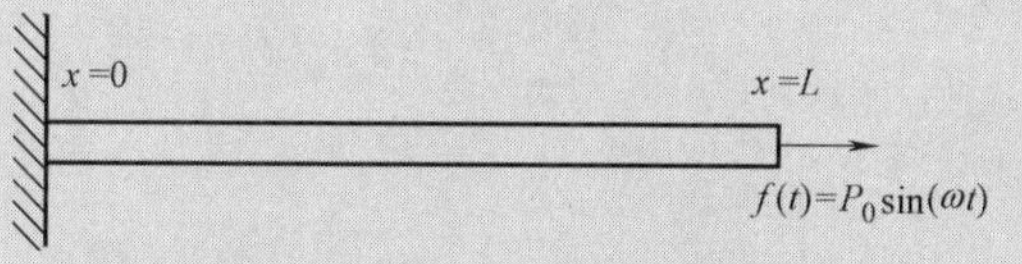

图 6-24　简谐力作用下的等截面直杆

解： 一端固定、一端自由等截面直杆的固有频率、模态函数及模态质量分别为

$$\omega_n=\frac{(2n-1)\pi}{2L}\sqrt{\frac{E}{\rho}},Y_n(x)=\sin\left[\frac{(2n-1)\pi}{2L}x\right],M_n=\frac{\rho AL}{2}$$

由式（6-94）可知，该直杆受到的广义模态力为

$$F_n(t)=\int_0^L P\sin(\omega t)\delta(x-x_0)Y_n(x)\mathrm{d}x=P\sin(\omega t)Y_n(L)$$

由式（6-95）可知，模态坐标下的微分方程可表示为

$$\frac{\partial^2 q_n(t)}{\partial t^2}+\omega_n^2 q_n(t)=\frac{P_0Y_n(L)}{M_n}\sin(\omega t) \tag{6-102}$$

显然，由式（6-96）可知，式（6-102）的稳态解为

$$q\eta_n(t)=\frac{P_0Y_n(L)}{M_n(\omega_n^2-\omega^2)}\sin(\omega t) \tag{6-103}$$

把所得的固有频率、模态函数及模态质量代入式（6-103），整理后可得

$$q_n(t)=\sqrt{\frac{2}{\rho AL}}\frac{P_0}{(\omega_n^2-\omega^2)}\sin\left[\frac{(2n-1)\pi}{2}\right]\sin(\omega t) \tag{6-104}$$

由于系统在物理坐标下的响应为

$$\begin{aligned}u(x,t)&=\sum_{n=1}^{\infty}Y_n(x)q_n(t)\\&=\frac{2P_0}{\rho AL}\sin(\omega t)\sum_{n=1}^{\infty}\frac{1}{(\omega_n^2-\omega^2)}\sin\left[\frac{(2n-1)\pi}{2}\right]\sin\left[\frac{(2n-1)\pi}{2L}x\right]\end{aligned} \tag{6-105}$$

由式（6-105）可以发现，当激励力频率 ω 等于任意一阶系统固有频率 ω_n 时，系统就会发生共振。

6.6.2 梁的横向振动响应

梁的运动微分方程可表示为

$$EI\frac{\mathrm{d}^4w(x,t)}{\mathrm{d}x^4}+m\frac{\mathrm{d}^2w(x,t)}{\mathrm{d}t^2}=f(x,t) \tag{6-106}$$

把响应按照模态进行展开，即

$$w(x,t)=\sum_{n=1}^{\infty}\Phi_n(x)\eta_n(t) \tag{6-107}$$

把式（6-107）代入式（6-106），可得

$$EI\sum_{n=1}^{\infty}\frac{\mathrm{d}^4\Phi_n(x)}{\mathrm{d}x^4}\eta_n(t)+m\sum_{n=1}^{\infty}\Phi_n(x)\frac{\mathrm{d}^2\eta_n(t)}{\mathrm{d}t^2}=f(x,t) \tag{6-108}$$

式（6-108）两边同乘以 $\Phi_m(x)$，并沿梁全长进行积分，可得

$$EI\eta_n(t)\int_0^L\sum_{n=1}^{\infty}\frac{\mathrm{d}^4\Phi_n(x)}{\mathrm{d}x^4}\Phi_m(x)\mathrm{d}x+m\frac{\mathrm{d}^2\eta_n(t)}{\mathrm{d}t^2}\sum_{n=1}^{\infty}\int_0^L\Phi_n(x)\Phi_m(x)\mathrm{d}x=\int_0^L\sum_{n=1}^{\infty}\Phi_m(x)f(x,t)\mathrm{d}x \tag{6-109}$$

利用模态正交性［见式（6-82）和式（6-83）］，式（6-109）可解耦为

$$\ddot{\eta}_n(t)+\omega_n^2\eta_n(t)=\frac{1}{M_n}F_n(t) \tag{6-110}$$

式中，η_n 和 M_n 分别表示第 n 阶模态坐标和模态质量；$F_n(t)=\int_0^L\Phi_n(x)f(x,\ t)\mathrm{d}x$，表示第 n 阶广义模态力。

假设在时间 $t=0$ 时的初始条件为

$$w(x,0)=f_1(x),\ \left.\frac{\partial w(x,t)}{\partial t}\right|_{t=0}=f_2(x) \tag{6-111}$$

对于初始条件［式（6-111）］，也通过式（6-107）进行展开，即

$$w(x,0)=f_1(x)=\sum_{n=1}^{\infty}\Phi_n(x)\eta_n(0) \tag{6-112a}$$

$$\left.\frac{\partial w(x,t)}{\partial t}\right|_{t=0}=f_2(x)=\sum_{n=1}^{\infty}\Phi_n(x)\frac{\partial \eta_n(0)}{\partial t} \tag{6-112b}$$

在式（6-112）的等号两侧乘以$\rho A\Phi_n(x)$，并沿杆长度对x进行积分，利用模态正交性［见式（6-82）］，可得

$$\eta_n(0)=\frac{1}{M_n}\int_0^L \rho A f_1(x)\Phi_n(x)\,\mathrm{d}x \tag{6-113a}$$

$$\frac{\partial \eta_n(0)}{\partial t}=\frac{1}{M_n}\int_0^L \rho A f_2(x)\Phi_n(x)\,\mathrm{d}x \tag{6-113b}$$

与直杆的纵向振动类似，式（6-110）的解可表示为

$$\eta_n=\frac{1}{\omega_n}\int_0^t \frac{F_n(t-\tau)}{M_n}\sin(\omega_n\tau)\,\mathrm{d}\tau+\eta_n(0)\cos(\omega_n t)+\frac{\dot{\eta}_n(0)}{\omega_n}\sin(\omega_n t) \tag{6-114}$$

如果外激励力为作用在梁$x=x_0$处的正弦简谐集中力$P\sin(\omega t)$，则该激励力可表示为$f(x,t)=P\sin(\omega t)\delta(x-x_0)$，此时广义模态力为

$$q_n(t)=\int_0^L P\sin(\omega t)\delta(x-x_0)\Phi_n(x)\,\mathrm{d}x=P\Phi_n(x_0)\sin(\omega t) \tag{6-115}$$

相应的解耦后模态运动微分方程可表示为

$$\ddot{\eta}_n(t)+\omega_n^2\eta_n(t)=\frac{P}{M_n}\Phi_n(x_0)\sin(\omega t) \tag{6-116}$$

显然，式（6-116）的解可表示为

$$\eta_n(t)=A_n\sin(\omega_n t)+B_n\cos(\omega_n t)+\frac{P\Phi_n(x_0)}{M_n(\omega_n^2-\omega^2)}\sin(\omega t) \tag{6-117}$$

例 6-10 在简支梁的中点有一常力P作用，如图 6-25 所示，当该力突然移去时，求此时梁的响应。

解： 由材料力学可知，在常力P作用下，梁中点的静变形为

$$w_{\mathrm{st}}=-\frac{L^3}{48EI}P$$

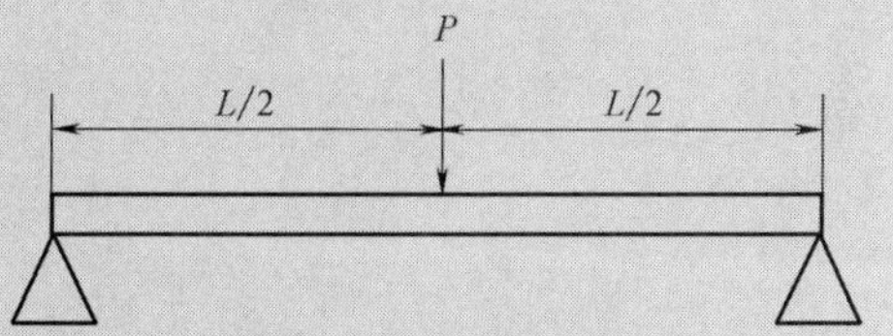

图 6-25 常力 P 作用下的简支梁

所以其初始条件可表示为

$$w(x,0)=f_1(x)=\begin{cases} w_{\mathrm{st}}\left[3\dfrac{x}{L}-4\left(\dfrac{x}{L}\right)^3\right], 0\leqslant x\leqslant \dfrac{L}{2} \\ w_{\mathrm{st}}\left[3\dfrac{L-x}{L}-4\left(\dfrac{L-x}{L}\right)^3\right], \dfrac{L}{2}\leqslant x\leqslant L \end{cases}$$

$$\dot{w}(x,0)=f_2(x)=0$$

两端简支梁的模态及对应固有频率分别为

$$\Phi_n(x)=\sin\left(\frac{n\pi}{L_x}x\right), \omega_n=\sqrt{\frac{EI}{m}}\left(\frac{n\pi}{L}\right)^2$$

简支梁的模态质量为

$$M_n=\int_0^L m[\Phi_n(x)]^2\mathrm{d}x=\int_0^L m\left[\sin\left(\frac{n\pi}{L_x}x\right)\right]^2\mathrm{d}x=\frac{mL}{2}$$

由式（6-113）可知，模态坐标下的初始条件为

$$\eta_n(0)=\frac{1}{M_n}\int_0^{\frac{L}{2}}\rho Aw_{st}\left[3\frac{x}{L}-4\left(\frac{x}{L}\right)^3\right]\Phi_n(x)\mathrm{d}x+$$

$$\frac{1}{M_n}\int_{\frac{L}{2}}^{L}\rho Aw_{st}\left[3\frac{L-x}{L}-4\left(\frac{L-x}{L}\right)^3\right]\Phi_n(x)\mathrm{d}x$$

$$=\frac{2}{mL}\rho Aw_{st}\frac{48L}{n^4\pi^4}(-1)^{\frac{n-1}{2}},n=1,3,5$$

$$\dot{\eta}_n(0)=0$$

当常力 P 移去后，该梁无外力作用，由式（6-117）可知，此时梁的模态坐标为

$$\eta_n(t)=\eta_n(0)\cos(\omega_n t)=\frac{2}{mL}\rho Aw_{st}\frac{48L}{n^4\pi^4}(-1)^{\frac{n-1}{2}}\cos(\omega_n t)$$

所以，梁的响应为

$$w(x,t)=\sum_{n=1}^{\infty}\Phi_n(x)\eta_n(t)$$

$$=\sum_{n=1}^{\infty}\sin\left(\frac{n\pi x}{L}\right)\frac{2}{mL}\rho Aw_{st}\frac{48L}{n^4\pi^4}(-1)^{\frac{n-1}{2}}\cos(\omega_n t)$$

$$=-\frac{2PL^3}{\pi^4 mEI_i}\sum_{i=1,3}^{\infty}\frac{(-1)^{\frac{n-1}{2}}}{n^4}\sin\left(\frac{n\pi x}{L}\right)\cos(\omega_n t),n=1,3,5$$

从上述分析可以发现，作用在梁中心点的静变形只激励奇数阶（对称）模态的振动。

例 6-11 在简支梁上有速度为 v 匀速移动的载荷 P，如图 6-26 所示。假设在 $t=0$ 时刻，载荷位于梁的左端，并且梁处于静止状态，求载荷向右移动时梁的响应。

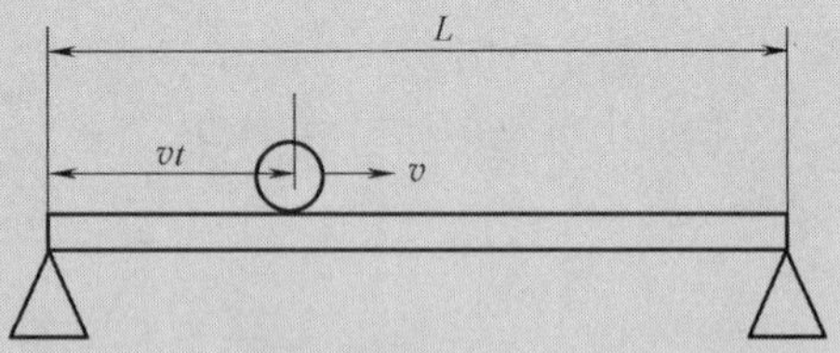

图 6-26 匀速移动的载荷 P 作用下的简支梁

解： 由题意可知，梁的作用力可表示为

$$P(x,t)=\begin{cases}-P\delta(x-vt),0\leqslant t\leqslant\dfrac{L}{v}\\0, \quad t>\dfrac{L}{v}\end{cases}$$

由式（6-92）可知，模态坐标下的广义力可表示为

$$\eta_n(t)=\begin{cases}-P\sin\left(\dfrac{n\pi v}{L}t\right),0\leqslant t\leqslant\dfrac{L}{v}\\0, \quad t>\dfrac{L}{v}\end{cases}$$

式中，$C_n=\sqrt{\dfrac{2}{mL}}$。

令 $u_n=\dfrac{n\pi v}{L}$，可以得到在 $0<t<L/v$ 期间模态坐标下的响应，即

$$\begin{aligned}\eta_n&=\frac{1}{\omega_n}\int_0^t\left(-\frac{P}{M_n}\right)\sin[u_n(t-\tau)]q_n\sin(\omega_n\tau)\mathrm{d}\tau\\&=-\frac{P}{M_n(\omega_n^2-u_n^2)}\left(\sin u_nt-\frac{u_n}{\omega_n}\sin\omega_nt\right)\end{aligned}$$

式中，M_n 为简支梁的第 n 阶模态质量，$M_n=\dfrac{mL}{2}$。

所以，梁的响应为

$$\begin{aligned}w(x,t)&=\sum_{n=1}^{\infty}\Phi_n(x)\eta_n(t)\\&=\sum_{n=1}^{\infty}\sin\left(\frac{n\pi x}{L}\right)\frac{-P}{C_n(\omega_n^2-u_n^2)}\left(\sin u_nt-\frac{u_n}{\omega_n}\sin\omega_nt\right)\\&=-\frac{2P}{mL}\sum_{n=1}^{\infty}\frac{1}{\omega_n^2-u_n^2}\left(\sin u_nt-\frac{u_n}{\omega_n}\sin\omega_nt\right)\sin\left(\frac{n\pi x}{L}\right)\end{aligned}$$

例 6-12 设有一长度为 L 的等截面简支梁，在 $x=x_0$ 处受到简谐力 $f(t)=F_0\sin(\omega t)$ 的作用，求该梁在零初始条件时的稳态响应。

解：由式（6-117）可知，简支梁在简谐力作用下的响应可表示为

$$\eta_n(t)=A_n\sin(\omega_nt)+B_n\cos(\omega_nt)+\frac{F_0\Phi_n(x_0)}{M_n(\omega_n^2-\omega^2)}\sin(\omega t)\tag{6-118}$$

由题意可知，其初始条件为

$$\eta_n(0)=0,\frac{\partial\eta_n(0)}{\partial t}=0\tag{6-119}$$

把式（6-119）代入式（6-118），整理可得

$$B_n=0,A_n=-\frac{\omega\quad F_0\Phi_n(x_0)}{\omega_nM_n(\omega_n^2-\omega^2)}\tag{6-120}$$

而简支梁的模态函数、固有频率和模态质量分别为

$$\Phi_n(x)=\sin\left(\frac{n\pi}{L}x\right),\omega_n=\sqrt{\frac{EI}{m}\left(\frac{n\pi}{L}\right)^2},M_n=\frac{mL}{2}\tag{6-121}$$

把式（6-120）、式（6-121）代入式（6-118），整理可得

$$\eta_n(t)=\frac{2F_0}{mL(\omega_n^2-\omega^2)}\sin\left(\frac{n\pi}{L}x_0\right)\left[\sin(\omega t)-\frac{\omega}{\omega_n}\sin(\omega_nt)\right]\tag{6-122}$$

把式（6-122）代入式（6-107），可得该梁在物理坐标下的响应，即

$$w(x,t)=\frac{2F_0}{mL}\sum_{n=1}^{\infty}\frac{1}{(\omega_n^2-\omega^2)}\sin\left(\frac{n\pi}{L}x_0\right)\left[\sin(\omega t)-\frac{\omega}{\omega_n}\sin(\omega_n t)\right]\sin\left(\frac{n\pi}{L}x\right) \quad (6\text{-}123)$$

由式（6-123）可以发现，当激励力频率 ω 等于梁的固有频率 ω_n 时，就会发生共振。

6.7 状态空间方法

与多自由度系统计算类似，也可以通过状态空间方法来计算连续结构的响应，由于计算过程与前几章相同，所以在此只以梁的弯曲振动为例简单介绍具体计算步骤。

在 6.6 节中，已经推导了梁弯曲振动在解耦后的运动微分方程［式（6-110）］，在此基础上，考虑梁的阻尼影响，则式（6-110）可重新表示为

$$\ddot{\eta}_n(t)+2\zeta_n\omega_n\dot{\eta}_n(t)+\omega_n^2\eta_n(t)=\frac{1}{M_n}F_n(t) \quad (6\text{-}124)$$

式中，ζ_n 表示第 n 阶模态的阻尼比。

假设激励力为作用在梁 $x=x_0$ 处的集中力 $f(t)$，则广义模态力为

$$F_n(t)=\int_0^L f(t)\delta(x-x_0)\Phi_n(x)\mathrm{d}x=f(t)\Phi_n(x_0) \quad (6\text{-}125)$$

首先引入状态向量 $\boldsymbol{y}$

$$\boldsymbol{y}=\begin{pmatrix}\boldsymbol{\eta}\\ \dot{\boldsymbol{\eta}}\end{pmatrix} \quad (6\text{-}126)$$

取前 N 阶模态进行计算，则式（6-124）可表示为

$$\dot{\boldsymbol{y}}=\begin{pmatrix}\dot{\boldsymbol{\eta}}\\ \ddot{\boldsymbol{\eta}}\end{pmatrix}=\begin{pmatrix}\boldsymbol{0}_{N\times N} & \boldsymbol{I}_{N\times N}\\ -\boldsymbol{\Omega} & -\boldsymbol{C}\end{pmatrix}\begin{pmatrix}\boldsymbol{\eta}\\ \dot{\boldsymbol{\eta}}\end{pmatrix}+\begin{pmatrix}\boldsymbol{0}_{N\times 1}\\ \boldsymbol{\Phi}(x_0)\end{pmatrix}f(t)=\boldsymbol{Ay}+\boldsymbol{B}f(t) \quad (6\text{-}127)$$

式中，状态矩阵 $\boldsymbol{A}=\begin{pmatrix}\boldsymbol{0}_{N\times N} & \boldsymbol{I}_{N\times N}\\ -\boldsymbol{\Omega} & -\boldsymbol{Z}\end{pmatrix}$；输入矩阵 $\boldsymbol{B}=\begin{pmatrix}\boldsymbol{0}_{N\times 1}\\ \boldsymbol{\Phi}(x_0)\end{pmatrix}$；$\boldsymbol{\Omega}$ 和 $\boldsymbol{Z}$ 为对角矩阵，其对角元素分别为 $\Omega(n,n)=\omega_n^2$ 和 $Z(n,n)=2\zeta_n\omega_n$；$\boldsymbol{\Phi}(x_0)=\left(\frac{\Phi_1(x_0)}{M_1},\cdots,\frac{\Phi_N(x_0)}{M_N}\right)^{\mathrm{T}}$。

假设要输出的是在梁上 $x=x_s$ 点的位移响应，由式（6-107）可知

$$w(x_s,t)=\sum_{n=1}^{N}\Phi_n(x_s)\eta_n(t)=\left(\boldsymbol{\Phi}^{\mathrm{T}}(x_s),\boldsymbol{0}_{1\times N}\right)\begin{pmatrix}\boldsymbol{\eta}\\ \dot{\boldsymbol{\eta}}\end{pmatrix}=\boldsymbol{Cy} \quad (6\text{-}128)$$

由于输出位移与 $\boldsymbol{D}$ 矩阵无关，所以 $\boldsymbol{D}$ 矩阵为空矩阵。在得到状态空间方程的 $\boldsymbol{A}$、$\boldsymbol{B}$、$\boldsymbol{C}$、$\boldsymbol{D}$ 矩阵后，可以通过 MATLAB 函数 sys 建立状态方程。随后可以调用 initial 函数或者 lsim 函数计算状态空间模型 sys 在初始条件时的响应，或者通过 bode 函数计算其频率响应函数。

例 6-13 在例 6-12 中，假设梁的长度 $L=1\text{m}$，单位长度质量 $m=0.5\text{kg/m}^2$，抗弯刚度 $EI=36\text{N/m}$，外激励力 $F=1\text{N}$。激励力和测量点均位于 $x_0=0.1\text{m}$ 处，模态阻尼比为 0.01，通过状态空间方法重新计算：

1）激励力频率 $\omega=2\text{Hz}$ 和第 1 阶固有频率时的时域响应。

2）当激励力频率为 0~1000Hz 时的频率响应函数。

解： 时域响应可通过 lsim 函数进行计算，而频率响应函数可通过 bode 函数进行计算，具体 MATLAB 程序如下：

```
clear all,close all
L=1;
EI=36;
loA=0.5;
xa=[0.1];
xs=[0.1];
N=10;
nnn=0.01;
n=1:N;
betaL=n*pi;
wn=sqrt(EI/loA)*(n*pi/L).^2;

for r=1:N
Bf(r,1)=sin(r*pi/L*xa)*(2/loA/L);
ys(r,1)=sin(r*pi/L*xs);
end
A=[zeros(N,N),eye(N);-diag(wn.^2),-diag(2*nnn*wn)];
B=[zeros(N,1);Bf(:,1)];
C=[ys',zeros(1,N)];
D=zeros(size(C,1),size(B,2));
sys=ss(A,B,C,D);
t=linspace(0,5,1e6);
u1=sin(t*2*pi);
u2=sin(t*wn(1));
x0=[zeros(1,10),zeros(1,10)];
[y1,t]=lsim(sys,u1,t,x0);
[y2,t]=lsim(sys,u2,t,x0);
figure(1),subplot(2,1,1)
plot(t,y1,'k','linewidth',2)
xlabel('时间/s'),ylabel('幅值/m')
title('激励力频率=2Hz')
subplot(2,1,2)
plot(t,y2,'k','linewidth',2)
```

```
xlabel('时间/s'),ylabel('幅值/m')
title('激励力频率=第1阶固有频率')
w=linspace(0,1000*2*pi,1000);
[mag,phs]=bode(sys,w);
figure(2),subplot(2,1,1)
semilogy(w/2/pi,mag(:),'k','linewidth',2)
xlabel('频率/Hz'),ylabel('幅值/m')
subplot(2,1,2)
plot(w/2/pi,phs(:),'k','linewidth',2)
xlabel('频率/Hz'),ylabel('相位/(\cirt)')
```

运行上述程序，计算结果如图 6-27 和图 6-28 所示。由图 6-27 可以发现，当外激励力等于第 1 阶固有频率时，振动幅值明显大于激励力频率为 2Hz 时的幅值。

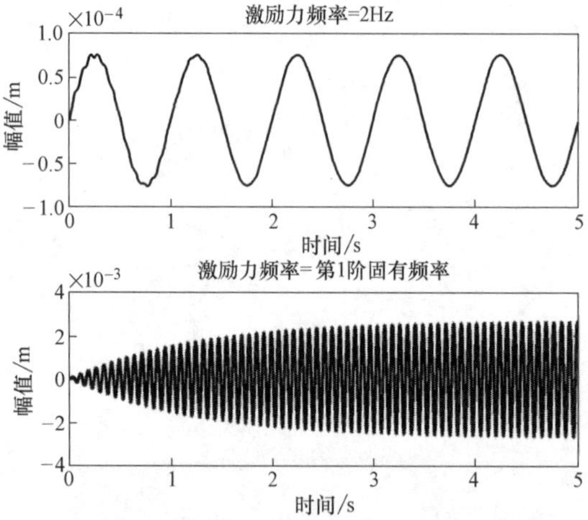

图 6-27　激励力频率 ω=2Hz 和第 1 阶固有频率时的时域响应

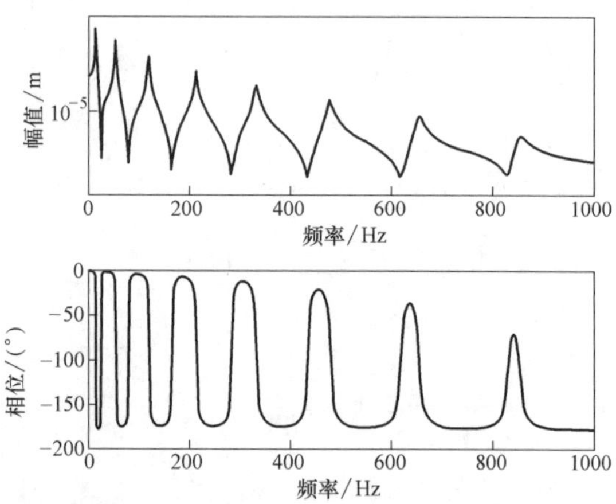

图 6-28　频域响应

6.8　基于振动的结构健康监测典型案例

基于振动响应的结构损伤识别是近年来振动工程领域的研究热点，基于振动的结构损伤检测方法具有无破坏性、快捷、高效和实时监测等优点，因而工程应用前景广阔。理论上，结构损伤会导致结构模态参数发生变化，因此通过研究结构的振动特性即可检测结构是否存在损伤，并可进一步对损伤进行定位和定量识别。常用的损伤识别参数包括固有频率、模态振型和曲率模态。其中固有频率作为损伤识别参数的最大优点在于它相对于别的参数更容易获取。但固有频率是结构的一个总体参量，不能反映结构的局部信息，因而难以用于结构的损伤定位。而结构的模态振型则可以反映结构的位置信息，理论上可用于结构的损伤定位，但在目前的测试手段下还难以得到满足识别精度要求的测量值，导致难以直接通过模态振型准确识别结构损伤。

曲率模态是结构模态的二次导数，一般通过中心差分法对模态振型进行差分就可以得到

曲率模态，即

$$X''_{(i,j)}=\frac{X_{(i-1,j)}-2X_{(i,j)}+X_{(i+1,j)}}{\Delta L^2} \tag{6-129}$$

式中，$X_{(i,j)}$ 是第 i 点的第 j 阶正则化模态振型；ΔL^2 是结构上相邻两个点的间距。

通过在第 j 阶下计算损伤后与损伤前的曲率模态差的绝对值 DI_j 可对损伤位置进行定位：

$$DI_j=|X''_j-X''_{j,D}| \tag{6-130}$$

式中，X''_j为损伤前的第 j 阶曲率模态；$X''_{j,D}$为损伤后的第 j 阶曲率模态。

从理论上讲，结构的局部裂缝或损伤必然会导致结构局部刚度降低，使得损伤处的曲率斜度增大，从而引起曲率模态振型数值发生突变。研究结果表明：曲率模态差对于结构的损伤比较敏感，对于损伤定位也较为准确，对局部结构变化的敏感性高于模态振型和固有频率。

图 6-29 所示为对钻石 DA42 飞机机翼的一处损伤进行损伤检测的试验照片。显然，机翼可看成悬臂梁结构。图 6-30 所示为通过曲率模态差得到的机翼损伤识别结果。在图 6-30 中，竖直虚线表示实际损伤位置，在该位置曲率模态差指标有很强的峰值出现，该峰值即为损伤位置。从试验结果也可以发现，在非损伤位置，受噪声干扰很小。通过曲率模态差可以准确识别结构损伤的存在，并且定位效果良好。

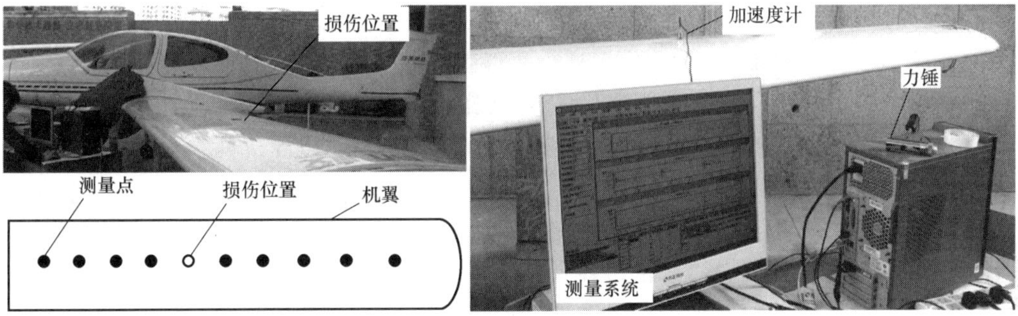

图 6-29　机翼损伤检测试验照片

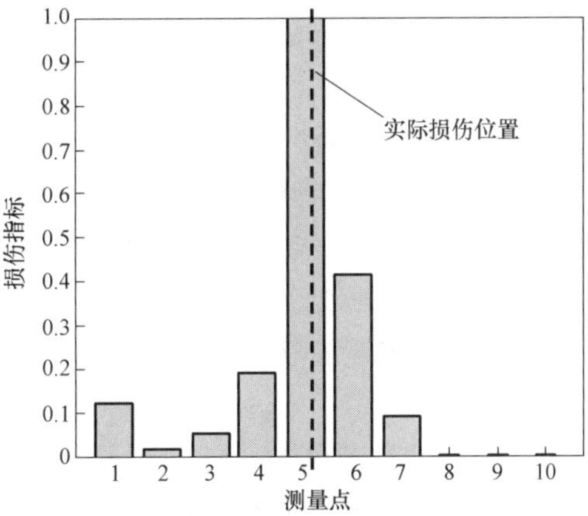

图 6-30　通过曲率模态差得到的机翼损伤识别结果

习 题

6-1 设有一长度为 L 两端固定的弦，在其中点拉起高度 h，如图 6-31 所示，随后无初速度释放，计算其响应。

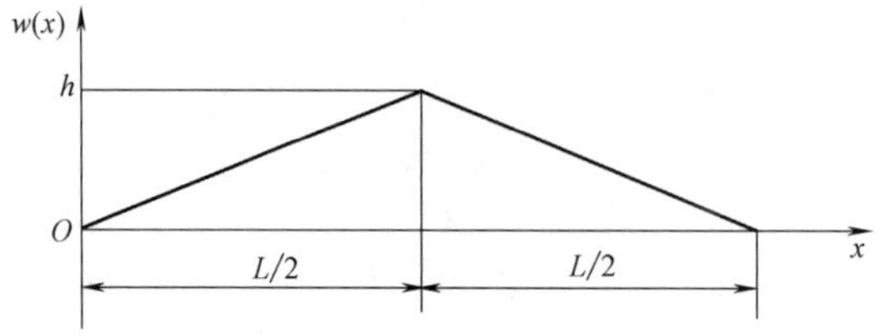

图 6-31 中点拉起 h 高度的弦

6-2 设有一长度 $L=1.4\text{m}$ 两端固定的弦，已知其声速 $c=1188\text{m/s}$，其初始条件为

$$w(x,0)=\sin\left(\frac{3\pi x}{L}\right),\ \frac{\partial w(x,0)}{\partial t}=0$$

计算该弦在 $x=L/2$ 和 $x=L/4$ 处的响应。

6-3 通过 MATLAB 绘制习题 6-2 中弦的动画。

6-4 计算两端固支均匀直杆的固有频率和模态，并绘制前 4 阶模态。

6-5 已知一长度为 4.5m 的均匀直杆，一端固定、一端自由，经测量得到其第 1 阶固有频率为 1878Hz，请分析该杆可能是什么材料制成的。

6-6 设有铝制、木制和钢制的均匀直杆，长度均为 1m，边界条件均为一端固定、一端自由，比较其固有频率的不同。

6-7 已知一均匀直杆，一端固定、一端自由，在自由端有一质量为 M 的质量块（质量块的体积忽略不计），推导该直杆的边界条件，并计算其固有频率及模态。

6-8 通过 MATLAB 绘制如下边界条件下均匀直杆的前 4 阶模态：

1）两端固支。

2）左端固支，右端自由。

6-9 已知一长度为 0.5m 的均匀直杆，左端固支，右端自由。已知其密度 $\rho=7800\text{kg/m}^3$，横截面面积 $A=0.001\text{m}^2$，弹性模量 $E=10^{10}\text{N/m}^2$。设在其自由端受到压力产生了 1cm 的纵向变形，突然移除该压力，计算该直杆在自由端和中点位置的响应。

6-10 假设在图 6-15 所示含圆盘的均质圆轴中，已知 $J_0=10\text{kg}\cdot\text{m}^2/\text{rad}$，$L=0.5\text{m}$，$J=5\text{m}^4$，$G=2.5\times10^9\text{Pa}$，$\rho=2700\text{kg/m}^3$，计算该圆轴扭振时的前 4 阶固有频率。

6-11 设有一长度为 1m 的均质圆轴，已知其弹性模量 $E=7.1\times10^{10}\text{N/m}^2$，$G=2.7\times10^{10}\text{N/m}^2$，$\rho=2700\text{kg/m}^3$。计算和比较该轴在纵向振动和扭振时的前 4 阶固有频率。

6-12 已知一均匀梁，其单位长度的质量为 m，边界条件为一端固定、一端自由，在自由端有一质量为 $M=mL$ 的质量块（质量块的体积忽略不计），如图 6-32 所示。计算该梁在弯曲振动时的前 4 阶固

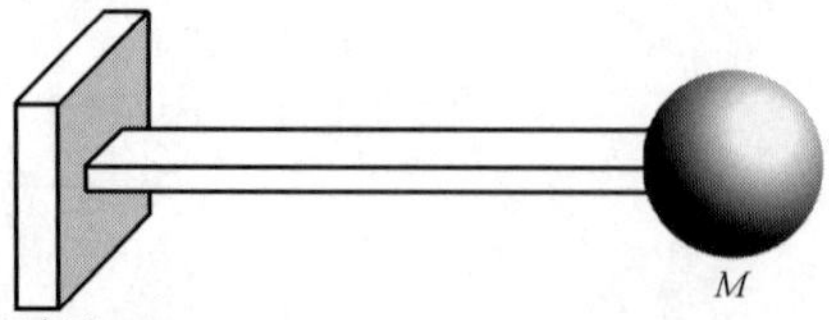

图 6-32 自由端带集中质量的振动梁

有频率及模态。

6-13　已知一做弯曲振动的简支梁，在其中点位置有一简支支承，如图 6-33 所示，计算该梁的前 4 阶固有频率及对应模态。

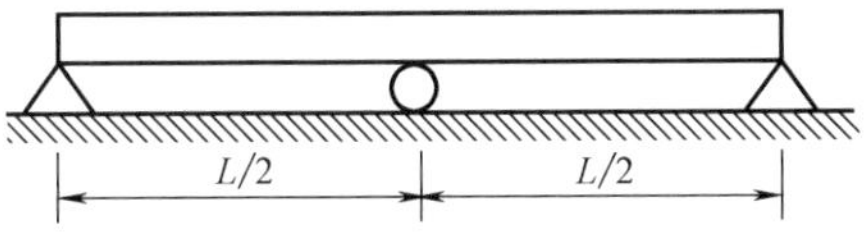

图 6-33　带中间支承的简支梁

6-14　计算一端固定、一端自由均匀直梁（悬臂梁）的模态及固有频率。

6-15　设有一均匀简支梁，长度为 L，其初始条件为

$$w(x,0)=\sin\left(\frac{2\pi x}{L}\right),\frac{\partial w(x,0)}{\partial t}=0$$

计算该简支梁的自由响应。

6-16　设有一均匀悬臂梁，在自由端受到 $f(t)=F_0\sin(\omega t)$ 的简谐激励，计算该梁的时域响应。

6-17　设有一简支梁，已知密度 $\rho=2750\text{kg/m}^3$，弹性模量 $E=70\times10^9\text{N/m}^2$，长度 $L=0.34\text{m}$，宽度 $b=22\text{mm}$，厚度 $h=2\text{mm}$。如果该梁在 $x=0.1\text{m}$ 处受到单位幅值的集中力激励，通过状态空间方法计算该梁在 $x=0.2\text{m}$ 处的频率响应函数。

第7章 振动控制

7.1 振动的隔离

本节首先研究振动的隔离（简称隔振），即分析和降低物体之间的振动传递。隔振一般可以分为两类：第一类称作隔力，即通过弹性支承来降低从振源传递到基础的力；第二类称为隔幅，即通过弹性支承来降低基础传到设备的振动幅值。在这两类问题中，弹性支承均称为隔振器。

7.1.1 隔力

汽车、飞机的发动机，直升机的旋翼都可以看作是一个振源。为了降低发动机或者旋翼传递到座舱的振动，一般需要对发动机和旋翼进行振动的隔离，从而降低其传递的激振力，这就是典型的隔力问题。

为了便于阐述，以单自由度系统为例，考虑一通过弹性支承与刚性基础相连的机械系统，如图 7-1 所示。设有一简谐力 $f(t)=F_0\sin(\omega t)$ 作用于系统，此时外力会通过弹性支承传递到刚性基础，而弹性支承即为隔振器，其作用是尽可能降低传递到基础的力。为了评价隔振效果，可以引入力传递率（force transmissibility），力传递率的定义为安装隔振器前后的传递力之比，即

$$\text{力传递率 } T_R=\frac{\text{传递力 } F_T}{\text{外作用力 } F_0} \tag{7-1}$$

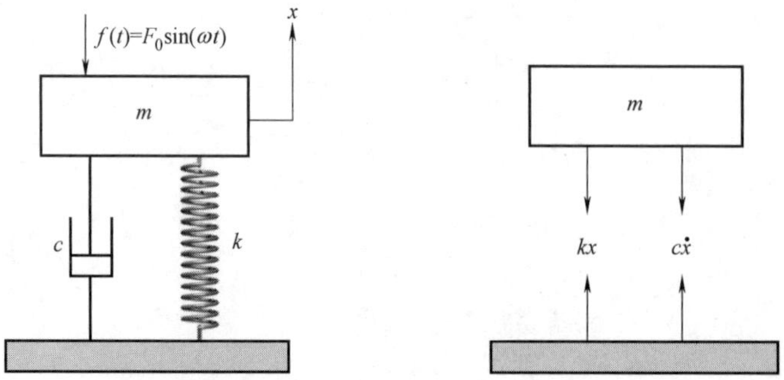

图 7-1 系统隔力示意图

由图 7-1 可以发现，传递到基础的力包括弹簧力和阻尼力，即

$$f_T(t)=kx+c\dot{x} \tag{7-2}$$

由第 2 章内容可知，系统在简谐激励下的稳态响应可表示为

$$x(t)=X\sin(\omega t-\phi) \tag{7-3}$$

式中，$X=\dfrac{F_0}{\sqrt{(k-m\omega^2)^2+(c\omega)^2}}$；$\phi=\arctan\dfrac{c\omega}{k-m\omega^2}$。

把式（7-3）代入式（7-2），可得

$$f_T=c\omega X\sin\left(\omega t-\phi+\frac{\pi}{2}\right)+kX\sin(\omega t-\phi) \tag{7-4}$$

由式（7-4）可以发现，对于简谐激励，通过隔振器后传递到基础的力还是简谐的，所以式（7-4）可表示为

$$f_T=F_T\sin(\omega t-\alpha) \tag{7-5}$$

式中，F_T表示传递力的幅值；α 表示传递力的相位角。

对比式（7-4）和式（7-5），可以发现：

$$F_T=\sqrt{(c\omega X)^2+(kX)^2}=X\sqrt{(c\omega)^2+k^2} \tag{7-6}$$

$$\alpha=\arctan\frac{c\omega}{k-m\omega^2}-\arctan\frac{c\omega}{k} \tag{7-7}$$

进一步把式（7-3）中的幅值 X 代入式（7-6），则 F_T可表示为

$$F_T=\frac{F_0\sqrt{(c\omega)^2+k^2}}{\sqrt{(k-m\omega^2)^2+(c\omega)^2}} \tag{7-8}$$

利用式（7-1），可得力传递率 T_R 为

$$T_R=\frac{F_T}{F_0}=\frac{\sqrt{(c\omega)^2+k^2}}{\sqrt{(k-m\omega^2)^2+(c\omega)^2}} \tag{7-9}$$

注意到频率比 $\beta=\dfrac{\omega}{\omega_n}$，阻尼比 $\zeta=\dfrac{c}{2\sqrt{km}}$，系统固有频率 $\omega_n^2=\dfrac{k}{m}$，式（7-9）可表示为量纲为一的形式，即

$$T_R=\sqrt{\frac{1+(2\zeta\beta)^2}{(1-\beta^2)^2+(2\zeta\beta)^2}} \tag{7-10}$$

7.1.2 隔幅

考虑一机械系统通过弹性支承（隔振器）布置在基础上，如图 7-2 所示。如果该基础产生振动（如汽车行驶中的振动），会通过弹性支承传递到机械系统上，而此时弹性支承的作用是尽可能降低传递到机械系统的振动幅值。为了评价隔振效果，引入运动传递率 T_m（motion transmissibility），其定义为系统振动幅值与基础振动幅值之比，即

$$\text{运动传递率 } T_m=\frac{\text{系统振动幅值 } X}{\text{基础振动幅值 } Y} \tag{7-11}$$

而图 7-2 所示系统为单自由度系统，其运动微分方程为

$$m\ddot{x}+c\dot{x}+kx=F_0\sin(\omega t) \tag{7-12}$$

由第 3 章内容可知，运动传递率 T_m 为

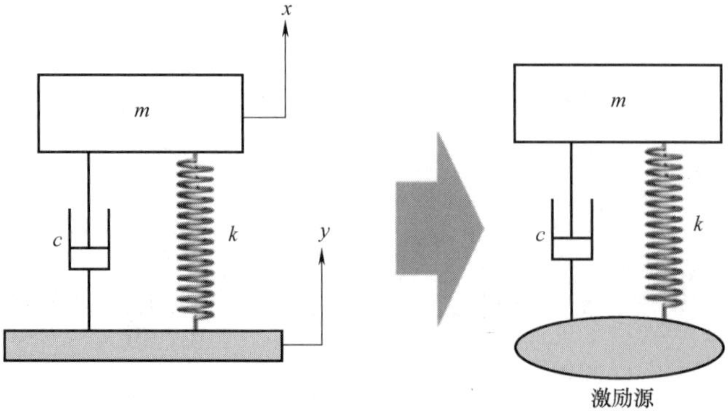

图 7-2　系统隔幅示意图

$$T_m = \frac{\sqrt{1+(2\zeta\beta)^2}}{\sqrt{(1-\beta^2)^2+(2\zeta\beta)^2}} \tag{7-13}$$

由于 T_m 与 T_R 的表达式完全相同，所以在设计隔力和隔幅装置时所遵循的准则是相同的。可以令 $T=T_m=T_R$，T 称为振动传递率。

不同阻尼比时系统的振动传递率可通过如下 MATLAB 程序进行计算：

```
clear all,close all
beta=linspace(0,5,1e3);
damp=[0.0 0.2 0.4 0.6 0.8];
for m=1:5
    D1=sqrt(1+(2*damp(m)*beta).^2)./sqrt((1-beta.^2).^2+(2*damp(m)*beta).^2);
    if m==1 plot(beta,D1,'k'),hold on,end
    if m==2 plot(beta,D1,'k:'),  end
    if m==3 plot(beta,D1,'k-.'),  end
    if m==4 plot(beta,D1,'k--'),  end
    if m==5 plot(beta,D1,'k','linewidth',2),  end
end
ylim([0 3])
plot(ones(1,1e3)*sqrt(2),linspace(0,3,1e3),'b:')
plot(sqrt(2),1,'bo','linewidth',2)
text(sqrt(2)+0.08,1.01,'\leftarrow(\surd2,1)')
xlabel('频率比 \it\beta')
ylabel('振动传递率')
legend('阻尼比=0','阻尼比=0.2','阻尼比=0.4','阻尼比=0.6','阻尼比=0.8')
```

运行上述程序，可得振动传递率 T 随阻尼比和频率比的变化曲线，如图 7-3 所示。

从式（7-10）、式（7-13）和图 7-3 中可以发现：

1）无论阻尼比如何变化，只有当频率比 $\beta>\sqrt{2}$ 时，才能有隔振效果。

2）当频率比 $\beta>1$ 时，振动传递率 T 随着频率比 β 的增加而降低。

3）当频率比 $\beta>\sqrt{2}$ 时，振动传递率 T 随着阻尼的减小而降低。

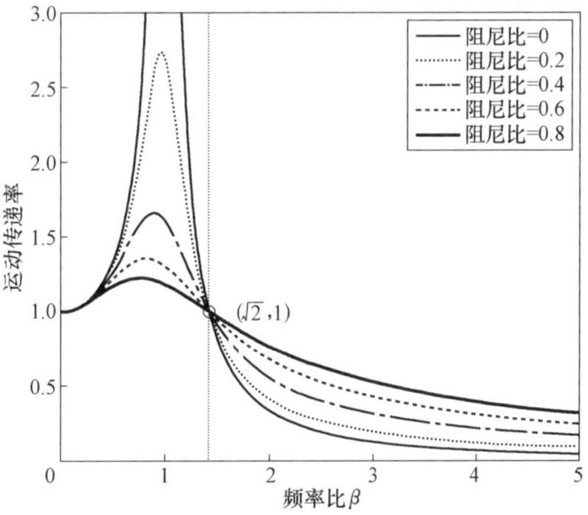

图 7-3 不同阻尼比时的振动传递率

4）只有当隔振器刚度 $k<\frac{1}{2}\omega^2 m$ 时，$T_m<1$，才能有隔振效果。

因此，一个有效的隔振系统，理论上应该使固有频率和阻尼尽可能低。但是在实际应用中，如果隔振系统的固有频率很低，则意味着需要尽可能地降低隔振系统的刚度，会导致静变形很大，而且稳定性会变差。一般在实际工程应用中，频率比一般选择在 2.5~4.5 之间，相应的振动传递率为 0.1~0.2 之间（隔振效率为 80%~90%）。

另外，如果隔振系统的阻尼很小（例如无阻尼），隔振对象在受到一些未知的外界冲击时，会产生很大的自由振动，所以在实际工程应用中需要恰当的阻尼来减少隔振对象在受到未知冲击时的振幅。

例 7-1 已知一质量为 200kg 的直升机旋翼，额定转速为 360r/min，现在需要安装隔振器，请问：

1）如果隔振器阻尼忽略不计，计算并绘制隔振器刚度与振动传递率的关系曲线。

2）如果隔振器阻尼比分别为 0.05 和 0.5，重新计算隔振器刚度与振动传递率的关系。

解： 1）由振动传递率公式可知

$$T=\frac{\sqrt{1+(2\zeta\beta)^2}}{\sqrt{(1-\beta^2)^2+(2\zeta\beta)^2}}$$

如果隔振器阻尼忽略不计，则 $\zeta=0$，上式可进一步简化为

$$T=\frac{1}{|1-\beta^2|}$$

由题意可知

$$\omega=\frac{360\times2\pi}{60}\text{rad/s}=12\pi\text{rad/s},\omega_n=\sqrt{\frac{k}{m}}=\sqrt{\frac{k}{200}}\text{rad/s}$$

可得频率比

$$\beta=\frac{\omega}{\omega_n}=12\pi\times\sqrt{\frac{200}{k}}$$

所以振动传递率 T 与隔振器刚度 k 的关系可表示为

$$T=\frac{1}{\left|1-\frac{2.88\pi^2\times10^4}{k}\right|}$$

通过 MATLAB 编程计算上式，计算结果如图 7-4 所示。具体 MATLAB 程序如下：

```
clear all,close all
k=logspace(-3,8,1e4);
T=1./abs(1-2.88*pi^2*1e4./k);
loglog(k,T,'k','linewidth',2)
xlim([1e-3 1e8])
xlabel('刚度\itk')
ylabel('振动传递率\itT')
```

从图 7-4 中可以发现，如果要取得良好的隔振效果（尽可能低的振动传递率），就需要尽可能降低隔振器的刚度。但是降低刚度会导致静变形增加、稳定性变差等问题。

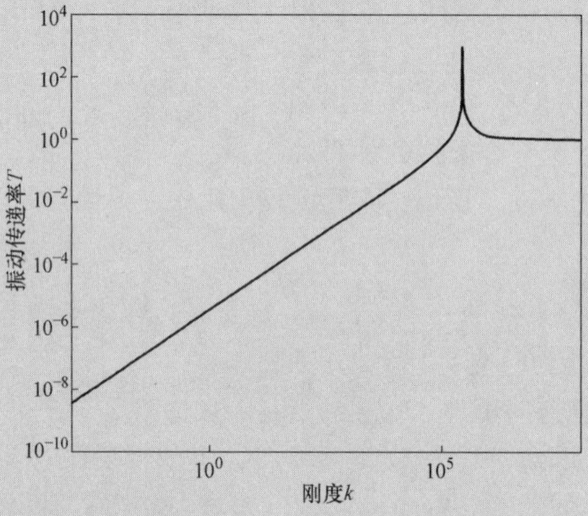

图 7-4　振动传递率 T 与隔振器刚度 k 的关系

2）当隔振器阻尼比分别为 0.05 和 0.5 时，把频率比 $\beta=12\pi\times\sqrt{\frac{200}{k}}$ 直接代入振动传递率公式 $T=\frac{\sqrt{1+(2\zeta\beta)^2}}{\sqrt{(1-\beta^2)^2+(2\zeta\beta)^2}}$进行计算，具体 MATLAB 程序如下：

```
clear all,close all
k=logspace(-3,8,1e4);
beta=12*pi*sqrt(200./k);
for ss=1:2
    if ss==1 nnn=0.05; else nnn=0.5; end
    T=sqrt(1+(2*nnn*beta).^2)./sqrt((1-beta.^2).^2+(2*nnn*beta).^2);
    if ss==1 loglog(k,T,'k','linewidth',2),hold on,end
    if ss==2 loglog(k,T,'k:','linewidth',2),end
end
xlim([1e-3 1e8])
xlabel('刚度\itk')
ylabel('振动传递率\itT')
legend('阻尼比=0.05','阻尼比=0.5')
```

运行上述程序，可得结果如图 7-5 所示。从图 7-5 中可以发现，当隔振器的刚度较低时，振动传递率随着阻尼比的增加而增加。但是如果隔振系统的阻尼很小，隔振对象在共振频率附近会产生很大的振动，所以在实际工程应用中需要恰当的阻尼来防止系统共振。

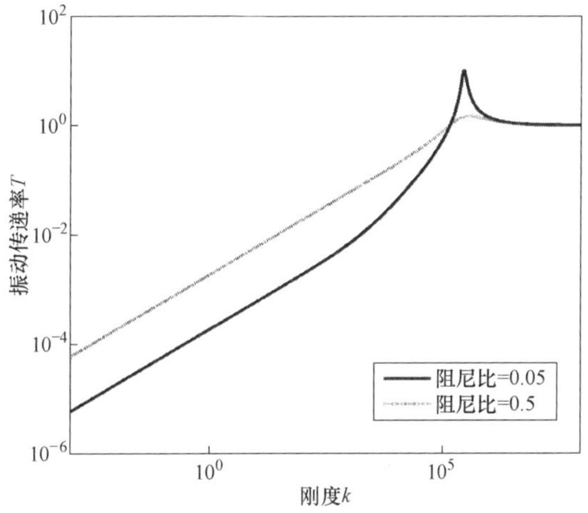

图 7-5 不同阻尼比时振动传递率 T 与隔振器刚度 k 的关系

例 7-2 已知一额定转速为 2000r/min 的水泵，为了降低其振动传递，需要在该水泵与刚性基础之间安装无阻尼隔振器，分析无阻尼隔振器的隔振效率 R 与其静变形的关系。

解：由例 7-1 可知，当隔振器无阻尼时，振动传递率可简化为

$$T=\frac{1}{|1-\beta^2|}$$

而隔振器的隔振效率 R 可表示为

$$R=(1-T)\times100\%=\left(1-\frac{1}{|1-\beta^2|}\right)\times100\%$$

由题意可知频率比 $\beta=\frac{\omega}{\omega_n}=\frac{2000\times2\pi}{60\omega_n}=\frac{200\pi}{3\omega_n}$，而 $\omega_n^2=\frac{k}{m}$，其中 m 为水泵质量，k 为隔振器刚度。设系统的静变形为 δ_{st}，当水泵在静平衡位置，$mg=k\delta_{st}$，即 $\delta_{st}=\frac{mg}{k}=\omega_n^2 g$（$g$ 为重力加速度，取 $g=9.8\text{m/s}^2$）。所以频率比可通过系统静变形表示，即

$$\beta=\frac{200\pi}{3\omega_n}=\frac{200\pi}{3}\sqrt{\frac{g}{\delta_{st}}}$$

把上式代入隔振效率 R 的计算公式，可得

$$R=\left(1-\frac{1}{\left|1-\frac{40000\pi^2}{9}\frac{g}{\delta_{st}}\right|}\right)\times100\%$$

上述分析可通过如下 MATLAB 程序来计算：

```
clear all,close all
st=linspace(0,1e-2,1e3);
wn=sqrt(9.8./st);
w=2000*2*pi/60;
beta=w./wn;
T=1./abs(1-beta.^2);
plot(st*1e3,(1-T)*100,'k','linewidth',2)
ylim([-10 100])
xlabel('静变形/ mm')
ylabel('隔振效率\itR')
```

运行上述程序，计算结果如图 7-6 所示。从图 7-6 中可以发现，随着隔振效率的增加，隔振器的静变形也随之增加。而静变形的增加会给工程实际中带来一系列问题（如安装困难等），因此在实际中，需要考虑隔振器静变形与隔振效率之间的平衡。

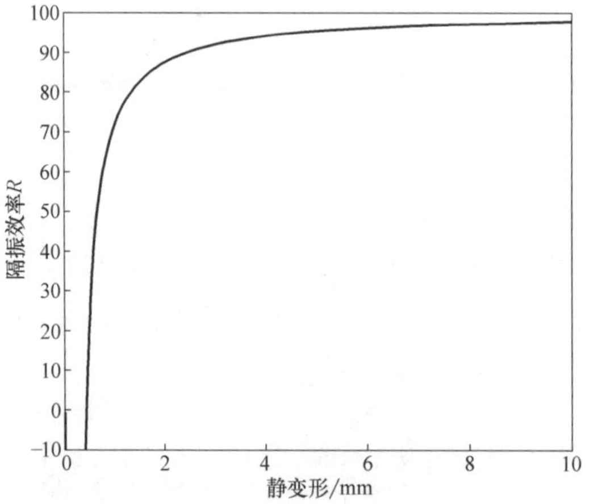

图 7-6 隔振器静变形与隔振效率 R 的关系

例 7-3 已知一 100kg 的机器通过刚度为 700×10^3N/m 的隔振器安装在刚性基础上，该机器受到一幅值为 350N、转速为 3000r/min 的纵向扰动力，假设隔振器的阻尼比为 0.2，计算该隔振器的振动传递率和通过隔振器传递到刚性基础的作用力。

解： 由振动传递率公式可知，

$$T=\frac{\sqrt{1+(2\zeta\beta)^2}}{\sqrt{(1-\beta^2)^2+(2\zeta\beta)^2}}$$

由题意可知，该系统固有频率 $\omega_n=\sqrt{\frac{k}{m}}=\sqrt{\frac{700\times10^3}{100}}\text{rad/s}=83.67\text{rad/s}$，激励力频率 $\omega=3000\times\frac{2\pi}{60}\text{rad/s}=314.2\text{rad/s}$，频率比 $\beta=\frac{\omega}{\omega_n}=\frac{314.2}{83.67}=3.755$，把上述参数代入振动传递率公式，可得振动传递率 $T=0.1368$。

又由于

$$T=\frac{\sqrt{1+(2\zeta\beta)^2}}{\sqrt{(1-\beta^2)^2+(2\zeta\beta)^2}}=\frac{F_T}{F_0}$$

所以通过隔振器传递到刚性基础的作用力 F_T 为

$$F_T=TF_0=0.1368\times350\text{N}=47.9\text{N}$$

例 7-4 在例 7-3 中，假设隔振器的阻尼比分别为 0.05、0.5、0.9，计算并绘制该系统在频率比为 0~3 时的振动传递率。

解：由振动传递率公式可知

$$T=\frac{\sqrt{1+(2\zeta\beta)^2}}{\sqrt{(1-\beta^2)^2+(2\zeta\beta)^2}}$$

上述公式可以通过如下 MATLAB 程序进行计算，不同频率比时的振动传递率如图 7-7 所示。

```
clear all,close all
beta=linspace(0,3,1e4);
for ss=1:3
    if ss==1 nnn=0.05;   end
    if ss==2 nnn=0.50;   end
    if ss==3 nnn=0.90;   end
    T=sqrt(1+(2*nnn*beta).^2)./sqrt((1-beta.^2).^2+(2*nnn*beta).^2);
    if ss==1 semilogy(beta,T,'k','linewidth',2),hold on,end
    if ss==2 semilogy(beta,T,'k:','linewidth',2),   end
    if ss==3 semilogy(beta,T,'k-.','linewidth',2),   end
end
xlim([0 3]),ylim([0 12])
xlabel('频率比\it\beta')
ylabel('振动传递率\itT')
legend('阻尼比=0.05','阻尼比=0.5','阻尼比=0.9')
```

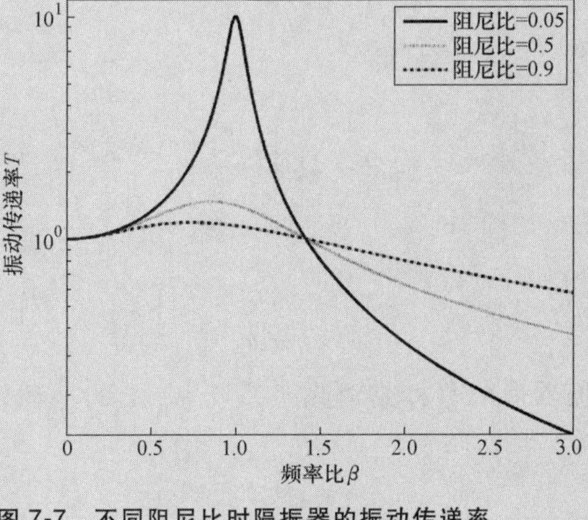

图 7-7 不同阻尼比时隔振器的振动传递率

7.2 动力吸振器

7.2.1 无阻尼动力吸振器

在 7.1 节中，可以通过设计合适的隔振系统来降低结构振动，但是如果系统存在某些共振，此时一般需要通过动力吸振器实现减振。动力吸振器实际上是一个弹簧-质量-阻尼系统，通过动力吸振器可以消除主系统某个特定频率的振动。

考虑图 7-8 所示的系统振动模型，其中 k_p 和 m_p 为主系统的有效刚度和有效质量，该系统受到简谐激励力 $f(t)=F_0\sin(\omega t)$ 的作用。该系统发生了强迫振动。为了减小其振动强度，在不改变主系统参数 m_p 和 k_p 的情况下，可以设计安装一个由质量 m_s 和弹簧 k_s 组成的辅助系统，即吸振器，形成一个新的两自由度系统。

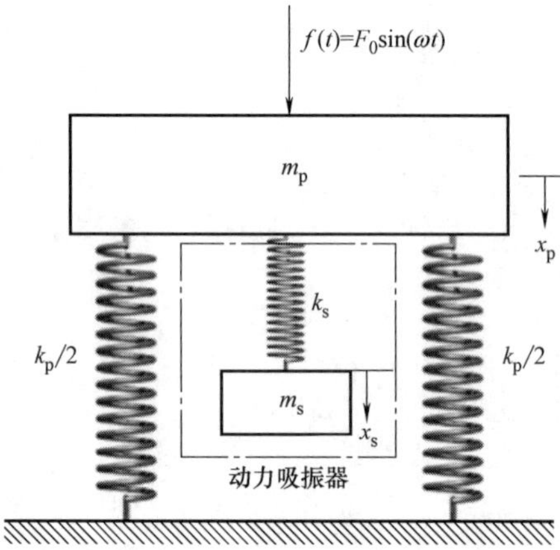

图 7-8 无阻尼动力吸振器布置在单自由度系统

注意到我们的目标是消除主系统的振动，为此在主系统上增加了一个额外的质量为 m_s、刚度为 k_s 的单自由度系统（动力吸振器），下一步是对该动力吸振器进行参数优化，即如何选择恰当的 m_s 和 k_s 来消除主系统的振动。

由第 5 章的多自由度系统的振动分析可知，图 7-8 所示系统（包括动力吸振器）的运动微分方程可表示为

$$\begin{pmatrix} m_p & 0 \\ 0 & m_s \end{pmatrix}\begin{pmatrix} \ddot{x}_p \\ \ddot{x}_s \end{pmatrix}+\begin{pmatrix} k_p+k_s & -k_s \\ -k_s & k_s \end{pmatrix}\begin{pmatrix} x_p \\ x_s \end{pmatrix}=\begin{pmatrix} F_0 \\ 0 \end{pmatrix}\sin(\omega t) \tag{7-14}$$

对于无阻尼强迫振动，式（7-14）的解可表示为

$$\begin{pmatrix} x_p \\ x_s \end{pmatrix}=\begin{pmatrix} X_p \\ X_s \end{pmatrix}\sin(\omega t) \tag{7-15}$$

把式（7-15）代入式（7-14），可得

$$\begin{pmatrix} -\omega^2 m_p+(k_p+k_s) & -k_s \\ -k_s & -\omega^2 m_s+k_s \end{pmatrix}\begin{pmatrix} x_p \\ x_s \end{pmatrix}\sin(\omega t)=\begin{pmatrix} F_0 \\ 0 \end{pmatrix}\sin(\omega t) \tag{7-16}$$

在式（7-16）中，可以消除 $\sin(\omega t)$ 项，即

$$\begin{pmatrix} -\omega^2 m_p+(k_p+k_s) & -k_s \\ -k_s & -\omega^2 m_s+k_s \end{pmatrix}\begin{pmatrix} x_p \\ x_s \end{pmatrix}=\begin{pmatrix} F_0 \\ 0 \end{pmatrix} \tag{7-17}$$

注意到安装动力吸振器后的目标是消除主系统 m_p 上的振动，所以可以设 $x_p=0$，则式（7-17）可表示为

$$-k_s x_s=F_0 \tag{7-18a}$$

$$(-\omega^2 m_s+k_s)x_s=0 \tag{7-18b}$$

由式（7-18b）可得

$$\omega_o^2=\frac{k_s}{m_s} \tag{7-19}$$

由式（7-19）可知，如果吸振器的参数满足 $k_s/m_s=\omega_o^2$，则主系统在频率 ω_o 时的响应等于零。

物理意义上来说，动力吸振器的作用相当于在主结构上施加一个与激励力大小相等、方向相反的力，使得主结构的外激励力合力为零，因此此时主结构的振动幅值为零。

从上述分析可知，如果动力吸振器的固有频率 $\omega_o^2=k_s/m_s=k_p/m_p$，则在频率 ω_o 时主系统的响应为零。定义质量比 $\mu=m_s/m_p$，则式（7-17）可表示为

$$\begin{pmatrix} -\left(\dfrac{\omega}{\omega_o}\right)^2+(1+\mu) & -\mu \\ -\mu & -\mu\left(\dfrac{\omega}{\omega_o}\right)^2+\mu \end{pmatrix}\begin{pmatrix} x_p \\ x_s \end{pmatrix}=\frac{1}{k_p}\begin{pmatrix} F_0 \\ 0 \end{pmatrix} \tag{7-20}$$

由式（7-20）可以发现，此时系统的特征方程为

$$\det\left(\begin{bmatrix} -\left(\dfrac{\omega}{\omega_o}\right)^2+(1+\mu) & -\mu \\ -\mu & -\mu\left(\dfrac{\omega}{\omega_o}\right)^2+\mu \end{bmatrix}\right)=\left(\frac{\omega}{\omega_o}\right)^4-(2+\mu)\left(\frac{\omega}{\omega_o}\right)^2+1=0 \tag{7-21}$$

式（7-21）可以看成一个以 $\left(\dfrac{\omega}{\omega_o}\right)^2$ 为变量的一元二次方程，显然该方程的解为

$$\left(\frac{\omega}{\omega_o}\right)^2=\left(1+\frac{\mu}{2}\right)^2\mp\sqrt{\mu+\frac{\mu^2}{4}}$$

所以施加动力吸振器后，系统从单自由度系统变成二自由度系统，其固有频率变为

$$\omega_{1,2}^{\text{new}}=\omega_o\sqrt{\left(1+\frac{\mu}{2}\right)^2\mp\sqrt{\mu+\frac{\mu^2}{4}}} \tag{7-22}$$

如果动力吸振器的固有频率为任意值，则可利用第 5 章的频响函数，得到系统的稳态响应，即

$$\boldsymbol{X}(\omega)=(\boldsymbol{K}-\omega^2\boldsymbol{M})^{-1}\boldsymbol{F}(\omega) \tag{7-23}$$

式中，$\boldsymbol{X}(\omega)=\begin{pmatrix} X_p(\omega) \\ X_s(\omega) \end{pmatrix}$；$\boldsymbol{M}=\begin{bmatrix} m_p & 0 \\ 0 & m_s \end{bmatrix}$；$\boldsymbol{K}=\begin{bmatrix} k_p+k_s & -k_s \\ -k_s & k_s \end{bmatrix}$；$\boldsymbol{F}(\omega)=\begin{pmatrix} F_0(\omega) \\ 0 \end{pmatrix}$。

由式（7-23）可得主系统和吸振器的位移响应，即

$$X_p(\omega)=\frac{(k_s-\omega^2 m_s)F_0}{(k_p+k_s-\omega^2 m_1)(k_s-\omega^2 m_2)-k_s^2} \tag{7-24a}$$

$$X_s(\omega)=\frac{k_s F_0}{(k_p+k_s-\omega^2 m_1)(k_s-\omega^2 m_2)-k_s^2} \tag{7-24b}$$

引入量纲为一的参数

$$\omega_p=\sqrt{\frac{k_p}{m_p}},\omega_s=\sqrt{\frac{k_s}{m_s}},\mu=\frac{m_p}{m_s},X_0=\frac{F_0}{k_p} \tag{7-25}$$

则式（7-24a）和式（7-24b）可表示为

$$X_p(\omega)=\frac{\left(1-\frac{\omega^2}{\omega_s^2}\right)X_0}{\left[1+\mu\left(\frac{\omega_s^2}{\omega_p^2}\right)-\frac{\omega^2}{\omega_p^2}\right]\left(1-\frac{\omega^2}{\omega_s^2}\right)-\mu\left(\frac{\omega_s^2}{\omega_p^2}\right)} \tag{7-26a}$$

$$X_s(\omega)=\frac{X_0}{\left[1+\mu\left(\frac{\omega_s^2}{\omega_p^2}\right)-\frac{\omega^2}{\omega_p^2}\right]\left(1-\frac{\omega^2}{\omega_s^2}\right)-\mu\left(\frac{\omega_s^2}{\omega_p^2}\right)} \tag{7-26b}$$

由式（7-26a）可以发现，当 $\omega=\omega_s$ 时，主系统的位移响应为零，即当动力吸振器的固有频率等于系统的外激励力频率时，主系统的振动被抵消。显然，在 $\omega=\omega_s$ 时，吸振器的位移响应为

$$X_s(\omega=\omega_s)=-\frac{\omega_p^2X_0}{\omega_s^2\mu}=-\frac{F_0}{k_s} \tag{7-27}$$

所以此时吸振器的时域响应为

$$x_s(t)\big|_{\omega=\omega_s}=-\frac{F_0}{k_s}\sin(\omega t) \tag{7-28}$$

显然，此时吸振器通过弹簧作用于主系统的力为

$$F_s(t)\big|_{\omega=\omega_s}=k_sx_s(t)\big|_{\omega=\omega_s}=-F_0\sin(\omega t) \tag{7-29}$$

由式（7-29）可以发现，当 $\omega=\omega_s$ 时，动力吸振器施加于主系统的力与外激励力 $F_0\sin(\omega t)$ 正好大小相等、方向相反，从而相互抵消，使得主系统的位移为零。

图 7-9 所示为不同质量比时，通过式（7-26a）计算得到安装动力吸振器前后的主系统位移的稳态响应。从图 7-9 中可以发现，尽管无阻尼动力吸振器是针对某一特定频率而设计

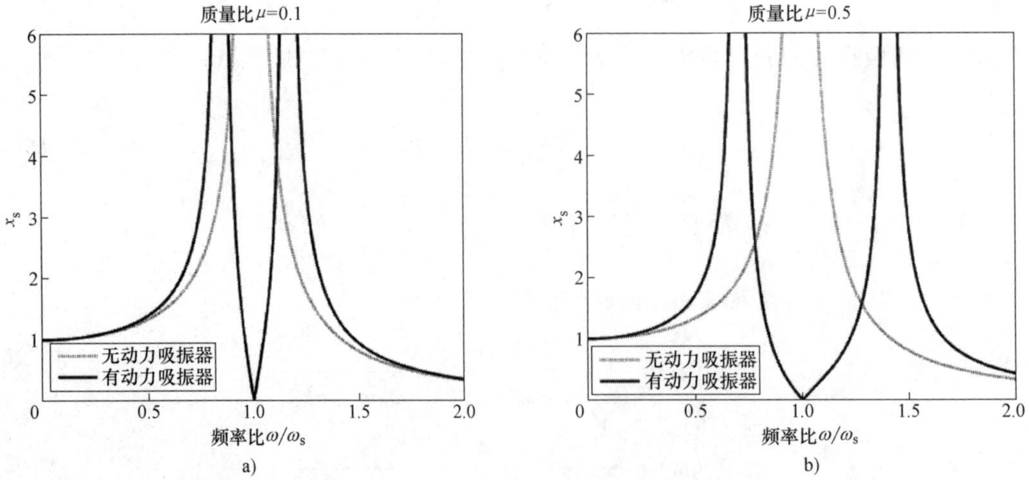

图 7-9　安装动力吸振器前后主系统位移的稳态响应

a）质量比 $\mu=0.1$　b）质量比 $\mu=0.5$

的，但是在 ω_s 附近的小频率范围内也能满足要求。同时由式（7-22）和图 7-9 可以发现，当质量比 μ 很小时，其固有频率 ω_1^{new} 和 ω_2^{new} 会非常接近动力吸振器的固有频率 ω_s；当质量比 μ 增加时，则 ω_1^{new} 和 ω_2^{new} 之差就会扩大。另外，安装动力吸振器的缺点是增加了一个自由度，从而增加了系统的固有频率，导致系统发生共振的可能性增加。

例 7-5 设有一电机安装在刚性地面，该电机在额定转速为6000r/min 时产生 250N 的惯性力。设计一无阻尼动力吸振器，要求所设计的无阻尼动力吸振器的质量块在电机额定转速时的位移不超过 2mm。

解： 由题意结合式（7-27）可知，无阻尼动力吸振器的质量块在电机额定转速时的位移 X_s 为

$$X_s(\omega=\omega_s)=\frac{F_0}{k_s}=\frac{250}{k_s}\leqslant 0.002\text{m}$$

所以可得吸振器刚度 $k_s \geqslant 125000\text{N/m}$。

通过吸振器的固有频率公式 $\omega_s=\sqrt{\dfrac{k_s}{m_s}}$ 可得

$$m_s=\frac{k_s}{\omega_s^2}\geqslant\frac{125000}{\left(6000\times\dfrac{2\pi}{60}\right)^2}\text{kg}=0.317\text{kg}$$

从上述分析中可以发现，所设计的无阻尼动力吸振器的最小刚度为 $k_s=123000\text{N/m}$，质量应不小于 0.317kg。

例 7-6 设一质量为 100kg 的设备安装在刚度为 $4\times10^5\text{N/m}$ 的弹性基础上，该设备受到频率为 10Hz、幅值为 500N 的简谐激励。为了降低该设备的振动，需要设计安装一无阻尼动力吸振器，请问：

1）为了使设备的振动最小，吸振器的固有频率应为多少？

2）当设备的振动最小时，计算吸振器质量与其稳态位移幅值的关系。

解： 1）由式（7-19）可知，如果选择吸振器的固有频率等于激励力频率，则主系统在频率 ω_o 时的响应等于零。此时设备的振动最小，所以吸振器的固有频率应为 10Hz。

2）由式（7-27）可知，当 $\omega=\omega_s$ 时，吸振器的位移响应幅值为

$$X_s(\omega=\omega_s)=\frac{F_0}{k_s}$$

而 $k_s=m_s\omega_s^2=m_s\omega^2$，$\omega=10\times2\pi\text{rad/s}=63.8\text{rad/s}$，$F_0=500\text{N}$，吸振器质量与其稳态位移的关系可表示为

$$X_s(\omega=\omega_s)=\frac{500}{m_s\times63.8^2}=\frac{0.13}{m_s}$$

吸振器位移的稳态响应随着其质量的增加而线性降低。

例 7-7 某一单自由度系统受到幅值为 F_0 的外力激励，现在该系统上安装无阻尼动力吸振器，已知质量比为 0.25，吸振器固有频率等于系统固有频率。计算其稳态响应 X_p 与静变形 X_0 之比小于 1 的频率范围。

解：单自由度系统的静变形 $X_0=F_0/k$（其中 k 为单自由度系统刚度），由式（7-26a）可知，其稳态响应 X_p 与静变形 X_0 之比可表示为

$$\frac{X_p(\omega)}{X_0}=\frac{X_p(\omega)k}{F_0}=\frac{\left(1-\dfrac{\omega^2}{\omega_s^2}\right)}{\left[1+\mu\left(\dfrac{\omega_s^2}{\omega_p^2}\right)-\dfrac{\omega^2}{\omega_p^2}\right]\left(1-\dfrac{\omega^2}{\omega_s^2}\right)-\mu\left(\dfrac{\omega_s^2}{\omega_p^2}\right)}$$

由题意可知，频率比 $\beta=1$，可得 $\omega_p=\omega_s$。质量比 $\mu=0.25$，代入上式，可得

$$\frac{X_p(\omega)}{X_0}=\frac{1-\dfrac{\omega^2}{\omega_s^2}}{\left(1+0.25-\dfrac{\omega^2}{\omega_s^2}\right)\left(1-\dfrac{\omega^2}{\omega_s^2}\right)-0.25}=\frac{1-\dfrac{\omega^2}{\omega_s^2}}{\dfrac{\omega^4}{\omega_s^4}-2.25\dfrac{\omega^2}{\omega_s^2}+1}$$

显然，当 $X_p/X_0=1$ 时，可得

$$\frac{1-\dfrac{\omega^2}{\omega_s^2}}{\dfrac{\omega^4}{\omega_s^4}-2.25\dfrac{\omega^2}{\omega_s^2}+1}=\pm1$$

求解上式，可得 $\dfrac{\omega}{\omega_s}=0,\ 0.9081,\ 1.118,\ 1.557$。为了进一步确定 $X_p/X_0=1$ 的频率范围，需要进一步通过 MATLAB 绘制 X_p/X_0 的响应曲线，由于绘制该曲线相当简单，可以直接在命令窗口输入如下三条命令实现：

```
x=linspace(0,3,1e2);
plot(x,abs((1-x.^2)./(x.^4-2.25*x.^2+1))),
ylim([0 1.2])
```

所得结果如图 7-10 所示。

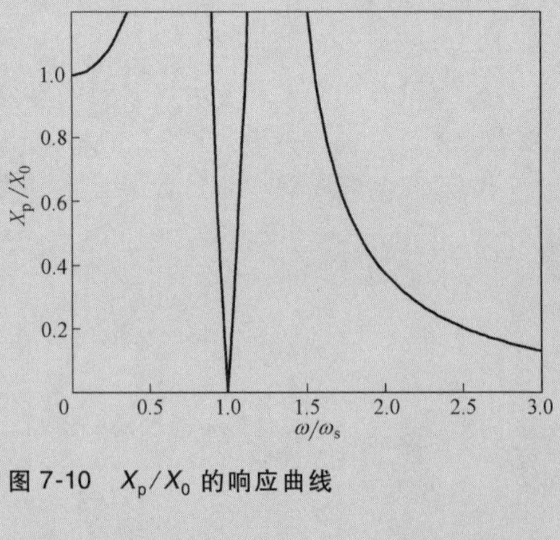

图 7-10 X_p/X_0 的响应曲线

结合图 7-10 和上述分析可以发现，其稳态响应 X_p 与静变形 X_0 之比小于 1 的频率范围为

$$0.9081<\frac{\omega}{\omega_s}<1.118 \text{ 和 } \frac{\omega}{\omega_s}>1.557$$

7.2.2 有阻尼动力吸振器

无阻尼吸振器可以消除主系统某个特定频率的振动，一般适用于工作频率稳定的工作设备。但是如果主系统的振动频率是在比较大的频率范围内变化时，无阻尼吸振器的控制效果就比较有限，此时需要设计有阻尼吸振器。

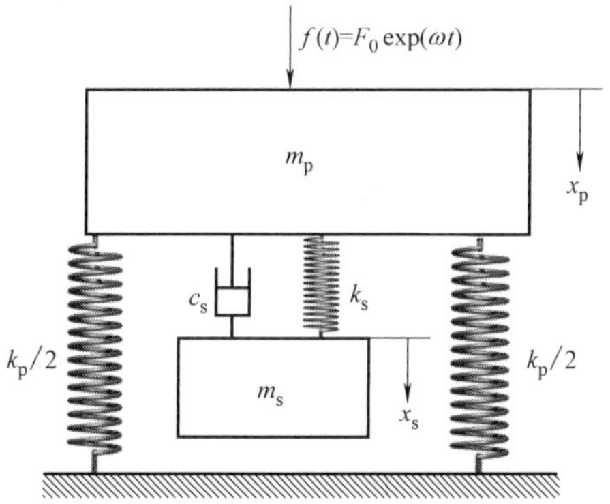

图 7-11 带阻尼动力吸振器布置在单自由度系统

还是设主系统为单自由度系统，假设在主系统上安装有阻尼动力吸振器，如图 7-11 所示。

假设该系统受到简谐激励力 $f(t)=F_0\exp(\omega t)$ 的作用，显然，图 7-11 所示系统（包括有阻尼动力吸振器）的运动微分方程可表示为

$$\begin{pmatrix} m_p & 0 \\ 0 & m_s \end{pmatrix}\begin{pmatrix} \ddot{x}_p \\ \ddot{x}_s \end{pmatrix}+\begin{pmatrix} c_p+c_s & -c_s \\ -c_s & c_s \end{pmatrix}\begin{pmatrix} \dot{x}_p \\ \dot{x}_s \end{pmatrix}+\begin{pmatrix} k_p+k_s & -k_s \\ -k_s & k_s \end{pmatrix}\begin{pmatrix} x_p \\ x_s \end{pmatrix}=\begin{pmatrix} F_0 \\ 0 \end{pmatrix}\exp(\omega t) \tag{7-30}$$

根据 5.3 节中多自由度系统的频域分析可知，式（7-30）所示二自由度系统结构的稳态响应可表示为

$$\begin{pmatrix} x_p(t) \\ x_s(t) \end{pmatrix}=\begin{pmatrix} X_p \\ X_s \end{pmatrix}\exp(\omega t) \tag{7-31}$$

式中，X_p 和 X_s 分别为主系统和吸振器质量块的位移复幅值。

把式（7-31）代入式（7-30），整理后可得

$$\begin{pmatrix} X_p \\ X_s \end{pmatrix}=\left[\begin{pmatrix} k_p+k_s & -k_s \\ -k_s & k_s \end{pmatrix}-\omega^2\begin{pmatrix} m_p & 0 \\ 0 & m_s \end{pmatrix}+\mathrm{j}\omega\begin{pmatrix} c_p+c_s & -c_s \\ -c_s & c_s \end{pmatrix}\right]^{-1}\begin{pmatrix} F_0 \\ 0 \end{pmatrix} \tag{7-32}$$

显然，通过式（7-32），可以得到 X_p 和 X_s，即

$$X_p=\frac{k_s-m_s\omega^2+\mathrm{j}\omega c_s}{\det\left[\begin{pmatrix} k_p+k_s & -k_s \\ -k_s & k_s \end{pmatrix}-\omega^2\begin{pmatrix} m_p & 0 \\ 0 & m_s \end{pmatrix}+\mathrm{j}\omega\begin{pmatrix} c_p+c_s & -c_s \\ -c_s & c_s \end{pmatrix}\right]}F_0 \tag{7-33a}$$

$$X_s=\frac{k_s+\mathrm{j}\omega c_s}{\det\left[\begin{pmatrix} k_p+k_s & -k_s \\ -k_s & k_s \end{pmatrix}-\omega^2\begin{pmatrix} m_p & 0 \\ 0 & m_s \end{pmatrix}+\mathrm{j}\omega\begin{pmatrix} c_p+c_s & -c_s \\ -c_s & c_s \end{pmatrix}\right]}F_0 \tag{7-33b}$$

为了便于分析，设主系统的阻尼 $c_p=0$，则式（7-33）可进一步简化为

$$X_p=\frac{k_s-m_s\omega^2+\mathrm{j}\omega c_s}{(k_p-\omega^2 m_p)(k_s-\omega^2 m_s)-\omega^2 k_s m_s+\mathrm{j}\omega c_s(k_p-\omega^2 m_p-\omega^2 m_s)}F_0 \tag{7-34a}$$

$$X_s=\frac{k_s+\mathrm{j}\omega c_s}{(k_p-\omega^2 m_p)(k_s-\omega^2 m_s)-\omega^2 k_s m_s+\mathrm{j}\omega c_s(k_p-\omega^2 m_p-\omega^2 m_s)}F_0 \tag{7-34b}$$

注意到频域响应 X_p 和 X_s 均为复数，由式（7-34）可知，它们的幅值可表示为

$$|X_p|=\sqrt{\frac{(k_s-m_s\omega^2)^2+(\omega c_s)^2}{[(k_p-\omega^2m_p)(k_s-\omega^2m_s)-\omega^2k_sm_s]^2+[\omega c_s(k_p-\omega^2m_p-\omega^2m_s)]^2}}F_0 \quad (7\text{-}35a)$$

$$|X_s|=\sqrt{\frac{k_s^2+(\omega c_s)^2}{[(k_p-\omega^2m_p)(k_s-\omega^2m_s)-\omega^2k_sm_s]^2+[\omega c_s(k_p-\omega^2m_p-\omega^2m_s)]^2}}F_0 \quad (7\text{-}35b)$$

由于人们关心的是如何通过动力吸振器使得主系统的响应 X_p 最小化，为了便于分析，引入如下量纲为一的参数：

$$X_{st}=\frac{F_0}{k_p},\omega_p=\sqrt{\frac{k_p}{m_p}},\omega_s=\sqrt{\frac{k_s}{m_s}},r=\frac{\omega}{\omega_p} \quad (7\text{-}36a)$$

$$f=\frac{\omega_s}{\omega_p},\mu=\frac{m_s}{m_p},\zeta=\frac{c_s}{2m_s\omega_p} \quad (7\text{-}36b)$$

通过式（7-36）对式（7-35a）无量纲化后，可得

$$\frac{|X_p|}{X_{st}}=\sqrt{\frac{(r^2-f^2)^2+(2\zeta r)^2}{[(r^2-1)(r^2-f^2)-\mu r^2f^2]^2+(2\zeta r)^2(r^2-1+\mu r^2)^2}} \quad (7\text{-}37)$$

由式（7-37）可以发现，主系统的稳态响应由质量比 μ、固有频率比 f、频率比 r 和吸振器阻尼比 ζ 决定。

例 7-8 假设有一吸振器布置在主系统上，已知其质量比 $\mu=0.1$，固有频率比 $f=1$，计算吸振器当阻尼比 ζ 分别为 0、0.1、0.2、0.5 和 ∞ 时，主系统在频率比 r 从 0.5 到 1.5 时的响应。

解：由题意可知，$\mu=0.1$，$f=1$，把这些参数代入式（7-37），即可计算不同频率比 r 时的主系统响应。显然直接手算会很繁琐，可以通过 MATLAB 程序来实现，但是注意无法直接计算 $\zeta=\infty$ 时的响应，所以在程序中，可以令阻尼比 $\zeta=10^9$ 来近似为无穷大时的结果。具体 MATLAB 程序如下：

```
clear all,close all
mu=0.05;
f=1;
nnn=[0 0.1 0.2 0.5 1e9];
r=linspace(0.5,1.5,1e3);
for m=1:length(nnn)
    d=nnn(m);
    S1=(r.^2-f^2).^2+(2*d*r).^2;
    S2=((r.^2-1).*(r.^2-f^2)-mu*r.^2*f^2).^2+(2*d*r).^2.*(r.^2-1+mu*r.^2).^2;
    X=sqrt(S1./S2);
    semilogy(r,X),hold on
    end
    xlim([0.5 1.5]),ylim([0 500]);xlabel('频率比\itr'),ylabel('|\itX_p/X|_0')
    legend('阻尼比=0','阻尼比=0.1','阴尼比=0.2','阻尼比=0.5','阻尼比=10^9',3)
```

运行上述程序，所得结果如图 7-12 所示。从图 7-12 中可以发现，在不同阻尼比时，主系统的响应均会相交于 2 个固定点。而且当阻尼比趋于无穷大时，系统重新变为一单自由度系统，此时相当于把吸振器的质量直接布置在主系统上。

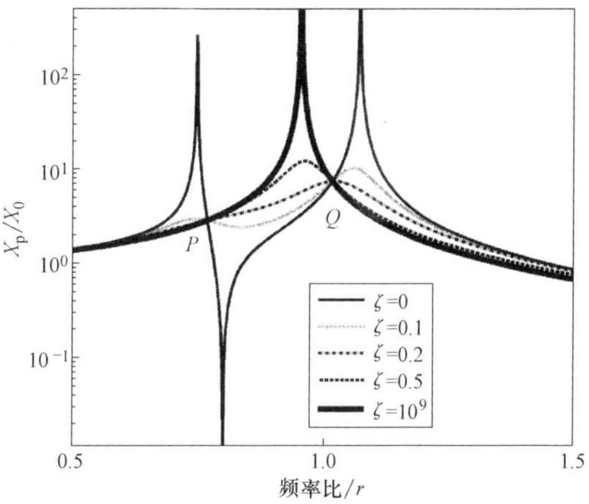

图 7-12　当质量比μ=0.1、固有频率比 f=1 时，吸振器在不同阻尼比ζ时主系统的响应

从图 7-12 中可以发现，不同阻尼比时的曲线均相交于两点，为了便于阐述，命名这 2 个交点为 P 点和 Q 点。这意味着在给定动力吸振器的质量比 μ 和固有频率比 f 后，P 点和 Q 点位置与吸振器的阻尼比无关，也就是说，当频率比位于 P 点和 Q 点时，主系统的稳态响应幅值与吸振器的阻尼比无关。P 点和 Q 点的横坐标（频率比 r 值）可以通过任意两组不同阻尼的吸振器响应曲线来计算得到。这一物理现象也是设计有阻尼动力吸振器的重要依据。显然，最方便的是在两种极端情况（阻尼比 $\zeta=\infty$ 和阻尼比 $\zeta=0$）下，由式（7-37）可知，主系统响应可简化为

$$\left.\frac{|X_p|}{X_{st}}\right|_{\zeta=\infty}=\left|\frac{1}{r^2-1+\mu r^2}\right| \tag{7-38}$$

$$\left.\frac{|X_p|}{X_{st}}\right|_{\zeta=0}=\left|\frac{(r^2-f^2)}{(r^2-1)(r^2-f^2)-\mu r^2 f^2}\right| \tag{7-39}$$

显然，在频率比位于 P 点和 Q 点时，式（7-38）和式（7-39）相等，即

$$\left|\frac{1}{r^2-1+\mu r^2}\right|=\left|\frac{(r^2-f^2)}{(r^2-1)(r^2-f^2)-\mu r^2 f^2}\right| \tag{7-40}$$

注意到式（7-40）是绝对值相等，所以可以在等号两侧任意加入负号。显然等号两侧同时取正或者同时取负时，所得解为 $r=0$，该零解显然没有意义。所以只能在式（7-40）等号一侧取正号，另一侧取负号，则式（7-40）可整理为

$$r^4-2r^2\frac{1+f^2+\mu f^2}{2+\mu}+\frac{2f^2}{2+\mu}=0 \tag{7-41}$$

进一步求解式（7-41），可得位于 P 点和 Q 点的频率比，即

$$r_{P,Q}^2=\frac{1+f^2+\mu f^2}{2+\mu}\pm\sqrt{\left(\frac{1+f^2+\mu f^2}{2+\mu}\right)^2-\frac{2f^2}{2+\mu}} \tag{7-42}$$

显然，由式（7-42）计算得到的 r_P 和 r_Q 的响应与吸振器阻尼无关，任意阻尼比时均成立，最简单的响应表达式是当吸振器阻尼为无穷大时［见式（7-38）］。所以可以把式（7-42）代入式（7-38），可得此时主系统响应为

$$\left.\frac{|X_p(r=r_P)|}{X_{st}}\right|_{\zeta=\infty}=\left|\frac{1}{r_P^2-1+\mu r_P^2}\right| \tag{7-43a}$$

$$\left.\frac{|X_p(r=r_Q)|}{X_{st}}\right|_{\zeta=\infty}=\left|\frac{1}{r_Q^2-1+\mu r_Q^2}\right| \tag{7-43b}$$

注意到系统的频率响应曲线均经过 P、Q 点，所以主系统响应与静变形比值 X_p/X_{st} 的最大值都不低于 P、Q 点的纵坐标。而且对于工程问题，并不要求使得主系统的振动幅值等于零，只要主系统在相当宽的频率范围内振幅小于容许值即可。

为了使吸振器获得较好的控制效果，应满足如下条件：

1）尽可能降低 P、Q 点的纵坐标值。

2）使得 P、Q 点的纵坐标相等。

3）P、Q 点的纵坐标成为响应曲线的最大值。

如果 P、Q 点的纵坐标相等，由式（7-43）可得

$$f_{opt}=\frac{1}{1+\mu} \tag{7-44}$$

把式（7-44）代入式（7-42），可得 P、Q 点的横坐标，即

$$r_P^2=\frac{1}{1+\mu}\left(1-\sqrt{\frac{\mu}{2+\mu}}\right) \tag{7-45a}$$

$$r_Q^2=\frac{1}{1+\mu}\left(1+\sqrt{\frac{\mu}{2+\mu}}\right) \tag{7-45b}$$

把式（7-45）代入式（7-38），即可得到 P、Q 点的纵坐标，即

$$\frac{|X_p(r=r_P)|}{X_{st}}=\frac{|X_p(r=r_Q)|}{X_{st}}=\sqrt{1+\frac{2}{\mu}} \tag{7-46}$$

由式（7-46）可以发现，如果要降低 P、Q 点的纵坐标，就需要增加质量比 μ，这意味着需要增加吸振器质量。

在使得 P、Q 点的纵坐标相等后（即确定最佳固有频率比 f_{opt}），下一步是使得 P、Q 点的纵坐标成为响应曲线的最大值，可以对式（7-37）以 r 为变量进行求导，显然当频率响应曲线在 P、Q 点有水平切线时，即 $\frac{\partial X_p(r=r_P)}{\partial r}=\frac{|X_p(r=r_Q)|}{X_{st}}=0$ 时，P、Q 点的纵坐标为频率响应曲线的最大值，由式（7-37）结合上述分析可得

$$\zeta_P^2=\frac{\mu}{8(1+\mu)^3}\left(3-\sqrt{\frac{\mu}{2+\mu}}\right) \tag{7-47a}$$

$$\zeta_Q^2=\frac{\mu}{8(1+\mu)^3}\left(3+\sqrt{\frac{\mu}{2+\mu}}\right) \tag{7-47b}$$

由式（7-47）可以发现，使 P 点或者 Q 点为最大值的阻尼比并不相等，但是注意到 ζ_P^2 和 ζ_Q^2 相差较小，为了便于分析，一般取它们的平均值作为最佳阻尼比，即

$$\zeta_{opt}=\sqrt{\frac{3\mu}{8(1+\mu)^3}} \tag{7-48}$$

为了便于计算吸振器优化参数及对应频率响应，下面给出完整的 MATLAB 程序，用于计算最佳阻尼比、最佳固有频率比和相应响应：

```
clear all,close all
prompt={'Enter the mass ratio:'};
dlg_title='Input';
num_lines=1;
def={'0.1'};
answer=inputdlg(prompt,dlg_title,num_lines,def);
if isempty(answer)==1
    break,
else
    mu=str2double(answer{1});
end
fopt=1/(1+mu);
dopt=sqrt(3*mu/8/(1+mu)^3);
disp(['The optimal frequency ratio=' num2str(fopt)])
disp(['The optimal damping ratio=' num2str(dopt)])
r=linspace(0.5,1.5,1e3);
S1=(r.^2-fopt^2).^2+(2*dopt*r).^2;
S2=((r.^2-1).*(r.^2-fopt^2)-mu*r.^2*fopt^2).^2+(2*dopt*r).^2.*(r.^2-1+mu*r.^2).^2;
X=sqrt(S1./S2);
plot(r,abs(1./(1-r.^2)),'k','linewidth',2),hold on
semilogy(r,X,'k:','linewidth',2)
ylim([0 15]);xlabel('频率比\it\r'),ylabel('{\itX_p/X}_0')
legend('无动力吸振器','有动力吸振器')
rP=sqrt(1/(1+mu)*(1-sqrt(mu/(2+mu))));
rQ=sqrt(1/(1+mu)*(1+sqrt(mu/(2+mu))));
XPQ=sqrt(1+2/mu);
plot(rP,XPQ,'ko','linewidth',2),plot(rQ,XPQ,'ko','linewidth',2)
text(rP,XPQ*0.88,'\itP'),text(rQ,XPQ*0.88,'\itQ')
```

运行该程序，首先会出现如图 7-13 所示的对话框，该对话框表示输入质量比，其默认值为 0.1。

如果单击“Cancel”按钮，则程序终止运行；如果单击“OK”按钮，则程序以默认值 $\mu=0.1$ 自动计算最佳频率比和最佳阻尼比，并得到如图 7-14 所示的曲线，并在命令窗口得到如下结果：

```
The optimal frequency ratio=0.90909
The optimal damping ratio=0.16785
```

从图 7-14 中可以发现，该 MATLAB 程序不但计算了在吸振器最佳阻尼比和最佳频率比时的频率响应曲线，而且给出了 P、Q 点的坐标。显然，从图中可以发现，在吸振器最佳阻尼比和最佳频率比时，P、Q 点的纵坐标相同，同时也是频率响应曲线的最大值。

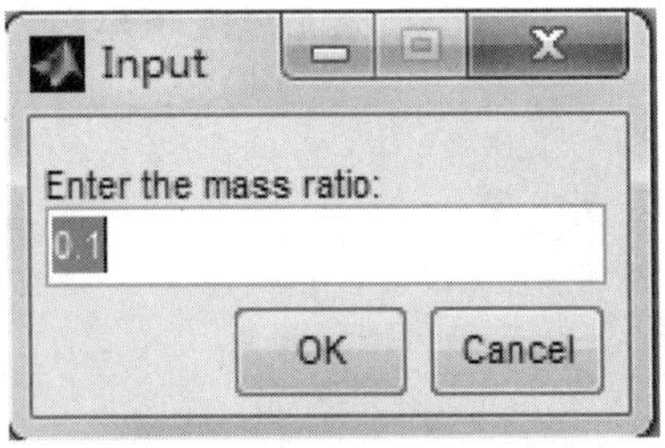

图 7-13　输入质量比的对话框

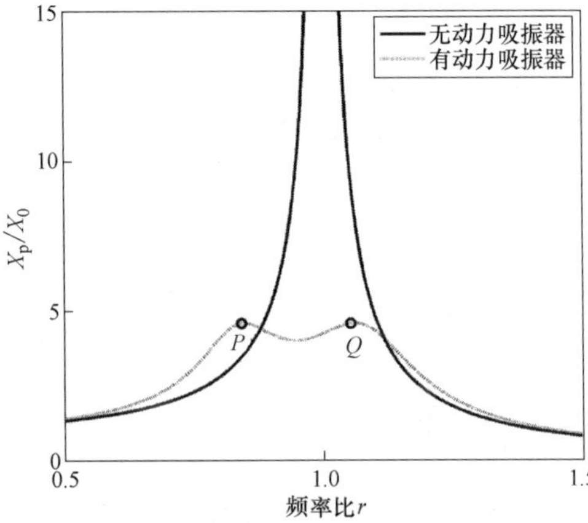

图 7-14　在默认值（μ =0.1）时的运行结果

例 7-9　假设有一有阻尼吸振器布置在主系统上，质量比 μ=0.3，在某些机械振动教材中，吸振器的最佳阻尼比会被错误地表示为 $\zeta=\sqrt{\frac{3\mu}{8(1+\mu)}}$，计算此时主系统的响应，并与实际最佳阻尼比时的结果进行比较。

解： 显然，可以对之前的 MATLAB 程序稍做修改，即可计算不同阻尼比时的主系统响应，具体程序如下：

```
clear all,close all
mu=0.3;
fopt=1/(1+mu);
r=linspace(0.4,1.5,1e3);
for kk=1:2
    if kk==1 dopt=sqrt(3*mu/8/(1+mu)^3); end
    if kk==2 dopt=sqrt(3*mu/8/(1+mu)); end
    S1=(r.^2-fopt^2).^2+(2*dopt*r).^2;
    S2=((r.^2-1).*(r.^2-fopt^2)-mu*r.^2*fopt^2).^2+(2*dopt*r).^2.*(r.^2-1+mu*r.^2).^2;
    X=sqrt(S1./S2);
    if kk==1 semilogy(r,X,'k','linewidth',2),hold on,end
    if kk==2 semilogy(r,X,'k:','linewidth',2),end
end
xlim([0.4 1.5]),ylim([0 4]);xlabel('频率比\itr'),ylabel('{\itX_p/X}_0')
legend('最优阻尼比','非最优阻尼比',3)
rP=sqrt(1/(1+mu)*(1-sqrt(mu/(2+mu))));
rQ=sqrt(1/(1+mu)*(1+sqrt(mu/(2+mu))));
XPQ=sqrt(1+2/mu);
plot(rP,XPQ,'ko','linewidth',2),plot(rQ,XPQ,'ko','linewidth',2)
text(rP,XPQ*0.85,'\itP'),text(rQ,XPQ*0.85,'\itQ')
```

运行上述程序，计算结果如图 7-15 所示，从图 7-15 中可以明显发现，如果把 $\zeta=\sqrt{\frac{3\mu}{8(1+\mu)}}$ 作为最佳阻尼比，P、Q 点的响应明显不是曲线的最大值，此时吸振器的阻尼比明显偏大。

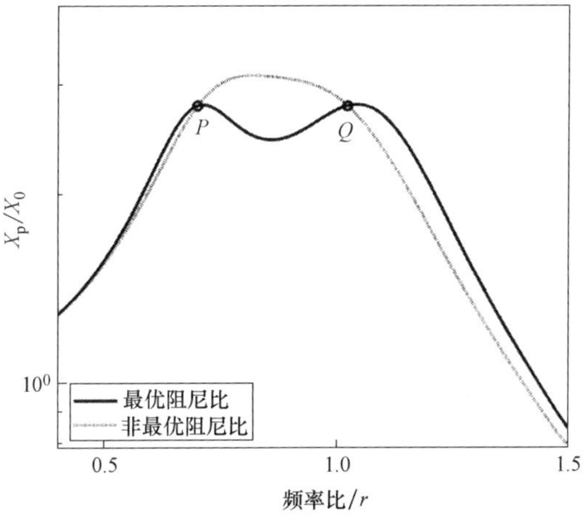

图 7-15 例 7-9 的计算结果

例 7-10 假设一有阻尼吸振器布置在主系统上，当质量比 μ 分别为 0.05、0.1、0.2 和 0.4 时，计算在最佳固有频率比 f 和最佳阻尼比 ζ 时主系统的响应。

解： 与例 7-9 类似，可以通过如下 MATLAB 程序来计算不同吸振器质量比时的主系统响应：

```
clear all,close all
mus=[0.05 0.1 0.2 0.4];
r=linspace(0.4,1.5,1e3);
for kk=1:4
    mu=mus(kk);
    fopt=1/(1+mu);
    dopt=sqrt(3*mu/8/(1+mu)^3);
    S1=(r.^2-fopt^2).^2+(2*dopt*r).^2;
    S2=((r.^2-1).*(r.^2-fopt^2)-mu*r.^2*fopt^2).^2+(2*dopt*r).^2.*(r.^2-1+mu*r.^2).^2;
    X=sqrt(S1./S2);
    if kk==1 semilogy(r,X,'k','linewidth',2),hold on,end
    if kk==2 semilogy(r,X,'k:','linewidth',2),end
    if kk==3 semilogy(r,X,'k-.','linewidth',2),end
    if kk==4 semilogy(r,X,'k--','linewidth',2),end
end
xlim([0.4 1.5]),ylim([0 8]);xlabel('频率比\itr'),ylabel('{\itX_p/X}_0')
legend('{\it\mu}=0.05','{\it\mu}=0.1','{it\mu}=0.2','{\it\mu}=0.4',0)
```

运行上述程序，计算结果如图 7-16 所示，从图 7-16 中可以发现，随着质量比的增加，吸振器的控制效果明显增强，理论上吸振器的质量越大越好。但是在工程实际中，由于空间等限制，一般要按照减振要求来设计合适的吸振器质量。

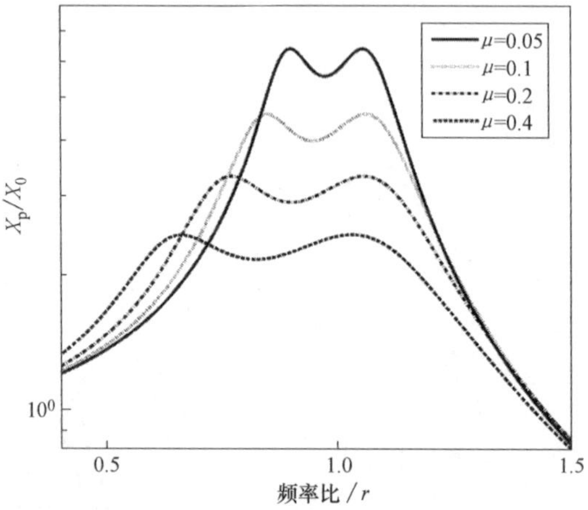

图 7-16　例 7-10 的计算结果

例 7-11　假设有一有阻尼吸振器布置在主系统上，已知其质量比 $\mu=0.25$，吸振器处于最佳阻尼比，但是最佳固有频率偏离 5%，计算主系统的响应。

解：当质量比 $\mu=0.25$ 时，由式（7-44）可知最佳固有频率比为

$$f_{opt}=\frac{1}{1+\mu}=\frac{1}{1+0.25}=0.8$$

如果最佳固有频率偏离 5%，则频率比变成：$f=0.8\times0.95=0.76$ 或者 $f=0.8\times1.05=0.84$。把频率比代入式（7-48），可得此时的最佳阻尼比。可以把例 7-10 的程序稍做修改，即可得到本例的结果，如图 7-17 所示。从图 7-17 中可以发现，频率比的偏离，会使得吸振器的减振效果明显下降。

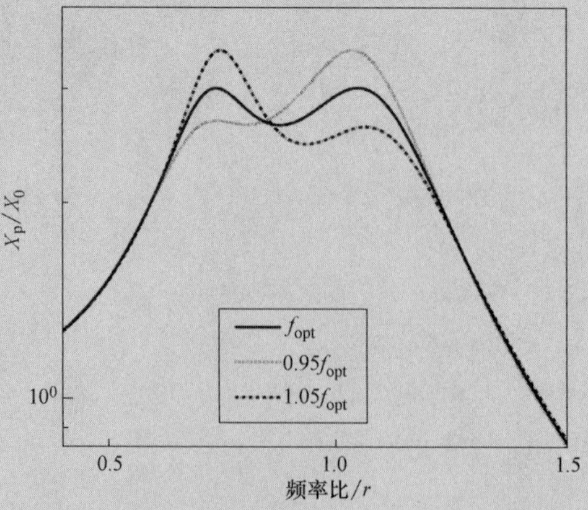

图 7-17　例 7-11 的计算结果

例 7-12 设有一质量为 200kg 的设备，受到频率为 10rad/s、幅值为 100N 的简谐力激励。现在需要设计一个质量不超过 50kg 的有阻尼吸振器，在尽可能宽的频率范围为降低该设备的振动，请问如何设计该吸振器？并绘制该设备的频率响应曲线。

解：由吸振器理论可知，吸振器的质量越大，减振效果越好，所以选择吸振器的质量 $m_s=50\text{kg}$。由题意可得质量比 $\mu=50/200=0.25$，由式（7-44）可知最佳固有频率比

$$f_{opt}=\frac{1}{1+\mu}=\frac{1}{1+0.25}=0.8$$

通过式（7-48）可得最佳阻尼比

$$\zeta_{opt}=\sqrt{\frac{3\mu}{8(1+\mu)^3}}=\sqrt{\frac{3\times0.25}{8(1+0.25)^3}}=0.2191$$

把所得最佳固有频率比和最佳阻尼比代入式（7-37），即可得到其频率响应曲线，上述分析可通过如下 MATLAB 程序实现：

```
clear all,close all
mu=0.25;
fopt=1/(1+mu);
dopt=sqrt(3*mu/8/(1+mu)^3);
disp(['The optimal frequency ratio=' num2str(fopt)])
disp(['The optimal damping ratio=' num2str(dopt)])
r=linspace(0.5,1.5,1e3);
S1=(r.^2-fopt^2).^2+(2*dopt*r).^2;
S2=((r.^2-1).*(r.^2-fopt^2)-mu*r.^2*fopt^2).^2+(2*dopt*r).^2.*(r.^2-1+mu*r.^2).^2;
X=sqrt(S1./S2);
plot(r,abs(1./(1-r.^2)),'k','linewidth',2),hold on
semilogy(r,X,'k:','linewidth',2),ylim([0 5])
legend('无动力吸振器','有动力吸振器')
xlabel('频率比\itr'),ylabel('{\itX_P/X}_0')
```

运行上述程序，计算结果如图 7-18 所示。

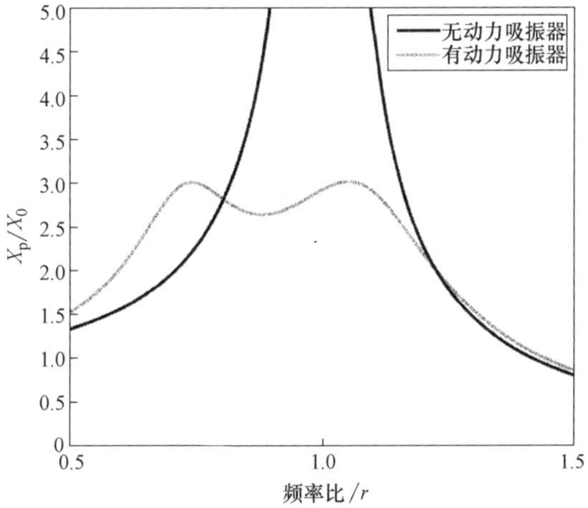

图 7-18　例 7-12 的计算结果

7.3 隔振典型案例

隔振技术是控制振动技术中最简单有效的方法之一。一般来说，隔振相当于在振源与被隔振体之间加入被动或者主动构件，从传递路径上来减少或消耗振动能量的传输。当今，隔振技术在各种舰艇、电气、机械领域得到了广泛的应用。图 7-19 所示为常见的隔振器照片，这些隔振器一般用于小型电机及小型电子设备隔振。

图 7-19 常见的隔振器照片

7.3.1 通过隔振提高照相机拍摄清晰度

隔振可以使敏感设备免受外部环境干扰，为敏感设备提供一个更加稳定的环境。例如，对于安装在无人机上的照相机，如果所受到振动的频率低于 1Hz，一般可以通过稳像装置或后期图像处理来保证成像质量。但是频率高于 1Hz 的振动会造成成像质量下降。注意到无人机传递到照相机的振动一般频带较宽，为了拍摄清晰的照片，有必要通过隔振技术来防止无人机振动传递到照相机，从而提高图像品质。图 7-20 所示为隔振前后照相机拍摄的照片，从图中可以发现，隔振后的相机拍摄照片的清晰度明显提高。

7.3.2 通过隔振提高双层板的低频隔声性能

双层板结构具有重量轻、隔热性能优异、中高频隔声性能良好等优点，已被大量运用于交通运输、航空航天、航海、建筑等行业。但是双层板结构的低频隔声性能较差，为了提高双层板的低频隔声性能，可以在双层板内部布置电磁分流隔振器来对双层板结构进行隔振。电磁分流隔振器利用的是一种半主动隔振技术，与被动隔振技术相比，具有低频隔振效果好、隔振频带可调、适应性较好等优点。

图 7-21 所示为通过电磁分流隔振器进行双层板隔振的示意图。图 7-22 所示为安装电磁分流隔振器前后双层板的辐射声功率，可以发现安装电磁分流隔振器进行隔振后，双层板的辐射声功率最高可降低 14.3dB，这使得双层板的低频隔声性能大幅提高。

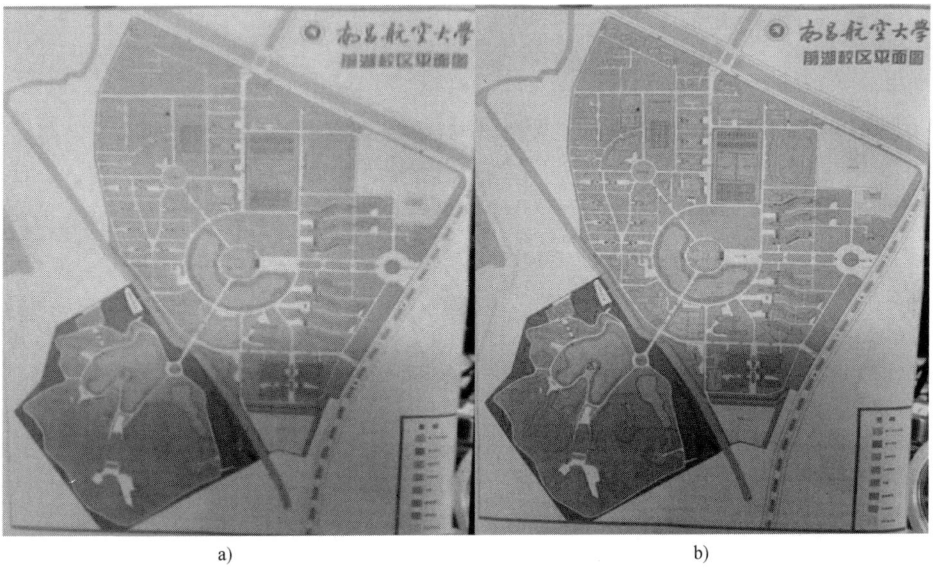

图 7-20　隔振前后照相机拍摄的照片

a）隔振前　b）隔振后

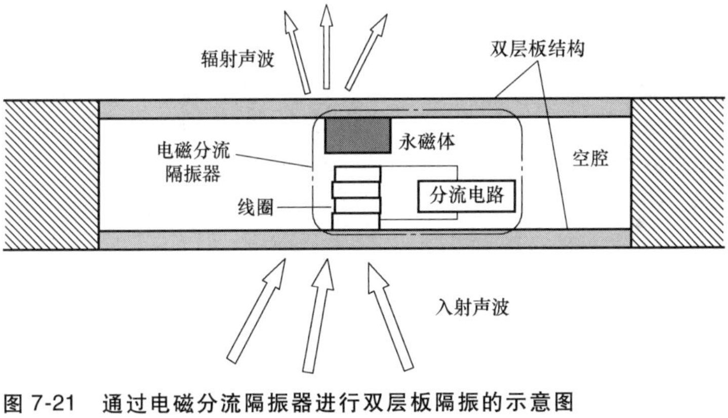

图 7-21　通过电磁分流隔振器进行双层板隔振的示意图

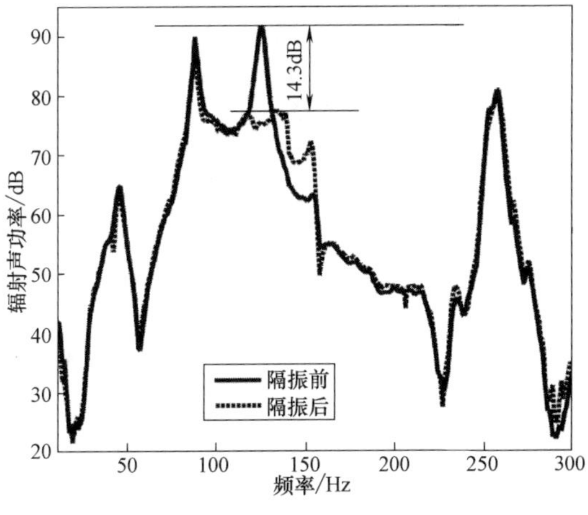

图 7-22　安装电磁分流隔振器前后双层板的辐射声功率

7.4 动力吸振器应用典型案例

动力吸振器具有结构简单、可靠性高、不需要外界能量等优点，动力吸振器处于调谐状态时可以有效抑制主系统的振动。此外，动力吸振器的制造难度较小、成本较低，使其成为工程应用上比较热门的振动控制装置。例如在电力、汽车、建筑、航空航天等领域，动力吸振器是常用的振动控制设备。图 7-23 所示为常见的动力吸振器应用案例照片。

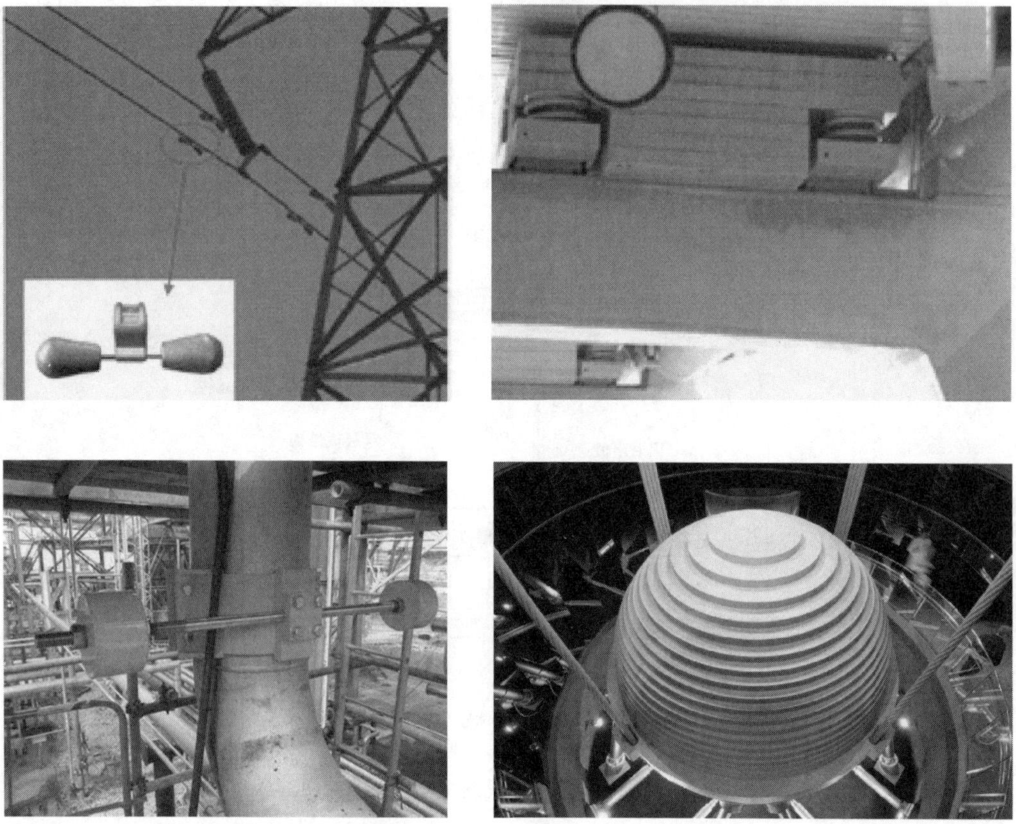

图 7-23　常见的动力吸振器应用案例照片

直升机上最主要的振动来源是旋翼，由于直升机在前飞时，旋翼桨盘上前行侧桨叶和后行侧桨叶上所存在的气流速度不对称会产生振动，这个振动会造成结构的疲劳破坏，给直升机带来安全隐患。以某机型的旋翼作为研究对象，通过颗粒阻尼代替质量块设计新型动力吸振器，把总质量为 20g 的吸振器安装在旋翼上，如图 7-24 所示，该吸振器的固有频率为 315Hz。

图 7-25 所示为安装动力吸振器前后直升机旋翼的频率响应函数曲线。从图 7-25 中可以发现，在安装吸振器后，旋翼振动幅值在 315Hz 附近下降了 87%，减振效果显著。证明所设计的动力吸振器对特定频率具有极佳的控制效果。在 20~200Hz 频率范围内，由于颗粒阻尼的作用，旋翼振动幅值也有所下降，试验证明，附加颗粒阻尼动力吸振器应用在直升机旋翼上具有非常好的减振效果。

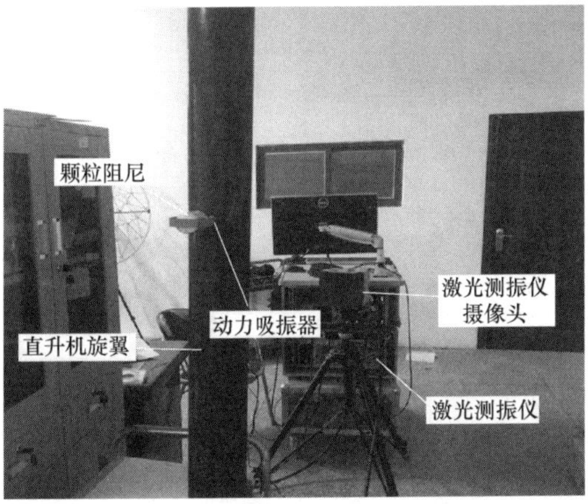

图 7-24 通过颗粒阻尼代替质量块设计新型动力吸振器

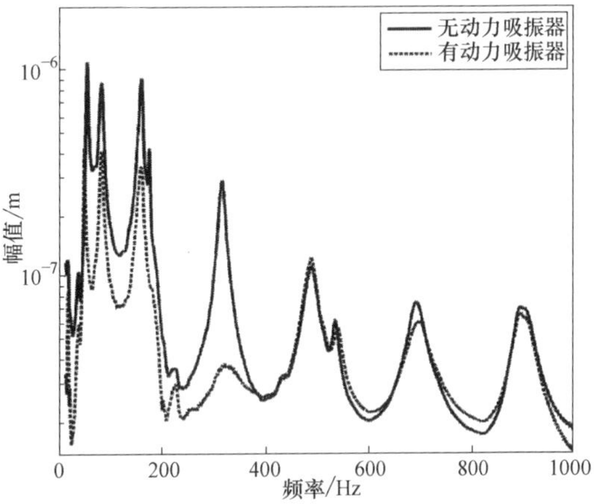

图 7-25 安装动力吸振器前后直升机旋翼的频率响应函数曲线

习 题

7-1 有一质量为 150kg、额定转速为 1200r/min 的电机，假设该电机受到 0.45kg·m 的不平衡力矩作用，现在通过无阻尼隔振器将电机布置在刚性基础上。如果要使得传递到基础的传递力不大于 2000N，请问隔振器的刚度应如何选择？

7-2 设有一安装在刚性基础上的精密设备，该设备质量为 20kg，由于刚性基础受到频率为 2000r/min 的扰动力，使得该设备产生了 0.25mm 的稳态位移。请问：

1）该设备在扰动力作用下的加速度是多少？

2）如果通过无阻尼隔振器将电机布置在刚性基础上，使得该设备的加速度不大于 0.4m/s^2，隔振器的刚度应如何选择？

7-3 有一质量为 200kg、额定转速为 2000r/min 的电机，把该电机通过 4 个相同的并联弹簧与刚性基础连接，计算弹簧刚度与隔振效率的关系。

7-4 有一质量为 200kg 的泵，其转速范围为 1000~2000r/min，假设该泵受到 0.25kg·m 的不平衡力矩作用，现在通过无阻尼隔振器将电机布置在刚性基础上。如果要使得传递到基础的传递力不大于 1000N，请问隔振器的刚度应如何选择？

7-5 设有一质量为 40kg 的设备安装在刚性基础上，该刚性基础受到频率范围为 15~60Hz 的简谐激励。为了把设备的振动幅值降低到原来的 10%，需要在设备和刚性基础之间安装一隔振器，如果隔振器的阻尼比为 0.2，请问隔振器的最大刚度为多少？

7-6 图 7-26 所示为一滚筒洗衣机的简化模型，假设其滚筒直径为 0.6m，质量为 10kg。其支承简化为刚度为 3790N/m、阻尼系数为 37.7N·s/m 的弹簧-阻尼系统，如果该洗衣机在脱水时转速为 240r/min，此时滚筒中衣服质量为 5kg，请问在最坏情况下：

1）滚筒的振动幅值。

2）滚筒的传递力。

3）如果要使得传递力不大于 50N，在其他参数保持不变的情况下，如何选择弹簧刚度？

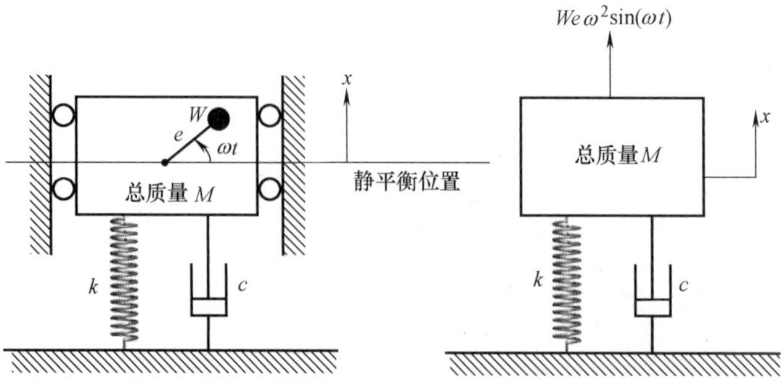

图 7-26　滚筒洗衣机的简化模型

7-7　有一直升机，当其旋翼的转速为 360r/min 时，产生共振。假设在机舱内有设备需要隔振，要求振动传递率小于 0.2，计算隔振器弹簧的静变形（假设隔振器无阻尼）。

7-8　有一有阻尼的隔振系统如图 7-27 所示，已知激励力 f_0 = 15N，激励频率 ω = 10rad/s。假设现在有 4 种设计方案：① m = 15kg，k = 400N/m 和 c = 0N · s/m；② m = 22.5kg，k = 400N/m 和 c = 0N · s/m；③ m = 15kg，k = 500N/m 和 c = 0N · s/m；④ m = 15kg，k = 400N/m 和 c = 180N · s/m。请问哪种方案的隔振效率最好？

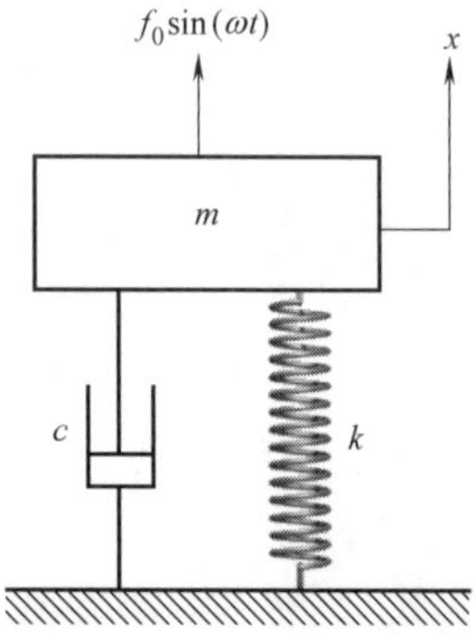

图 7-27　有阻尼的隔振系统

7-9　设有一质量为 25kg 的设备，受到幅值为 25N、频率为 180r/min 的激励力。现在需要设计一隔振器，使得该设备传递到基础的传递力小于 2.5N，计算该隔振器刚度与阻尼系数的关系。

7-10　设有一质量为 70kg 的设备，通过刚度为 3×10^4N/m、阻尼比为 0.2 的隔振器布置在刚性基础上。该设备在工作期间会产生幅值为 450N、频率为 13rad/s 的简谐力。计算：

1）该设备的振动幅值。

2）振动传递率。

3）传递到刚性基础的最大传递力。

7-11　设有一小型增压器，其额定转速为 900r/min。该增压器通过 4 个相同的并联弹簧布置在刚性基础上。如果要求增压器产生的简谐力传递到基础的部分小于该简谐力的 15%，如何设计其弹簧刚度？

7-12　已知一布置有隔振器的旋转机械，其质量为 50kg，发现其转速从 0～500r/min 变化时，没有发生共振，并且当转速为 400r/min 和 500r/min 时的振动幅值分别为 4.5mm 和 10mm。现在需要在该旋转机械上再放置一质量为 50kg 的质量块，请问当该旋转机械的转速为 400～500r/min 时，是否会发生共振？

7-13　已知一质量为 350kg 的旋转机械，需要设计一无阻尼隔振器，要求在转速为 800r/min 时隔振效率为 75%，计算该隔振器的静变形。

7-14　已知一质量为 1000kg 的飞轮，其偏心矩为 0.22mm，产生 600cos（52.4t）N 的惯性力。设计一隔振器，要求该隔振器的隔振效率大于 99%，并且要求安装隔振器后系统在任意激励频率时振动传递率小于 2。

7-15 已知一质量为 4000kg 的旋转机械，需要设计一无阻尼隔振器，要求在转速为 2000r/min 时隔振效率为 80%，计算该隔振器的刚度。

7-16 已知一质量为 50kg 的旋转机械，需要设计一无阻尼隔振器，但是由于空间限制，隔振器的最大静变形必须小于 12.5mm，计算在转速为 2000r/min 时该隔振器的最大隔振效率。

7-17 已知一安装有无阻尼隔振器的设备，其质量为 5kg，当该设备在 50Hz 的频率下工作时，隔振器的隔振效率为 90%，请问如果当该设备的工作频率变为 25Hz 时，隔振器的隔振效率为多少？

7-18 设有一电子设备，受到频率为 3rad/s、幅值为 1mm 的外激励力。该电子设备内有一布置在隔振器上的电路板，可简化为一单自由度系统，请问：

1）如果要求隔振效率为 90%，不考虑隔振器的阻尼，如何设计隔振器？

2）如果安装阻尼隔振器，并且要求该系统在共振时的振动传递率不大于 2，如何设计隔振器？

7-19 已知一单自由度系统受到幅值为 F_0 的外力激励，现在该系统上安装有一无阻尼动力吸振器，已知质量比为 0.2，吸振器固有频率等于系统固有频率。计算其稳态响应 X_p 与静变形 X_0 之比小于 0.5 的频率范围。

7-20 设有一不计阻尼的旋转机械，在转速为 500r/min 时发生共振。为了减振，安装一质量为 5kg 的无阻尼动力吸振器，使得该旋转机械在 500r/min 时的振动幅值为 0，经测量发现该旋转机械在 380r/min 和 674r/min 时产生新的共振，计算该旋转机械的固有频率及其等效质量。

7-21 设有一不计阻尼的旋转机械，质量为 50kg，在额定转速为 6000r/min 时发生共振。设计一无阻尼动力吸振器，要求安装吸振器后系统新的固有频率偏离额定转速 20% 以上。

7-22 已知一质量为 3000kg 的设备，在 120Hz 时发生共振，为了减振，在该设备上安装一质量为 600kg、固有频率为 120Hz 的无阻尼动力吸振器。请问此时该吸振器的有效工作频率范围是多少？

7-23 设有一发动机，其额定工作转速为 2000~4000r/min，但是发现该发动机在 3000r/min 时发生共振。在该发动机上布置一质量为 2kg、固有频率为 3000r/min 的无阻尼吸振器，发现在 2500r/min 时发生新的共振。请问如何重新设计该无阻尼吸振器，使得其在 2000~4000r/min 之间的转速下工作时不会发生共振？

参 考 文 献

[1] MAO Q B, PIETRZKO S. Control of noise and structural vibration: a MATLAB-based approach [M]. London: Springer, 2013.

[2] 毛崎波，李奕. 机械振动基础 [M]. 北京：北京航空航天大学出版社，2020.

[3] BEARDS C E. Structural vibration: analysis and damping [M]. London: Butterworth-Heinemann Publisher, 1996.

[4] 胡海岩. 机械振动基础 [M]. 北京：北京航空航天大学出版社，2005.

[5] RAO S S. Mechanical vibrations [M]. 5th ed. New Jersey: Prentice Hall, 2010.

[6] KREYSZIG E. Advanced engineering mathematics [M]. 9th ed. New York: Wiley, 2006.

[7] 盛美萍，王敏庆，孙进才. 噪声与振动控制技术基础 [M]. 2 版. 北京：科学出版社，2007.

[8] 许福东，徐小兵，易先中. 机械振动学 [M]. 北京：机械工业出版社，2015.

[9] 李友荣. 机械振动理论及应用 [M]. 北京：机械工业出版社，2020.

[10] DE SILVA C W. Vibration: Fundamentals and practice [M]. Boca Raton: CRC Press, 1999.

[11] JOSEPHS H, HUSTON R L. Dynamics of mechanical systems [M]. Boca Raton: CRC Press, 2002.

[12] GATTI P L, FERRARI V. Applied structural and mechanical vibrations: theory, methods and measuring instrumentation [M]. London: Taylor & Francis Group LLC, 2003.

[13] GATTI P L. Applied structural and mechanical vibrations: theory and methods [M]. 2nd ed. Boca Raton: CRC Press, 2014.

[14] SHABANA A A. Theory of vibration [M]. London: Springer, 1991.

[15] HAHN B H, VALENTINE D T. Essential MATLAB for engineers and scientists [M]. 6th ed. New York: Academic Press, 2016.